Schriftenreihe für Natur und Landschaft
der Paul Schiller Stiftung

Weiterführung der Bristol-Schriftenreihe

Band 68

Paul Schiller Stiftung

Haupt
NATUR

Herausgeberin:
Paul Schiller Stiftung, Zürich
www.paul-schiller-stiftung.ch

Mario F. Broggi

Natur im Umbruch: Vergangenes verstehen, Zukunft gestalten

Geschichten und Gedanken aus 50 Jahren Naturschutzarbeit

Haupt

Verantwortlich für die Herausgabe: Paul Schiller Stiftung, Zürich.

Adresse des Autors
Mario F.Broggi, Kirchstrasse 11, 9490 Vaduz,
mario.broggi@adon.li

Layout: Jacqueline Annen, Steinhausen
Lektorat und redaktionelle Unterstützung: Gregor Klaus, Rothenfluh
Umschlag und Illustration: Atelier Silvia Ruppen, Vaduz

Bildnachweis
Sämtliche Abbildungen stammen von Autor Mario Broggi. Ausnahmen sind in den Bildlegenden mit den entsprechenden Quellen ausgewiesen. Urheberrechte und Copyright liegen bei den Bildautorinnen und -autoren.

Zitierung
Broggi M. (2026) Natur im Umbruch: Vergangenes verstehen, Zukunft gestalten. Geschichten und Gedanken aus 50 Jahren Naturschutzarbeit. Zürich, Paul Schiller Stiftung; Bern, Haupt Verlag, 235 S.

1. Auflage: 2026

ISBN Print: 978-3-258-08461-9

Wir drucken mit mineralölfreien Farben und verwenden FSC®-zertifiziertes Papier. FSC® sichert die Nutzung der Wälder gemäss sozialen, ökonomischen und ökologischen Kriterien.
Gedruckt in Slowenien

MIX
Papier | Fördert gute Waldnutzung
FSC® C106600
www.fsc.org

Haupt Verlag AG
Falkenplatz 14
CH-3012 Bern
herstellung@haupt.ch
www.haupt.ch

Verantwortlich in der EU (GPSR):
Brockhaus Kommissionsgeschäft GmbH
Kreidlerstr. 9
DE-70806 Kornwestheim
haupt@brocom.de

Inhalt

Zum Geleit

Ein Vorwort zu einem Buch zu schreiben, das die Themen eines ganzen Menschenlebens aufgreift, ist eine anspruchsvolle Aufgabe – besonders dann, wenn dieses Leben so vielfältig und so engagiert geführt wurde wie jenes von Mario Broggi. Ich habe zwar keine ökologischen Fachkenntnisse im engeren Sinne, doch durfte ich Mario seit vielen Jahren als Weggefährte und Beobachter begleiten und bin immer noch fasziniert von der Fülle von Themen, die er bearbeitet und für die er sich engagiert. In vielen Gesprächen und gemeinsamen Projekten durfte ich wertvolle Einblicke in sein Denken und Wirken gewinnen. Es ist mir daher ein Anliegen, in diesem Vorwort einige Gedanken über diese bemerkenswerte Persönlichkeit zu teilen – aus der Perspektive eines Freundes und Mitreisenden.

Seit frühester Jugend wurde Mario Broggi in Baselland von der ihn umgebenden Natur, insbesondere vom Wald, geprägt, Themen, die ihn seither begleiten. Was seine zahlreichen Publikationen auszeichnet, sind die sorgfältig erarbeiteten wissenschaftlichen Erkenntnisse, auf deren Grundlage er dann ein leidenschaftliches Plädoyer für die Sache abgibt. Er kämpft für seine Überzeugungen, unermüdlich, lässt nie locker, gibt nie auf, auch nach Jahrzehnten nicht. Stets analytisch, legt er den Finger auf Schwachstellen und stellt unbequeme Fragen. Viele seiner Ideen und Vorschläge sind ihrer Zeit voraus und warten noch immer auf ihre Umsetzung, etwa in der nachhaltigen Waldbewirtschaftung, in der Landwirtschaft oder im Bereich von Schutzgebieten.

Was mich an Mario Broggi auch immer wieder beeindruckt, ist seine Weitsicht. Ausgehend von einem konkreten Anlass, denkt er nie nur punktuell, sondern erkennt das grosse Ganze, die Zusammenhänge, die Abhängigkeiten. Ein einzelner Teich, eine Wiesenfläche oder ein Waldstück – für ihn ist alles eingebettet in ein ökologisches Netz, das nur im Zusammenspiel funktioniert. Seit Jahrzehnten hilft er mir, den Blick vom Boden in die Umgebung zu richten, um Zusammenhänge zu erkennen, Abhängigkeiten zu verstehen.

Ein weiteres zeichnet Mario Broggi aus: ein tief verwurzelter Respekt vor der Natur, nicht der Schöpfung im religiösen Sinne, sondern Rücksicht vor der Dynamik natürlicher Prozesse. Mario setzt sich für eine mit Bedacht und Respekt behandelte Kulturlandschaft ein, in der menschliches Wirken Verantwortung und Achtsamkeit gegenüber dem Lebendigen zeigt. Seine Überzeugung, dass diese gewaltigen Lebensprozesse zu achten sind, ist ein grossartiges Plädoyer für eine nachhaltige Welt im Interesse zukünftiger Generationen.

Mario Broggi ist trotz seiner schweizerischen und italienischen Wurzeln heute untrennbar mit Liechtenstein verbunden. Vom Praktikant im hiesigen Forstamt über die Gründung der Liechtensteinischen Gesellschaft für Umweltschutz und der Botanisch-Zoologischen Gesellschaft, seiner jahrzehntelangen Arbeit für den Binding Preis für Umweltschutz, seiner Lehrtätigkeit an Hochschulen im In- und Ausland, bis hin zu seinem Engagement in kulturellen Institutionen wie dem Landesmuseum oder der Internationalen Musikakademie zeigen eine Persönlichkeit, die sich nicht nur in Liechtenstein engagiert, sondern überall dort seine Stimme couragiert erhebt, wo es gilt, Werte für die Gemeinschaft zu vertreten. Liechtenstein verdankt ihm vieles, es fehlt eine offizielle Anerkennung seines umfangreichen und wichtigen Wirkens in Liechtenstein. Sein Name wird jedoch für immer mit unzähligen Initiativen verbunden bleiben.

Das vorliegende Buch zeigt Mario Broggi aus verschiedenen Blickwinkeln, nicht nur als Wissenschaftler, sondern auch als Mensch mit seinen Emotionen, was ihn besonders charakterisiert. Sein Wunsch als «ökologischer Breitbanddilettant» zu wirken, ist Provokation, aber gleichzeitig ein Bekenntnis, dass neben fundierter wissenschaftlicher Arbeit auch ein persönliches Engagement notwendig ist, um alle Lebensprozesse zu erfassen und die persönliche Betroffenheit einzubringen.

Peter Goop, Vaduz, Mai 2025

Vorwort

Mario Broggi bezeichnet sich im Titel des Einstiegskapitels als «Langzeitbeobachter» in Sachen Natur und Naturschutz. Schon nach wenigen Zeilen wird klar: Hier schreibt einer, der nie nur Beobachter bleiben wollte, sondern einer, der sich während Jahrzehnten als Fürsprecher der Natur und als Kritiker ihrer Zerstörung sowie als Forscher engagiert hat, und der auf die Überzeugungskraft wissenschaftlicher Erkenntnisse setzt. Mario Broggi ist nicht nur Langzeitbeobachter, sondern auch Langzeitaktivist.

Als Forstingenieur sind ihm vor allem der Wald und seine vielfältigen Lebensgemeinschaften ans Herz gewachsen. Er plädiert für eine kaskadenartige Nutzung der Holzernte und für Zurückhaltung bei der energetischen Verwertung, da sie nicht nachhaltig ist. Referenz der Waldnutzung sollte aus seiner Sicht die standortabhängige natürliche Dynamik des Waldes sein.

Diese Auffassung von Waldwirtschaft hat einer, der sich mit den Ökosystemleistungen des Waldes à fond auseinandergesetzt hat. Daher war es wohl naheliegend, dass Mario Broggi sich im Verlaufe seines Lebens auch für Urwälder zu interessieren begann und für das sogenannte «Rewilding». Darunter versteht man den Verzicht auf Eingriffe und Nutzung, um die geomorphologischen und ökologischen landschafts- und lebensraumgestaltenden Prozesse in ihrer natürlichen Dynamik wieder zuzulassen. In zahleichen Alpentälern ist seit längerem eine schleichende und stillschweigend vor sich gehende Nutzungsaufgabe aus ökonomischen Gründen zu beobachten. Mehrere tausend Hektaren vergandendes Grünland kommen jährlich hinzu. «Rewilding» findet heute in der Schweiz statt, ohne dass dahinter eine strategische, biodiversitätsfördernde Absicht bestünde. Broggi plädiert diesbezüglich für ein Umdenken, für einen Einbezug der neuen Wildnis in die Regional- und Naturschutzplanung.

Der Verlust an biologischer Vielfalt gefährdet das Leben auf der Erde insgesamt und ist insbesondere für die Menschheit bedrohlich. Als wirksames Mittel gegen das Artensterben werden Schutzgebiete gesehen. Aus wissenschaftlicher Sicht sollten Schutzgebiete einen Anteil von jeweils 30 Prozent der Land- und Meeresfläche umfassen, um dem Artensterben erfolgreich entgegenzuwirken. Dieser Zielrahmen wurde denn auch von der 15. Biodiversitätskonferenz (CBD COP15) 2022 in Montreal beschlossen. Urs Tester hat im Band 66 dieser Buchreihe die Schweizerische Schutzgebietspolitik beleuchtet und dabei auf die Kleinheit zahlreicher Schutzgebiete, ihre mangelnde Vernetzung und fehlende Wirkung für den Erhalt der Biodiversität hingewiesen. Die Natur braucht Raum und Eigendynamik. In der Ausweisung von Grossschutzgebieten sieht Mario Broggi eine Chance, um dieses Ziel zu erreichen.

Er weist aber auch auf die Hürden hin, die in der föderal organisierten Schweiz hoch sind. Die Schweiz hat seit 1914 einen einzigen Nationalpark, errichtet auf einer damals abgewirtschafteten Fläche, deren natürliche Ressourcen durch Bergbau und die Holzwirtschaft zuvor geplündert worden waren. Der Wert des Parkes für die Biodiversität stellte sich erst nach Jahrzehnten der Regeneration ein. Parkprojekte zu Beginn des 21. Jahrhunderts, etwa der Park Adula und ein Park im Locarnese, scheiterten an der Gemeindeautonomie. Seither scheint in der schweizerischen Politik niemand mehr über Grossschutzgebiete nachdenken zu wollen.

Die heutige schweizerische Parkpolitik entspringt regionalwirtschaftlichen Überlegungen und ist nicht von Lebensraum- und Artenschutzzielen geprägt. So ist die Konzeption der Regionalen Naturpärke an keinerlei Schutzmassnahmen geknüpft. Broggi weist darauf hin, dass aber gerade der Nationalpark mit seinem umfassenden und strengen

Gebietsschutz eine hohe regionale Wertschöpfung ermöglicht. Er denkt in diesem Buch, gestützt auf seine Erfahrungen mit Parkprojekten im In- und Ausland, über innovative Parkmodelle nach, welche der Biodiversität im Alpenraum gut täten und der Talbevölkerung einen Bonus brächten.

Der Biodiversitätsverlust ist in der Schweiz keine Entwicklung des 21. Jahrhunderts. Er begann viel früher. Seit 1850 sind in der Schweiz durch Meliorationen und Flussbegradigungen 90 Prozent aller Feuchtgebiete verloren gegangen. Die Roten Listen, welche das BAFU führt, sind – um es mit Mario Broggi zu sagen – die «Verlustbilanzen». Die Zahlen über die schwindenden Artenzahlen, die uns von der Wissenschaft immer wieder neu vorgelegt werden, haben bisher nicht zu einem Politikwechsel geführt. Eine Eidgenössische Volksinitiative für einen besseren Schutz der Biodiversität wurde 2024 in einem Volksentscheid deutlich abgelehnt. Liegt es an ungenügender Kommunikation oder an der Ignoranz weiter Kreise in der Politik und der Bevölkerung, dass die Schweiz ihrer Natur nicht mehr Sorge tragen will?

Von Albert Einstein ist folgendes Zitat überliefert: «Es gibt zwei Arten, sein Leben zu leben: entweder so, als wäre nichts ein Wunder, oder so, als wäre alles ein Wunder.» Mario Broggi plädiert dafür, uns von der Natur und ihren Schönheiten verzaubern zu lassen, das Wundersame zu erleben. Schutzgebiete mit ihren natürlichen und naturnahen Lebensräumen sind aus seiner Sicht «Orte der Demut und Einsicht, dass die Erde nicht der Menschheit alleine gehört.» Ich erinnere mich, dass er anlässlich einer Besprechung zwischen der Eidgenössischen Natur- und Heimatschutzkommission und der Leitung des Klosters Einsiedeln diesen Satz dem Abt des Klosters zu bedenken gab, als dieser auf der dem Kloster Einsiedeln gehörenden Insel Ufnau im Zürichsee ein modernes Sommerrestaurant zwischen die Sakralbauten und an den Moorrand bauen wollte.

Mario Broggi ist ein streitbarer Naturschützer von ganzem Herzen, ideenreich mit den grossen Würfen im Kopf und zugleich pragmatisch genug, die kleinen Chancen für mehr Natur zu ergreifen. Ich danke ihm im Namen des Stiftungsrates für sein langjähriges federführendes Engagement für die Schriftenreihe, vormals für die Bristol-Stiftung als Herausgeberin und seit dem Band 63 als Fachgutachter für die Paul Schiller Stiftung. Und ich danke ihm besonders, dass er mit diesem Band als Autor die heutige Situation des Naturschutzes, der Biodiversitätsförderung, der Land- und Forstwirtschaft, der Wasserkraftnutzung und des Gewässerschutzes als Zeitzeuge in die Entwicklung der letzten 50 Jahre einordnet und uns Leserinnen und Leser eindrücklich erfahren lässt, was ihn antreibt: die Liebe zur Natur.

Herbert Bühl
Präsident der Paul Schiller Stiftung (bis Juni 2025)

Dank

Mehr als ein halbes Jahrhundert berufliche Aktivitäten waren kein Alleingang. Es gilt ein Dank an viele Adressaten zu richten – und auch dieser Dank kann nie umfassend sein. Es beginnt mit der Familie und den Eltern, die mir den gewählten Studiengang der Forstwirtschaft ermöglichten. Mein Vater hat die Tierliebe in mir geweckt und unseren gemeinsamen «Zoo» mitverwaltet. Meine Frau Ilse musste vieles alleine meistern, da ich häufiger nicht greifbar war.

Landesforstmeister Eugen Bühler in Liechtenstein ermöglichte mir den Einstieg in die Berufswelt, zuerst als Praktikant und später mit den ersten Aufträgen an den Freierwerbenden. Zu später Stunde meinte er einst am Stammtisch im Restaurant Real in Vaduz: «Das Auge meines Wohlgefallens ruht auf Dir». Ich fand bald einen Freundeskreis in den NGOs, die sich mit Natur beschäftigten, so bei der Botanisch-Zoologischen Gesellschaft Liechtenstein-Sarganserland-Werdenberg (BZG) mit den alljährlichen Mittelmeerreisen und bei der Liechtensteinischen Gesellschaft für Umweltschutz (LGU), wo mich der damalige Präsident Dr. Richard Meier mit dem Ausspruch tröstete: «Es sind nicht die schlechtesten Früchte, an denen die Wespen nagen». Er meinte damit, dass man selbst nicht das Schlechteste sein kann, sonst würde man nicht über Dich lästern. Und gelästert wurde damals über mich, ich wurde in meiner Funktion als LGU-Geschäftsführer als «auszuweisenden fremden Fötzel» bezeichnet, weil doch Einigen auf die Zehen getreten wurde.

Die Vorbereitungen für das «Europäische Naturschutzjahr 1970» in Liechtenstein führten zu frühen Kontakten zum Europarat in Strassburg. Gerne erinnere ich mich an die damaligen Persönlichkeiten mit dem Leiter der Naturschutz-Informationszentrale des Europarates Hayo H. Hoekstra und den Direktor des Naturschutzes im Europarat Dr. Jean Pierre Ribaut, die mir beide die Mitarbeit im Europarat als Gutachter ermöglichten. Via Strassburg lernte ich die schweizerischen Zuständigen für den Naturschutz beim Bund kennen, mit Dr. Theo Hunziker, Dr. Aldo Antonietti, Erich Kessler, Raymond Lebeau und Enrico Bürgi, für deren Bundesamt ich bald arbeiten durfte.

Mit dem damaligen schweizerischen Kollegen bei der Informationszentrale für Naturschutz beim Europarat Dr. Klaus Ewald blieb ich seither im beruflichen Kontakt, auch als er Professor für Naturschutz an der Universität Freiburg i.Br. und dann an der ETH-Zürich war. Mit den Professoren Dr. Frank Klötzli vom Geobotanischen Institut an der ETH Zürich und Prof. Dr. Bernhard Nievergelt, Wildbiologe an der Universität Zürich, ergaben sich langjährige Kontakte. Sie antworteten mir auf Hilferufe aus der Praxis nach Unterstützung. Den helvetischen Naturschutzpionieren Erich Kessler, Bernhard Nievergelt und Frank Klötzli widmete ich mit Dr. Richard Maurer, eh. Leiter der Abteilung Landschaft und Gewässer des Kantons Aargau, 2020 eine Schrift.

Nach dem freiberuflichen Start ab 1969 gründete ich 1973 eine Aktiengesellschaft (AG) mit Ing. Wilfried Wolfinger aus Balzers, um meine «Liechtenstein-Akzeptanz» zu erhöhen. Der langjährige Kern unseres Vaduzer, später Schaaner Büros bildeten der Forstmann und Ornithologe Georg Willi, der Geograph Heiner Schlegel und der Biologe Ruedi Staub. Wir beschäftigten dort auch so manchen Praktikanden, vor allem auch aus Vorarlberg, die später im öffentlichen Dienst Funktionen übernahmen, so Rudi Alge in Lustenau oder Wolfgang Flor aus Dornbirn, aber auch Südtiroler wie Helmuth Moroder, der später Generaldirektor der Stadt Bozen wurde.

Im Zürcher Büro ergab sich eine Bürogemeinschaft mit den Architekten Fritz Ryser und Wolf Juergen Reith (1943–1989). Der Bregenzer Reith wurde später an die Universität für Bodenkultur in Wien als Raumplanungs-Professor berufen, was auch mich zur Zusammenarbeit mit mehreren Lehrstühlen führte. Mit dem Büro in Mäder (Vorarlberg) entwickelte sich eine berufliche Kooperation mit Prof. Dr. Georg Grabherr (1946–2022), dem späteren Vegetationskunde-Professor an der Universität Wien. Unser viertes Büro in Wien betreute Dipl. Ing. Ernst Mattanovich (1958–2022), der nach meinem Ausscheiden aus der Privatwirtschaft die Leitung des dortigen Büros übernahm. Wir durften pionierartige Planungsarbeiten im Umweltbereich für die Eisenbahn leisten, so für den Neubau der Strecke Wien-St.Pölten.

Wichtig war mir ein internationales Netzwerk. Bei EUROPARC, die über 500 Schutzgebiete in Europa repräsentiert, beeindruckte mich ihr Präsident Dr. Hans Bibelriether, eh. Direktor des Nationalparkes Bayerischer Wald, mit seinem Slogan «Natur Natur sein lassen». In seiner Redaktionskommission des Magazins «Nationalpark», jahrzehntelang von Eva Pongratz betreut, durfte ich mitwirken und konnte dort viele Beiträge platzieren, vor allem über Wildnis. Auch mein Präsidium in der Internationalen Alpenschutzkommission CIPRA von 1986 bis 1992 liess langjährige Netzwerke entstehen, so mit den ehemaligen Geschäftsführern Ulf Tödter, seinem Nachfolger Andreas Götz und heute Kaspar Schuler.

Freundschaftskreise bildeten sich später im «Club der alten Wilden» mit dem Landschaftsschützer Hans Weiss, dem Wasserbauer Christian Göldi, dem früheren Stadtforstmeister Andreas Speich und als jüngerem Gast die heutige Geschäftsführerin des Wildnisparks Sihlwald Karin Hindenlang. Es entstanden auch Exkursionskreise mit dem ehemaligen Leiter der Aargauer Abteilung Landschaft und Gewässer Dr. Richard Maurer und seinem Bündner Pendant Georg Ragaz. Während meiner Mitarbeit an der Europäischen Akademie (EURAC) in Bozen in der Abteilung «Alpine Umwelt» hatte ich einen Freundeskreis mit den Mitarbeitenden und den Zuständigen in der Landesbehörde mit Dr. Stephan Ortner und Dipl. Ing. Flavio Ruffini sowie Dr. Roland Dellagiacoma, dem Chef Naturschutz in der Provinzverwaltung. Auf der weiteren internationalen Ebene sind die ständigen Kontakte zu Prof. Dr. Michael Succow aus Greifswald (Mecklenburg-Vorpommern), dem Alternativen Nobelpreisträger des Jahres 1997, und Prof. Dr. Hannes Knapp, eh. Direktor der Naturschutzakademie Vilm bei Rügen zu nennen. Ich durfte beide auf einigen Reisen in Zentralasien und nach Äthiopien begleiten, um Grossschutzgebiets-Projekte zu beurteilen.

Nach der Berufung in die Eidg. Forschungsanstalt für Wald, Schnee und Landschaft (WSL) im Jahre 1997 sog ich wie ein Schwamm Wissen aus Disziplinen auf, die mir bisher weniger vertraut waren. Ich erweiterte die Waldforschung auf weitere Mitweltfragen aus. Es ergaben sich wertvolle wissenschaftliche Kooperationen mit der Forstlichen Uralischen Universität in Jekaterinburg (Russland) und dem Biosphärenreservat Transkarpatien in der Ukraine mit seinem langjährigen Leiter Prof. Dr. Fedir Hamor.

Ein letztes Kapitel tat sich mit der Mitarbeit in Naturschutzstiftungen auf. Der deutsche Staatsbürger mit Zweitwohnsitz in Schaan (Liechtenstein) Herbert Uhl ermöglichte in Zürich die Gründung der Bristol-Stiftung. Diese Stiftung erlaubte es, 62 Studien im Grenzbereich zwischen Wissenschaft und Anwendung in einer eigenen Bristolreihe beim Haupt Verlag in Bern zu bearbeiten und zu veröffentlichen. Die Reihe wurde durch die Paul Schiller Stiftung mit dem Präsidenten Herbert Bühl fortgesetzt.

Mit der Gründung der liechtensteinischen Stiftung «CICONIA» für den Weiss- und Schwarzstorch ergab sich mit dem Toggenburger Reto Zingg eine enge Zusammenarbeit. Diese Stiftungsneugründung führte zum Kontakt mit Dr. Luc Hoffmann mit seiner schweizerischen MAVA-Stiftung und die Einsitznahme in seiner Stiftung. Sie wirkte vor allem im Mittelmeerraum und im nördlichen Westafrika, später auch in den Alpen. Dort verband mich eine Freundschaft mit Prof. Dr. Pierre Goeldlin de Tiefenau, dem vormaligen Leiter des Naturmuseums von Lausanne.

Wieder in Liechtenstein zurück, pflege ich im Pensionsalter einen freundschaftlichen Kontakt mit dem ehemaligen Landesforstmeister von Liechtenstein, Dr. Felix Näscher. Die letzten beiden Jahrzehnte galten dem Anliegen von Rheinaufweitungen im Grenzbereich von Liechtenstein zum St. Gallischen Werdenberg in der Werkstatt «Faire Zukunft», deren Wirken Dr. Peter Goop unter Mitarbeit von lic. iur. Andreas Götz ermöglichte.

Der Abschluss des Dankes gilt den Mitwirkenden in diesem autobiographischen Projekt. Ein Freundeskreis wollte aus Anlass des 80. Geburtstages ein Buch und/oder die Neuorganisation meiner Webpage www.mariobroggi.li übernehmen. In der Diskussion wurde eine hybride Form von Buch und Webseite als passend angestrebt. Ein herzliches Dankeschön geht an die Paul Schiller Stiftung, welche die Übernahme dieser Schrift in ihre Reihe ermöglicht. Ihr Stiftungsratspräsident Dipl. Natw. ETH Herbert Bühl lieferte wertvolle Anregungen zur Herausgabe. Verschiedene Kapiteltexte wurden von Kollegen überprüft, wofür ich sehr zu Dank verpflichtet bin. Es sind dies Dr. Andreas Moser, Opfikon (ZH), Dipl. Ing. Christian Göldi, Schaffhausen, Dr. Richard Maurer, Weggis LU, Dr. Felix Näscher, Vaduz, lic. iur. Andreas Götz, Sevelen (SG), Dr. Peter Goop, Vaduz, Mag. Günter Stadler, Frastanz (Vorarlberg), Kaspar Schuler CIPRA-International, Dipl. Forsting. ETH Peter Schneiter, Nidau (BE), Dr. Josef Senn, Birmensdorf (ZH) und Dr. Caspar Bodmer, ehemaliger WSL-Mitarbeiter. Auch mit dem verstorbenen Landschaftsschützer Hans Weiss (1940–2024) hatte ich hierzu noch einen regen Gedankenaustausch. Bei Dr. Gregor Klaus, Wissenschaftsjournalist aus Rothenfluh BL, bedanke ich mich für das Fachlektorat des gesamten Manuskripts. Seine Rückmeldungen waren für mich eine wertvolle Hilfe, um die Klarheit und Verständlichkeit des Textes zu verbessern.

Für die Drucklegung ist den bewährten Kräften Dr. Manuela Di Giulio für die Redaktion und das Lektorat, Silvia Ruppen für das Titelbild, Jaqueline Annen für das Layout sowie dem Haupt Verlag zu danken, ebenso den zahlreichen Fotografen, die mir Aufnahmen zur Verfügung stellten und bei den Bildlegenden erwähnt werden.

1 Erfahrungen und Zukunftsvisionen eines Langzeitbeobachters

Es gibt Momente, in denen ich zurückblicke und mich frage: Haben wir genug für Natur und Landschaft getan? Haben wir die Zeichen der Zeit erkannt? Was können und was müssen wir aus der Vergangenheit und Gegenwart für die Zukunft lernen?

Seit über einem halben Jahrhundert widme ich mich dem Wald, der Landschaft und der biologischen Vielfalt – als Wissenschaftler, als Kritiker, als Fürsprecher der Natur. Den naturwissenschaftlichen Themenbereichen bin ich bis heute auch publizistisch treu geblieben. Das vorliegende Buch ist eine Reise durch meine Erlebnisse, Erkenntnisse und Überzeugungen. Als Zeitzeuge erzähle ich Geschichten, als Beobachter reflektiere ich Entwicklungen und versuche sie einzuordnen.

Reflexionen und Erfahrungen für kommende Generationen

Mit meinen 80 Jahren bin ich sowohl Langzeitbeobachter als auch Langzeitaktivist. Nach meinem Abschluss als Forstingenieur an der ETH Zürich habe ich mit Kolleginnen und Kollegen geforscht, analysiert, kritisiert, Konzepte entwickelt und Vorschläge unterbreitet, damit die Natur mehr Raum erhält und weniger bedrängt wird. Ich setze mich dafür ein, dass der Planet uns Menschen nicht eines Tages abschüttelt, weil wir lästig geworden sind und zu vieles aus den Fugen gebracht haben.

In den einzelnen Buchkapiteln versuche ich meine Sichtweise quasi «testamentarisch» beziehungsweise autobiographisch festzuhalten und einen Bogen zur Gegenwart und Zukunft zu schlagen. Meine Ausführungen sollten keinesfalls belehrend und nicht als die einzig «richtige» Option verstanden werden. Ich kann mich in einigen Aussagen irren. «Nur wer nicht sucht, ist vom Irrtum sicher», meinte einst Albert Einstein. Ich bin mir beispielsweise bewusst, dass es DIE Forstwirtschaft nicht geben kann. Es sind aber die beobachteten Trends, die mich beunruhigen. So hat generell die Erhaltung der Biodiversität zurzeit wieder einen schwereren Stand also noch vor zehn Jahren.

Zeitzeuge eines Wandels

Oftmals beginnen meine Betrachtungen mit meiner Jugend- und Studienzeit. Ich schildere immer wieder prägende Erlebnisse, um so die Aussagen verständlicher zu gestalten. Dies zeigt mir, wie wichtig es ist, dass junge Menschen sich von den Schönheiten der Natur berühren lassen können und sich auf ein Langzeitengagement zugunsten von Natur und Landschaft einlassen. Ich nutze auch Beispiele vor meiner Haustüre in Liechtenstein. Die meisten Aussagen gelten auch darüber hinaus und sind mitteleuropäisch relevant.

Ich kann die Landnutzung vor allem seit den 1960er-Jahren überblicken. Nach dem Zweiten Weltkrieg fand eine Zeitenwende in der Landnutzung statt. «Oral History», also die Erfassung mündlicher Geschichten, wird für diesen Zeitraum immer schwieriger. Mit meinem Jahrgang 1945 werde ich für einige Ereignisse im Umweltbereich bereits zum letzten Zeitzeugen. Diese drohende Geschichtslosigkeit war für mich der Ansporn, wichtige Erfahrungen zu verschiedenen umweltrelevanten Aktivitäten zu sammeln und festzuhalten.

Lesbarkeit vor Literaturverweisen

Im Text werden nur wenige Quellenangaben berücksichtigt, um die Lesbarkeit zu verbessern. Selbstverständlich beruhen alle aufgeführten Aussagen auf Fakten, sind also belegbar. Am Ende der einzelnen Kapitel findet sich ein QR-Code, der zu meinen weiteren themenrelevanten Publikationen auf meiner Website führt (*www.mariobroggi.li*). Dieses Schrifttum bildet die Basis des vorliegenden Buches.

Alle gewählten Themen haben mich mein ganzes Leben lang begleitet. Am Anfang steht oftmals das «Freilandlabor» Liechtenstein, wo es mir dank der Übersichtlichkeit möglich war, naturkundliche Untersuchungen durchzuführen. Diese konnten in spätere Arbeiten zur Landnutzung und dem Natur- und Umweltschutz eingebracht werden.

Ganz zentral ist der Wald. Die Beschäftigung mit diesem Ökosystem ist ein Mysterium. Seine Lebensgemeinschaft ist unglaublich reichhaltig, und viele ökologischen Zusammenhänge sind noch nicht erkannt. Man begegnet aber auch dem Erbe der letzten 150 Jahre Forstwirtschaft mit gleichaltrigen, naturfernen und produktionsorientierten Fichtenbeständen.

Drei weitere Themengruppen haben in diesem Buch ein besonderes Augenmerk erhalten. Es ist dies die Landwirtschaft, die Wildnis und das Wasser. Während meinem Engagement Mitte der 1980er-Jahre im Projekt «Naturlandschaft Sihlwald» bei Zürich, das zum Wildnispark Sihlwald führte, kam ich in Kontakt mit dem Wildnisgedanken. Auch das Wasser als Lebenselixier begleitete mich früh mit der Umweltbeurteilung der Wasserkraftnutzung bis zur Wiederbelebung von Fliessgewässern. Das Schlusskapitel über meine «Lieblinge» – seien dies Lebensräume, Tiere oder Pflanzen – rundet das Buch emotional ab. Ohne Herzblut geht es nicht!

Diskussion erwünscht

Beim Abfassen der Texte war mir die Brücke zwischen Wissenschaft und Praxis sehr wichtig. Dafür riskiere ich als Naturwissenschaftler einige thematische Grenzüberschreitungen zur Geisteswissenschaft. Ich bin davon überzeugt, dass es eine Sichtweise braucht, die keine Unterscheidung zwischen Geistes- und Naturwissenschaften macht. Drei Aspekte liegen mir besonders am Herzen: Erstens die Notwendigkeit einer gewissen Flexibilität in den Betrachtungen – möglichst frei von Dogmen. Zweitens etwas Zivilcourage. Und drittens echtes Engagement, das aus Überzeugung kommt. Natürlich besteht die Gefahr, in die falsche Richtung zu galoppieren, doch das darf nicht davon abhalten, geistig in Bewegung zu bleiben. Deshalb betone ich: Alles, was hier geschrieben steht, muss hinterfragt und diskutiert werden können. Auf diesen Austausch freue ich mich.

2 Natur und Landschaft im Wandel

2.1 Das Waldökosystem als Verbündeter der Waldwirtschaft

Natur und vor allem der Wald haben bereits in meiner Kindheit eine zentrale Rolle in meinem Leben gespielt. Aufgewachsen bin ich etwas abseits des alten Dorfkerns von Allschwil im Kanton Baselland. Unseren Weiler teilten wir mit einer Bauernfamilie. Das von meiner Mutter geführte Restaurant Spitzwald war ein beliebtes Ausflugsziel für Spaziergängerinnen und Spaziergänger aus der angrenzenden Stadt Basel. Direkt hinter unserem Haus begann der Allschwiler Wald. In Höhlen mächtiger Eichen in einem lichten Eichenhain brütete damals noch der Wiedehopf. Rund um den Weiler lebten wilde Kaninchen und Fasane. Beiden stellte ich nach, indem ich sie von Hand fing und wieder in die Natur entliess. Das Schwarzwild pflügte nachts durch die damals noch bunten Wiesen. Im Winter versammelten sich Dutzende von Waldohreulen auf benachbarten Bäumen.

Auf unserer eingezäunten «Bündt» (= Obstgarten mit Kirschbäumen) hielt ich etwa 15 verschiedene Tierarten – ein kleiner Zoo. Darunter befanden sich freilaufende Pfauen, die sich bei Wetterumschwung heftig meldeten. Es gab auch Gänse, Stumm- und Pekingenten, Hühner, Stall-Kaninchen, Tauben und – in Volieren – Wellen- und Nymphensittiche sowie Wachteln. Mein Vater beschäftigte sich seinerseits mit Pferden, Ponys und Ziegen.

Prägende Walderlebnisse

Mein Spielplatz und Erlebnisort war aber der benachbarte Wald. Ich wusste, wo es den grössten Elsbeerbaum gab, ich kannte eine grosse Fuchs- und Dachsburg, deren Höhlen beide Wildtiere gemeinsam bewohnten. Die Natur begeisterte mich in ihrer Vielfalt, im Wald fühlte ich mich daheim. Ein Grossonkel zeigte mir die essbaren Pilze, und zwar weit über die bekannten Steinpilze und Eierschwämme hinaus. Am Wochenende pilgerten wir in den Schwarzwald nach Deutschland. Ich erinnere mich noch, wie ich dort eine Krause Glucke entdeckte, viel grösser als ein Badeschwamm.

Bei meiner bevorstehenden Studienwahl war für mich von Anfang an klar, dass sie unbedingt einen Bezug zur Natur haben sollte. Ein Biologiestudium, so sagte man mir, führe zum Lehrerberuf, den ich nicht anstrebte. Es war dann die Forstwirtschaft, die meinem Waldbezug entsprach. Damit durchbrach ich eine jahrhundertealte Familientradition, die stets im Bauwesen verwurzelt war. Rückblickend zeigt sich, dass Kinder und Jugendliche durch ihr Umfeld – in meinem Fall der Allschwiler Wald – stark geprägt werden.

Höhen und Tiefen des Forststudiums

Das Studium an der Eidgenössischen Technischen Hochschule Zürich (ETH Zürich) dauerte vier Jahre, mit der Zurechnung des Praktikums waren es fünf. Ich hatte meine Lieblingsfächer, aber auch solche, mit denen ich wenig anfangen konnte. Wäre Mathematik, darstellende Geometrie, Physik und Chemie gleichzeitig geprüft worden, hätte ich das Studium wohl kaum erfolgreich abgeschlossen. Auf die beiden Vordiplome verteilt, war es für mich knapp machbar. Ich schwänzte so manche Vorlesung und besuchte stattdessen Angebote in Zoologie an der Universität Zürich. Kritisch wurde es deshalb bei den Prüfungen. Einer der Professoren stellte fest, er habe mich noch nie in seinen Vorlesungen gesehen.

Der spannendste Teil des Forststudiums spielte sich sowieso draussen im Wald während den Exkursionen ab und brachte prägende Erlebnisse mit sich. Einmal mussten wir im Rahmen eines Vermessungskurses in den Eggbergen des Kantons Uri ein Strassenbauprojekt planen. Anstelle einer bestehenden kleinen Seilbahn zu einem abgelegenen Landwirtschaftsbetrieb sollte ein Waldweg durch den steilen Berghang führen. Die vielen Wendeplatten, die gebaut werden müssten, tauften wir «Zapfenzieher». Zu dritt erhielten wir die Planung des letzten Abschnitts dieser Erschliessung zugeteilt.

Wir empfanden die Erstellung dieses Strassenabschnittes allerdings als unnötig, zumal sie dem Bauernhof keinerlei Vorteile brachte. Die Bauarbeiten im steilen Hang hätten grosse Massenverschiebungen erfordert und eine bleibende Erosionsgefahr bedeutet. Wir erledigten unsere Planungsarbeit ohne Herzblut und drückten unser Missbehagen aus, was für die Notengebung nicht förderlich war. Meines Wissens wurde dieser Wegabschnitt später nie gebaut.

Zweifel an der Forstpraxis

Wir mussten während des Forststudiums auch einen Waldwirtschaftsplan erstellen. Darin wird für die nächsten 10 bis 15 Jahre die jeweilige Waldbehandlung festgelegt. Ich

Abb. 1: Fichtenmonokultur als forstliche Hypothek wie wir sie vielerorts noch immer antreffen. Solche Bestände sind dem Wind und dem Borkenkäfer ausgesetzt.

erhielt den Wald der Gemeinde Steinhausen (ZG) zugewiesen, der zu grossen Teilen aus Fichtenmonokulturen bestand. Die Fichte war der Brotbaum der Forstwirtschaft. Bei der Auswertung der vergangenen Planungsperiode stellte ich fest, dass die Hälfte der damals geplanten waldbaulichen Vorhaben gar nie ausgeführt werden konnten, weil Stürme und andere natürlichen Prozesse die Waldentwicklung in eine andere Richtung gelenkt hatten. Die ganze Planungsakribie war weitgehend umsonst: Sturmschäden diktierten anstelle des forstlichen Willens das Geschehen. Ich schloss daraus: Die Natur hat die Kontrolle über die Entwicklung im Wald; sie lässt sich nicht bis ins Detail planen. «Planung ersetzt den Zufall durch Irrtum», meinte einst spöttisch der Physiker Albert Einstein.

Ich erkannte zudem, dass die naturwidrigen Fichtenmonokulturen eine schwere Hypothek darstellen (Abb. 1) und reflexartig durchgeführte Räumungsaktionen und Wiederaufforstungen nach Stürmen unterlassen werden könnten, weil sie zu neuen schematischen und anfälligen Altersklassenwald führen. Dieses Unterlassen der Räumung fördert den Schutz vor Wildverbiss und erzeugt durch Naturverjüngung einen stufigen Wald (Abb. 2). Im Gebirgswald sind die umgefallenen Bäume zudem ein guter Schutz vor Steinschlag.

Abb. 2: Ein strukturiertes Waldbild mit verschieden alten Bäumen in einem Wirtschaftswald, so wie es für einen gesunden Wald Standard sein sollte.

Ein unbequemer Blick in den Wald

Mein Studium fiel in die Zeit der 1968er-Bewegung und der Globus-Krawalle, die jedoch – abgesehen von der Architekturabteilung an der ETH – wenig Beachtung fanden. Dennoch wollte man sich bei der Studentenschaft rückversichern, ob man als Universität auf dem richtigen und zeitgemässen Weg war. Wir erhielten vom damaligen Rektor der ETH, der zugleich unser Waldbauprofessor war, einen Fragebogen zur Beurteilung unseres Studiums. Wir konnten anonym antworten oder mit Namen unterzeichnen. Das gleiche Trio, das die Wegerschliessung in Frage gestellt hatte, beantwortete den Fragebogen mit einigen kritischen Bemerkungen zum Forststudium und unterschrieb ihn auch. Wir forderten weniger forstlichen «Götterblick», dafür mehr durch Forschung abgestützte Entscheidungen im Wald und mehr ökologische Betrachtungen.

Unsere Kritik bekam uns gar nicht gut. Meine in Aussicht gestellte Note von 5,5 für den Waldbau wurde im Schlusszeugnis auf 3,5 zurückgesetzt. Ich konnte dies mit der Höchstnote in der forstpolitisch ausgerichteten Diplomarbeit ausgleichen. Der waldbauliche Notengeber meinte viele Jahre später bei einem Wiedersehen auf einer von mir vorbereiteten Fachexkursion in Liechtenstein, er hätte nicht gedacht, dass aus mir «noch etwas werde».

Solche Erfahrungen und Prägungen wurden nach dem Forststudium bzw. in meinem Berufsleben nochmals verstärkt. Das gilt vor allem für das Vorhaben «Naturlandschaft Sihlwald» (siehe Kap. 2.2). Ich suchte dabei immer auch den fachlichen Austausch auf internationaler Ebene. Als Präsident der Internationalen Alpenschutzkommission (CIPRA) war ich in die Debatten zur Ausweisung von alpinen Grossschutzgebieten involviert, ebenso in der entsprechenden Kommission der Internationalen Naturschutzunion IUCN. Für den Europarat verfasste ich 25 Jahre lang Gutachten zum Wald und zu Schutzgebieten, und für die weltweit agierende IUFRO (International Union of Forest Research Organisations) sass ich im Lenkungsausschuss. Mit über 30 deutschen Forschenden äusserte ich mich 2021 nochmals in der Schrift «Der Holzweg – der Wald im Widerstreit der Interessen», die im Oekom Verlag in München erschienen ist. Ich stehe also mit meinen Aussagen nicht alleine da.

Letztendlich bestimmt die Gesinnung der Waldwirtschaft das Waldbild. Hans Leibundgut, mein damaliger Professor für Waldbau, verstand unter «Waldgesinnung» eine bewusste, auf Beweggründen beruhende Denkweise (Leibundgut 1988). Die basiert auf Wissen über den Wald, seine Funktionen und Wirkungen auf die Umwelt sowie seiner Bedeutung für uns Menschen. Für mich kommt eine tief ethische Komponente hinzu: der Eigenwert des Waldes. Das traditionalistische Denken wird dem Ökosystem Wald kaum gerecht – dominiert aber nach wie vor in weiten Teilen der Waldwirtschaft. Hier braucht es, denke ich, eine Weiterentwicklung der Waldpolitik.

Wie nachhaltig ist unsere Forstwirtschaft wirklich?

Anfangs des 18. Jahrhunderts hatte Hans Carl von Carlowitz (1645–1714) in Sachsen den Nachhaltigkeitsbegriff eingeführt. Es solle nicht mehr Holz geerntet werden als nachwächst. Das war vorbildlich, weil es sich gegen den damals üblichen Raubbau an Ressourcen richtete. Der Nachhaltigkeitsbegriff hat sich inzwischen weiterentwickelt und definiert sich über ökologische, ökonomische und gesellschaftliche Komponenten. Holz wird in diesem Zusammenhang gerne als ein CO_2-neutraler erneuerbarer Rohstoff bezeichnet. Aber zusehends soll Strom auch aus Biomasse gewonnen werden. Mit Biomasse sind auch Bäume gemeint.

Doch wie klimafreundlich ist es, Holz zu verbrennen? Überall entstehen Biomasse-Verbrennungsanlagen zur Gewinnung von Energie. Teils wird das benötigte Holz von weit hergeführt und im Fall der Pellets vor dem Verbrennen zuerst zu Sägemehl gemahlen und mit Maisstärke zusammengeklebt. Doch die zunehmende Verbrennung von Biomasse ist nicht nachhaltig und hindert den Wald daran, seine Funktion als Kohlenstoffsenke zu erfüllen. Sinnvoll wäre es dagegen, vor allem Rest- und Abfallhölzer für die Verbrennung zu verwenden. Man darf nicht vergessen: Einst half die Kohle, die Wälder zu retten. Dass die Wälder nun als Ersatz für Kohle herhalten sollen, wirkt irgendwie absurd. Energieeinsparung und Solaranlagen auf Gewerbe- und Industriedächern und Infrastrukturen wären naheliegender als das Verbrennen des wertvollen Rohstoffs Holz.

Das Stichwort heisst «Kaskadennutzung», ein Konzept, das darauf abzielt, bei der Holzernte zunächst einen möglichst hohen Anteil als Nutzholz zu gewinnen und das verbleibende Material schrittweise für Baustoffe, Papierherstellung und schliesslich als Energiequelle zu verwerten. Erst der verbliebene Rest, vielleicht 20 Prozent der Holzernte, sollte als Brennholz verwertet werden. Anstatt des Fünftels oder Viertels des geernteten Holzes werden aber vielerorts – auch an meinem Wohnort – drei Viertel verfeuert. Der ausgestossene Feinstaub belastet sichtbar die Luft.

Ich weiss, das Problem ist komplex, angefangen von den fehlenden Sägereien, dem Holzmarkt und der einseitigen Fixierung der Bauwirtschaft auf Nadelholz (Abb. 3). Aber es handelt sich dennoch um eine Fehlentwicklung. Wald und Holz sind nur begrenzt verfügbar und zu wertvoll, als dass es in Kraftwerken leichtsinnig verbrannt werden sollte. Die energetische Nutzung von Holz ist einzugrenzen, weil sie nicht nachhaltig ist. Wohlverstanden: Wir reden hier von neuesten Entwicklungen und nicht von früher begangenen Fehlern.

Wie naturnah ist der Schweizer Waldbau?

Ich möchte hier festhalten, dass der «helvetische Waldbau» in der Praxis wesentlich naturnäher ist als in den meisten umliegenden Ländern. Das stelle ich immer wieder fest und freue mich daran. In der kanadischen Provinz British Columbia stand ich vor Kahlschlägen von Hunderten von Hektaren mit anschliessenden Aufforstungen, was zu gleichaltrigen Monokulturen führte. Ich sah auch die damit verbundenen Auswirkungen des Borkenkäferbefalls – «braun» soweit das Auge reicht. Unsere hiesigen Waldbauformen sind noch nicht derart mechanisiert wie in anderen Ländern. Grund dafür ist der kleinflächigere Waldbesitz sowie ein grosser Anteil an Gebirgswald.

Auch in Europa kennen wir grobe Schlagformen, beispielsweise in Schottland oder in Schweden. Auch die etwas kleinflächigeren Saumschläge im Osten Österreichs vom Berggipfel bis ins Tal hinunter sind kein Vorbild (Abb. 4). Das österreichische Waldgesetz erlaubt Verjüngungsschläge bis drei Hektaren. Bedenkt man, dass sich in Verjüngungsflächen von 0,25 bis 0,5 Hektaren Grösse kein Waldbinnenklima mehr ausbilden kann (Richtwert des Waldbauers Leibundgut), darf an der Nachhaltigkeit solcher Praktiken gezweifelt werden. So manch bewaldeter Hang sieht aus wie eine gerupfte Henne (Abb. 5). Jede Freilegung einer Waldfläche ist zugleich der radikale Verlust aller potenziellen biologischen Aufbauleistungen eines Waldes. In den deutschen Landeswaldgesetzen sind bis zu 2 Hektaren am Stück erlaubt. In Lübeck wurde zu Beginn des neuen Konzeptes im Jahre 1994 eine Begrenzung auf 0,25 Hektaren festgelegt. Bei Studien zur Lückenökologie in Lübeck kam dann heraus, dass die 0,25 Hektaren noch immer zu einer kahlschlagähnlichen Reaktion der Bodenvegetation führte, also eine längere Übergangsphase mit spontaner Ansiedlung von Kraut- und Strauchvegetation, die die Besiedlung mit Baumarten

Abb. 3: Die Fichte als «Brotbaum» der Forstwirtschaft wurde standortfern in Reinkultur angesetzt.

Abb. 4: Saumschläge mit seitlichen Wiederholungen entwickeln sich zu Kahlschlagflächen.

Abb. 5: Manche durch Saumschläge verunstaltete Wälder sehen aus wie eine «gerupfte Henne».

verzögerte. Die Studien führten zur Empfehlung, nur eine Freifläche von max. 0,1 Hektaren anzustreben, auf der die Waldbaumarten unmittelbar der natürlichen Verjüngung folgen (pers. Mitt. Lutz Fähser).

Waldbau ist nicht Gartenbau

Auch mit der schweizerischen Waldbaulehre scheint mir die gewünschte Naturnähe noch nicht erreicht. Der hier eingesetzte «Femelschlag» ist im Vergleich zum Kahlschlag zu bevorzugen. Dabei wird der Altbestand in mehreren Schritten aufgelichtet, um eine natürliche Verjüngung des Waldes zu fördern. Die Bäume werden schrittweise in sogenannten Femeln (kleinflächigen Gruppen) entnommen, so dass Licht für die nachwachsenden Bäume entsteht. Ziel ist es, eine Mischung aus verschiedenen Altersklassen und eine naturnahe Waldentwicklung zu erreichen. Das ist die im Studium vermittelte Waldbaulehre; in der Praxis kann sich das allerdings zu einem schleichenden Kleinkahlschlag entwickeln.

Diese «Wegabzweigung» im schweizerischen Waldbau mit dem Femelschlag erfolgte vermutlich unter dem Waldbauprofessor Walter Schädelin (1873–1954) mit seiner propagierten pflegeintensiven Behandlung des Waldes. Das Schlagverfahren führt in den jeweiligen Verjüngungsflächen immer wieder zu einem Altersklassenwald, wenn auch in kleineren Ausmassen als bei klassischen Kahlschlägen.

Für Schädelin war «Erziehung» die oberste Devise; mit dem aufgemalten Buchstaben «Z» selektionierte man die «Zukunftsbäume». Abgeleitet heisst dies: Im Wald ist alles machbar, wenn nur genügend Einsatz geleistet wird. Eine solche Waldbaulehre ist aufwendig und damit kostspielig. Die selbstregulierenden Kräfte, die im Naturgeschehen herrschen, bleiben weitgehend unberücksichtigt. Dieser Waldbau wird zur «Gärtnerei».

Im Wald unterstützt jeder Baum den anderen, die Bäume stehen nicht alleine und sind aufeinander angewiesen. Auch eine Auslesedurchforstung wird somit zu einem drastischen Eingriff. Bei Durchforstungen werden mindestens 50 Prozent des Vorrates flächendeckend genutzt. Im Jungwald mit Dickungen und Stangenholz erfolgt eine subventionierte «Pflege». Die Interventionen erfolgen regelmässig in relativ kurzen Abständen. Der Wald sollte aber nicht zu einer Fabrik der Holzproduktion werden, sonst wird die Natur auf einen Nebenschauplatz abgedrängt.

Naturgerechter Waldbau zwischen Theorie und Praxis

Alle diese Bemühungen für pflegerische Eingriffe münden letztendlich immer wieder in einen mehr oder weniger gleichschichtigen und gleichaltrigen Bestand. Der verfeinerte Schädelinsche Femelschlag, wie er in den 1930-er Jahren gelehrt wurde, ist aus finanziellen Gründen schwer durchführbar. Eine ordentliche Femelschlagwirtschaft verlangt nämlich eine dauernde Überwachung und ständige Eingriffe, sowohl im Abtriebsbestand als auch im neuen Aufwuchs. Keine andere Betriebsart erfordert letztendlich eine so vollständige Erschliessung mit Waldstrassen, um nah am Eingriffsgeschehen zu sein. Die Katastrophenanfälligkeit der heutigen, aus Monokulturen entstandenen Waldbestände sollten uns eine Warnung sein. Grösstmögliche Stabilität kann nur durch dauernd stufige Bestände erreicht werden.

Dieses Waldbauziel ist in der Schweiz mit dem Begriff des «Plenterns» verbunden, in Deutschland mit dem Dauerwald (Bode 2021). Dabei wird der Wald durch Einzelbaumentnahmen bewirtschaftet. Die Bäume aller Altersklassen stehen so auf einer Fläche – es gibt keine Gruppenstruktur wie beim Femelwald. Diese Waldbauform ist das Kontrastprogramm zu kahlschlagähnlichen Verjügungsformen. Das hat man uns im Studium durchaus als empfehlenswert dargestellt, aber gelangte wenig in die Praxis. Auch wurde die Einsatzmöglichkeit ausserhalb von Fichten-Tannen-Buchenwäldern bezweifelt, was mittlerweile widerlegt werden konnte. Grossflächige naturnahe Waldbauformen finden sich in Deutschland im Grossgrundbesitz des früheren Adels, und dies verbunden mit Wirtschaftlichkeit (Knapp *et al.* 2021). Der Plenter- oder Dauerwald als Waldbauform setzte sich jedoch gegen eher mechanistische Betriebsformen nicht durch. Die Plenterung oder plenterähnliche Strukturen bleiben mir aber Waldbauvorbild.

Auch der Leibundgut`sche «Vorwald» fand selten Anwendung. Leibundgut propagierte die Sukzessionen im Wald und meinte, man solle bei Verjüngungen und vor allem bei Neuaufforstungen Pioniergehölze anstelle von Schlusswaldarten berücksichtigen. Der Vorwald bereite den Boden für nachfolgende Baumgenerationen vor. Das sind bei uns Birken, Vogelbeere, Lärche, Föhre. Es blieb aber bei der Theorie. In der Praxis werden meist sogenannte Schlusswaldarten wie Buchen, Eichen, Fichten und Weisstannen berücksichtigt, um vermeintlich die Zeit bis zur Ernte zu verkürzen. So werden ökologische Betrachtungen unterdrückt.

Dem Ökosystem Wald gerecht werden

Ich erachte viele propagierte Pflegeeingriffe ins Waldgeschehen als übertrieben (Abb. 6). In der gültigen Waldbaulehre steht der Pflegebetrieb mit Jungwuchs-, Dickungs- und Stangenholzpflege im Vordergrund. Dieser Pflegebetrieb ist mit zusammenhängenden gleichförmigen Flächen verbunden – und dort ist die Pflege dann auch nötig. Ich meine, wir sind noch nicht am Ziel eines naturgerechten Waldbaus. Auch der schweizerische Waldbau ist noch verbesserungswürdig.

Abb. 6: Eine Waldverjüngung braucht ihre Zeit, die man dem Wald aber nicht lässt; stattdessen agiert man wie eine «Gärtnerei» mit Baum- und Zaunschutz.

Im Zentrum des Waldbaus muss das natürliche Produktionssystem Wald mit seiner natürlichen Dynamik stehen. Auch im Wirtschaftswald ist es nicht zwingend, dass jedes ältere Individuum genutzt werden muss. Wir dürfen Wälder älter werden lassen. Massstab und Referenz ist und bleibt die natürliche Waldgesellschaft.

Noch ist das Dogma verbreitet, dass die Wälder genutzt werden müssen, damit sie nicht «zerfallen». Man spricht von einer Bewirtschaftungspflicht. Es stellt sich die Frage, worauf diese Aussage basiert. Sie stützt sich möglicherweise auf die Urwaldtheorien vom bereits mehrfach erwähnten ETH-Professor Hans Leibundgut. Es wird letztendlich vom Zerfall des Urwaldes ausgegangen, und zwar im Anschluss an eine Verjüngungs-, Optimal- und Altersphase. Solches kann als Modellüberlegung hilfreich sein, lässt sich aber nicht eins zu eins ins Gelände übertragen. Denn ein zyklischer Zerfall grösseren Ausmasses konnte ich flächig in osteuropäischen Urwäldern nicht beobachten. Ich hatte einmal Hans Leibundgut gebeten, mir Beispiele für den flächigen Zerfall zu benennen. Die Rückmeldung bezog sich auf einen Fall in Bosnien, den er aber gar nicht selbst gesehen hatte.

Der Urwald ist ein Gefüge mit vorwiegend einzelstamm-, trupp- bis gruppenweiser natürlicher Erneuerung. Exogene Faktoren wie Feuer, Lawinen und Stürme prägen den mitteleuropäischen Wald und können zur Zerstörung von bestehenden Bestandessstrukturen führen. Wenn wir die Urwalderkenntnisse für unsere Waldbewirtschaftung ernstlich in Betracht zögen, so müssten wir uns von jedem klassischen Schlagverfahren abwenden. Im natürlichen Urwaldgeschehen tritt kein grossflächiger Zerfall auf, es sei denn, er wird durch die oben genannten exogenen Faktoren verursacht.

Braucht jeder Schutzwald eine Pflege?

Für den Schutzwald sind diese Überlegungen wichtig. Unsere Gebirgswälder, falls sie noch eine weitgehend natürliche Baumartenzusammensetzung aufweisen, zerfallen nicht einfach, wenn sie sich selbst überlassen werden. Dafür reicht ein Blick auf die vielen, seit Jahrzehnten bis Jahrhunderten nicht genutzten steilen Waldungen im Gebirge, die sich durchaus selbst zu erhalten wissen. Eine Studie der Eidg. Forschungsanstalt WSL und des SLF bestätigte diese Beobachtung (Krumm *et al.* 2011). Die Forschenden hielten fest, dass der Natur in den Alpenwäldern mehr Zeit gegeben werden könnte, ohne dass langfristig Nachteile für den Schutzwald drohen. Auch liegende Stämme und Dürrständer erfüllen eine Schutzfunktion. Die Schutzwaldpflege solle sich daher auf gefährdete Gebiete konzentrieren, und zwar auf Wälder als Erbe früherer Praktiken, die sehr homogen und einseitig sind und deren Schutzwirkung besonders wichtig ist.

Nehmen wir das Beispiel der Steilhänge entlang des Lago Maggiore, die seit dem Zweiten Weltkrieg nicht mehr genutzt werden. Der steile Berghang bildet ein Mosaik aus Bäumen und Offenland, das von Erosionskräften durchflossen ist. Diese offenen Flächen mit Runsenbildung sind nötig, da hier die Erosionskräfte kanalisiert und abgeführt werden, ohne dass der Wald gefährdet wird.

Das Wechselspiel von Nachgeben und Beharren ist das Überlebensprinzip des Bergwaldes und bedarf keiner Pflege für die Aufrechterhaltung der Schutzfunktion des Waldes. Hier ist der Bergwald eindrucksvolles Lernobjekt. Man sollte sich dabei die einfache Tatsache vor Augen führen, dass der Wald schon lange vor dem Menschen existierte und ohne ihn überlebt hat. Der Wald benötigt den Menschen nicht, wohl aber der Mensch den Wald. Diese Aussage gilt mit einigen Ausnahmen auch für den Gebirgswald.

Mehr Gelassenheit im Wald würde mit der Zeit auch zu einer Umstrukturierung von anthropogen bedingten, gleichförmigen Beständen zu stufigeren, ungleich alten Beständen wie im Naturwald führen. Die benötigte Zeit wollen wir dem Wald aber nicht zugestehen. Ein sehr anschauliches Beispiel erleben wir in den Bergföhrenwäldern im Ofenpassgebiet zwischen Il Fuorn und Buffalora im und am Rande des Schweizerischen Nationalparkes. Die dort ohne Aufforstung entstandenen gleichaltrigen Kahlschlag-Nachfolgewälder sterben einzelstammweise ab, erneuern sich stufig, verlieren aber dabei ihre Schutzfunktion nicht (Brang 1989).

Der Mythos vom überalterten Wald

Auch ein weiteres Schutzwalddogma hält ökologischen Betrachtungen nicht stand. Man spricht von einer Überalterung von Wäldern, wenn sie mehr als 120 Jahre alt sind, und plädiert dann für Hiebsreife. Das hat mit dem biologischen Alter vieler Baumarten wie Fichte, Tanne, Lärche, Ahorn, Linde, Eiche oder Buche rein gar nichts zu tun. Wagen wir den Vergleich zum Menschen, so sprächen wir bei einem 120-jährigen Baum von einem Menschen im Alter von 30 bis 40 Jahren!

Infolge der Waldplünderung in den letzten Jahrhunderten gibt es kaum mehr alte Wälder in unseren Breiten. Während meiner Ausbildung hörten die forstlichen Ertragstafeln, die das Wachstum der Bäume abbilden, bei 120 Jahren auf. Ich durfte in der Slowakei in Begleitung von Professor Stefan Korpel 400-jährige Buchen besuchen, die mit 300 Jahren nochmals einen Wachstumsschub erlebt hatten (Korpel 1995). Darf man also bei ökologischer Betrachtung von einer Überalterung der Wälder sprechen? Solches Denken negiert, dass die Sanduhr für Mensch und Baum unterschiedlich läuft. Da hat man die Bedeutung von Raum und Zeit zu wenig verstanden. Hier herrscht Korrekturbedarf. Wer von Überalterung spricht, nimmt das Ökosystem Wald nicht zur Kenntnis und erklärt eine selbst formulierte Forstwirtschaft als gültig.

Jeder Wald ist am jeweiligen Standort in der einen oder anderen Form auch Schutzwald. Dort, wo Leib und Leben und hohe Sachwerte unterhalb labiler Waldbestände liegen, müssen Flächen zwar intensiver beobachtet werden. Ein Pflegezwang ist das aber noch lange nicht. Im Übrigen bedecken solche Gebiete nur einen kleinen Teil der Waldflächen. Für Liechtenstein als Gebirgsland machen Wälder mit einer «sehr wichtigen Schutzfunktionen» etwa 10 Prozent der Gesamtwaldfläche aus (Nigsch 2009). In einer späteren Studie wurden daraus plötzlich 60 Prozent (Impuls AG 2024). Solche völlig überhöhten Werte dürften subventionstechnische Komponenten beinhalten.
Diskussionen rund um eine Bewirtschaftungspflicht und eine starke Ausweitung des Anteils von Schutzwaldflächen sind nach meiner Meinung zu hinterfragen. Sollen solche «Schutzwälder» um jeden Preis mit öffentlichen Geldern gepflegt werden? Es gibt sie, diese Wälder mit notwendigen Eingriffen, die waldbaulicher oder technischer Massnahmen bedürfen. Wir sollten uns andererseits für die Holznutzung auf jene Wälder konzentrieren, wo dies ohne finanzielle Defizite möglich ist. Gleichzeitig ist die Bedeutung von Totalreservaten anzuerkennen und deren wissenschaftliche Betreuung zu fördern (siehe Kap. 2.2).

Waldstrassen – geht die Erschliessung zu weit?

Eine scheinbare Plausibilitätskette für mehr Waldstrassen lautet: Wir brauchen gesunde Wälder. Damit Wälder gesund bleiben, müssen sie gepflegt werden. Und ohne Waldstrassen keine Pflege. Der schweizerische Waldbau propagiert eine intensive Pflege – und damit die Erschliessung des Waldes, um die Eingriffsorte zu erreichen (Abb. 7). In einigen Mittellandregionen kam man auf eine Strassendichte von über 100 Laufmeter pro Hekta-

Abb. 7: Der Waldstrassenbau ist hochsubventioniert und hält öfters einer Kosten-Nutzen-Prüfung nicht stand.

re, was durch die öffentliche Hand hoch subventioniert wurde. Man spricht an einigen Orten von einer Übererschliessung.

Ich habe mich mehrere Jahre intensiver mit dem forstlichen Strassenbau im Gebirge befasst, ein Argumentarium Pro und Contra dazu verfasst und Publikationen zum Thema erstellt. Der Deutsche Naturschutzring e.V. erteilte mir sogar den Auftrag, eine gutachtliche Kosten-Nutzen-Analyse für zwei konkrete Waldstrassenabschnitte im Vorderen Karwendelgebirge in Bayern im Jahr 1978 zu erstellen.

Waldstrassen im Gebirge sind eine besondere Herausforderung. Sie benötigen wegen der starken Reliefenergie und wegen instabilem Gelände Kunstbauten. In der Ausführung wird die nötige Rücksicht und Sorgfalt teilweise vermisst. Nicht selten wird der Wald beim Strassenbau geschädigt, der Wasserhaushalt beeinträchtigt und Kleinbiotope zerstört. Das überschüssige Material wird mit Hilfe von Schubraupen den Hang hinuntergeschüttet, wo Bäume verletzt werden.

Auch der Unterhalt der Strassen gestaltet sich aufwendig. Vor einer Strassenbenutzung gilt es, Erosionsschäden zu reparieren, um zu den Beständen zu gelangen. Die Walderschliessung öffnet Tür und Tor für weitere Nutzungen. Fast jede forstliche Erschliessung darf für Mountain Bikes genutzt werden, im Kanton Graubünden gar jeder Pfad. Die Ruhestörung führt zum Rückgang der Raufusshühnerpopulationen, insbesondere wird das Auerhuhn massiv beeinträchtigt (BUWAL 2001). Forstliche Erschliessungen tragen auch dazu bei, dass eine grosse Zahl von Maiensässen umgenutzt werden können und zur Zersiedelung der Landschaft beitragen.

Halten wir zusammenfassend fest, dass der Nutz- und damit der Wirtschaftswald eine rücksichtsvolle Erschliessung benötigt. Es gibt aber Grenzertragslagen, die aus ökonomischen oder aus Naturschutzgründen nicht erschlossen und sich selbst überlassen werden sollten. Zur Gesamtschau gehört also nicht nur die Optimierung des Nutzens, sondern auch eine Ausscheidung von Wäldern, die nicht erschlossen werden. Eine Einheitsdoktrin für den Schweizer Wald im Sinne einer Pflegepflicht und damit notwendige Erschliessungsnotwendigkeit wäre abzulehnen. Der Wald hat als naturnaher Lebensraum einen Eigenwert, den es vermehrt zu respektieren gilt. Den «Zehnten» können wir auch in erschlossenen Lagen vollständig der Natur überlassen.

Wald und Wild – eine unendliche Geschichte

Die Wald-Wild-Thematik wird seit Jahrzehnten kontrovers diskutiert. Ich nehme an, dass meine nachfolgenden Aussagen von vielen Förstern, aber auch Naturschützern, nicht geteilt werden.

Mantrahaft wird der Huftierbestand mit Hirsch, Reh und Gämse als zu hoch bezeichnet und als eine Gefährdung des Schutzwaldes angesehen. Für eine richtige Einschätzung muss uns aber bewusst sein, dass die Schalenwildbestände im letzten Jahrhundert angewachsen sind, allerdings von einem sehr tiefen Niveau aus. Im 19. Jahrhundert hatte es Zeiten gegeben, in denen das Rotwild und das Reh regional ausgerottet waren.

Während meinem Forstingenieurstudium hatte das Schalenwild einen sehr schlechten Ruf, und daran dürfte sich bis heute wenig geändert haben. Für mich ist ein solches Bild jedoch zu einfach. Einiges wird verzerrt dargestellt, und in der damit verbundenen Schutzwalddebatte wird die Sicherheit als Totschlagargument verwendet.

Ich bin kein Jäger, habe aber 1971 die Jagdprüfung abgelegt, weil ich erstens Wildfleisch mag und wir während des Forstingenieurstudiums wenig zur Lebensgemeinschaft des Waldes vermittelt bekamen, wozu auch das Schalenwild gehört. Wild sei stereotyp durch Abschuss zu regulieren, war die Devise.

Einer meiner ersten forstlichen Aufträge des Jahres 1970 war eine Wildschadensschätzung in einer Stangen-Fichtenmonokultur, die die Hirsche in grösserem Ausmass geschält hatten. Ich schlug entgegen der damals herrschenden Meinung keine Umwandlung mit Kahlschlag vor, sondern eine Überführung des Bestandes durch Auflichtung mit natürlicher Verjüngungsmöglichkeit. Ich war überzeugt davon, dass das Wild ähnlich wie später der Biber einen waldbaulichen Beitrag zur ökologischen Verbesserung bzw. bei der Umwandlung der Monokultur in einen naturnäheren Mischwald leisten kann. Auch die Jägerschaft war wegen ihrer nötigen Kostenbeteiligung am Wildschaden verschnupft, und ich hatte für einige Zeit meine diesbezügliche Etikettierung erhalten. Wildbiologische wie ökologische Betrachtungen müssen nicht mit forstlichen oder jagdlichen Interessen identisch sein.

Zeit für ein Umdenken jenseits von Dogmen

Die Abschusszahlen setzte man in meiner Wohngegend höher und höher an, erfüllte sie aber selten. Die Jagd wurde immer schwieriger, auch weil sich immer mehr Menschen während ihrer Freizeit im Wald aufhielten. Beim Gamswild fragte ich mich, ob man dieses mit den hohen verordneten Abschusszahlen ausrotten wollte, wobei es sich doch weitgehend selbst reguliert. Wo bleibt eine ganzheitliche Betrachtung der Wald-Wildfrage?

Im Verlaufe der Jahre und Jahrzehnte konnte ich meine Kenntnisse über Wald und Wild vertiefen. Dabei versuchte ich, mich von Dogmen hüben und drüben freizustrampeln. Einmal mehr kam mir die Urwaldforschung zugute, die wesentlich ist, um das Waldökosystem zu verstehen. Ich stellte mir die Frage, wieso der Abschuss als die einzige Lösung angesehen wird, und Lebensraumverbesserungen für das Wild zur Ablenkung vom Jungwuchs nicht einmal angedacht werden.

Die löblich eingerichteten ganzjährigen Wildruhezonen liquidierte man in Liechtenstein wieder, weil Sportkreise vehement dagegen waren. Ich selbst wirkte anfangs auch gegen Lebensraumverbesserungen, indem ich im Auftrag des Landes ein Aufforstungsprojekt auf einer Waldwiese durchführte. Die Hirsche wurden dann durch Fütterungen im Gebirge gehalten, was die früheren Wanderungen zum Erliegen brachte. Die Fütterungen sind inzwischen ausser in Notfällen wieder aufgehoben.

Auf der österreichischen Seite der hiesigen Rotwildpopulation werden die Hirsche im Winter immer noch gegattert und reguliert. Damit sind wir von einer Zoohaltung nicht mehr weit entfernt. Diese Gatterhaltung lehne ich aus tierethischen und ökologischen Gründen ab. Ähnlich abwegig empfinde ich die Ausweisung von «rotwildfreien Zonen» in Deutschland und Österreich. Eine vielfältige Tierwelt gehört zum Wald und ein verlangter Totalabschluss von einzelnen Tierarten ist für mich unnatürlich. Wie kann man bestimmten Tierarten die Existenzberechtigung absprechen!

Das Thema Lebensraumverbesserungen gewann schliesslich immer mehr an Bedeutung; es blieb aber meist bei theoretischen Überlegungen. Seit Jahrzehnten warten beispielsweise in Liechtenstein Wildtierkorridore von nationaler Bedeutung auf den Bau von Ökobrücken. Fixfertige Projekte gibt es auch in Liechtenstein, kamen aber aus «Kostengründen» nicht zur Umsetzung. Ich kenne einen Standort in Liechtenstein bei Nendeln, wo sich Woche für Woche Wildtierkollisionen ereignen.

Wald, Wild und Zäune

In einer gewissen Hilflosigkeit versucht man, im Wald gepflanzte junge Bäume mit Zäunen und Einzelschutzmassnahmen zu schützen. Ich hatte schon immer eine gewisse Skepsis gegenüber gezäunten Flächen. Die Baum-Strauchschicht und die Krautschicht bis zum

Boden stehen in einer dauernden Wechselbeziehung mit den Wildtieren. Wenn man nun einen Akteur ausschliesst, verändern sich diese Wechselbeziehungen. Der Zaun wehrt gewisse Tiere ab, andere privilegiert oder schützt er.

Solche Verschiebungen sind zu berücksichtigen, was wir aber wegen der Komplexität kaum tun. Im WSL-Forschungsprogramm «Wald-Wild-Kulturlandschaft» wiesen die Forschenden auf die bisher nicht erkannte Bedeutung kleiner Nagetiere hinter dem Zaun hin und ernteten mit ihren Aussagen in Forstkreisen vorerst nur Gelächter, ja sogar Anfeindungen (Eidg. Forschungsanstalt WSL 2005). Hinzu kommt, dass Zäune im Gebirgswald aufgrund von Steinschlag kaum intakt zu halten sind.

Zu meiner Studienzeit galt jede verbissene Gehölzpflanze als tot, auch wenn sie nach dem Verbiss weiterlebte. Man führte Verbiss-Monitorings als Beweismittel ein und prophezeite nach wenigen Jahren negative Veränderungen des Waldes. Aus meiner Sicht wurde hier Unzulässiges herausgelesen.

Eine tragbare Wilddichte setzt sich nicht nur aus deren Anzahl fest, sondern ist in erster Linie abhängig von der Waldstruktur, der Artenvielfalt bei den Äsungspflanzen und den waldbaulichen Zielen für den Standort, wobei diese aber naturnah ausfallen sollten. Die Waldverjüngung geschieht auch in einem Urwald meist nicht subito; es braucht entsprechende Anlässe wie eine Schlussphase in der Bestandesentwicklung mit Absterben einzelner Bäume oder ein Naturereignis. Im Urwald kann diese Verjüngungspause – zum Beispiel beim «Hallenbestand» im Buchenurwald – weit mehr als ein Jahrhundert betragen. Eine ausbleibende Verjüngung ist vorerst einmal keine Gefährdungsursache. Es gilt die Devise «der Natur Zeit zu geben» und «sehen, wie es die Natur vormacht», angefangen mit den natürlichen Aufkommen von Pioniergehölzen anstelle eines teuren Aktionismus.

Mehr Gelassenheit im Wald

Verbissberichte basieren auf traditionellen Methoden der Datenerhebung, die sich auf das Auftreten von Verbissspuren konzentrieren – ein Befund, der in Anwesenheit wilder Huftiere selbstverständlich ist. Die daraus abgeleiteten Prognosen zur künftigen Waldstruktur und -funktion sind jedoch spekulativ und mit Plausibilitätsproblemen behaftet. Die Kriterien zur Bestimmung untragbarer Verbissbelastungen sind willkürlich festgelegt, weder nachvollziehbar hergeleitet noch auf ihre Aussagekraft hin überprüft. Dasselbe gilt für die angestrebten Verjüngungsziele.

Ich finde es aus ökologischer Sicht falsch, wie der Wald der Zukunft in seiner Artengarnitur vordefiniert wird. Die Natur hat sich daran zu halten. Was sie selbstverständlich nicht tut. Befremdlich empfinde ich es, wenn man von der «richtigen» Mischung der Zielbaumarten auf einem stubengrossen Fleck Wald spricht.

Bedenken gibt es auch bezüglich der geringen Stichprobenzahlen, aus denen verallgemeinernde Aussagen für grössere Gebiete gemacht werden. Das führt zu absurden Aussagen, die statistisch schlicht nicht haltbar sind. Das Hier und Jetzt und das «subito» bei Verjüngungszielen entsprechen nicht den Rhythmen des Ökosystems Wald. Die Beobachtung des Urwaldes lehrt uns Gemächlichkeit. Ich plädiere darum für mehr Gelassenheit. Dabei wären Lösungswege mit Schutz- und Gestaltungsmassnahmen beim Wald-Wildproblem in einer «Win-Win-Situation» anzustreben, d.h. alle müssen zum Ergebnis beitragen.

Meine Forderung: Zunächst einmal muss die Lebensraumqualität für das Schalenwild verbessert werden. Eine umsichtige räumliche Planung der Jagd kann den Verbissdruck ebenfalls mildern. Wir brauchen jagdfreie Äsungsgebiete, wir müssen dem Wild vor allem auch im Winter Ruhe gönnen, aber auch in den anderen Jahreszeiten. Mehr Ruhe ist das Credo. Die sportlichen Freizeitaktivitäten dringen immer mehr in die Lebensräume der Wildtiere hinein. Ich meine, die Jagd sollte sich weniger an Bestandeszahlen orientieren, sondern vielmehr Teil einer übergeordneten Raumplanung sein.

Bernhard Nievergelt (1935–2021), emeritierter Professor für Wildbiologie der Universität Zürich, war der Ansicht, dass eine reine bestandesbasierte Regulierung zu einfach gedacht sei. Diese werde unserer komplexen Landschaft nicht gerecht. Viel Wild richte nicht automatisch viel Schaden an, ausschlaggebender sei der Umgang mit den Wildtieren. Ihr Hauptanspruch bestehe darin, räumlich frei zirkulieren zu können. Nievergelt schlug vor, die Landschaft in Zonen einzuteilen, wo in besonders sensiblen Zonen verstärkt gejagt werden soll (wohlverstanden: nicht rotwildfreie Zonen!), um Schäden zu minimieren und andere Flächen dem Wild als Lebensraum zur Verfügung zu stellen, in die es ungestört wechseln kann.

Wo wir beim Reizthema Grossraubtiere sind. Diese gehören zum Waldökosystem, sind aber nach ihrer Ausrottung während 200 Jahren in ihrem Wirken ausgefallen. Sie werden sich auf die Schalenwildkonzentrationen und das Verhalten der Tiere positiv auswirken. Der Wolf hilft dem Wald sich zu verjüngen (Kupferschmid und Bollmann 2016). Und genauso sind die Antipoden, die grossen Grasfresser wie Wisente wieder einzufügen, um das System zu komplettieren.

Und wie steht es mit dem Waldsterben?

Als Waldsterben bezeichnet man die in den 1980er-Jahren beobachteten Schäden an Wäldern. Interessanterweise gab es in der ersten Hälfte des 20. Jahrhunderts in der Schweiz ein Tannensterben, das heute fast vergessen ist. Es handelte sich um eine forstliche Bevorzugung der Weisstanne am Jurasüdfuss. In Trockenjahren, vor allem in der zweiten Hälfte der 1940er-Jahre, starben diese auf den nicht standorttypischen Lagen flächig ab.

Der Begriff Waldsterben verbreitete sich wie ein Tsunami in Europa. Sogar im Französischen übernahm man den Begriff «le Waldsterben». Alles begann im Dreiländereck DDR-Polen-Tschechoslowakei. Ich kannte diese Wälder von Besuchen in den 1970er-Jahren: Es handelte sich um geschlossene, einschichtige Nadelholzmonokulturen grossen Ausmasses. In den 1980er-Jahre starben diese Waldungen in kurzer Zeit ab. In einer dreiteiligen SPIEGEL-Reportage sahen die Zuschauer tote Bäume soweit das Auge reicht. Es war von «saurem Regen» die Rede. Das weckte Besorgnis weit über die dortigen Wälder hinaus. Neuartige Schäden wurden auch bei uns festgestellt. Die Fichten verloren ihre älteren Nadeljahrgänge.

Mein Freund und Grafiker-Künstler Louis Jäger meinte, dass man im bisher dunklen Wald plötzlich die Zeitung lesen könne, so licht sei der Wald geworden. Wir waren zusätzlich sensibilisiert durch ein Projekt, wo nahe am Alpenrhein im St. Gallischen Rheintal eine Raffinerie mit starkem Schwefelausstoss geplant war. Die Raffinerie wurde später als Destillationsanlage mit geringerem Schwefelausstoss realisiert. Man überlegte sich eine Beweissicherung vor deren Bau durch jährliche Nadelanalysen. Mein Büro organisierte diese Überwachung für Liechtenstein. Als Ergebnis wurden weitläufige Schwefel-Verfrachtungen mit Schadfolge auch an unseren Bäumen festgestellt, wobei wohl die eigenen Ausstösse der Ölheizungen und des Automobilverkehrs mitbeteiligt waren.

Das Waldsterben war in aller Munde, man sprach vom sterbende Waldorganismus. Die Debatte war hochemotional. Man sprach sogar vom Aussterben der Menschheit und datierte das Ende des Waldes in kurzer Zeit. Dazu gehörte auch mein Vor-Vorgänger an der Eidg. Forschungsanstalt für Wald, Schnee und Landschaft (WSL). Das Rezept der künstlichen Panik war nicht hilfreich. Es erinnerte mich an das Märchen mit dem Wolf und dem Hirtenjungen, der seine Dorfbewohner mit dem Ausruf der Wolf komme aufschreckte, bis er eines Tages wirklich kam.

Lehren aus einer aufgeheizten Debatte

Die damalige Besorgnis der Förster und ihre Ängste um den Gebirgswald waren real. Es gab und gibt die Schädigungen des Waldes, was mit zahlreichen Untersuchungen bestätigt wurde. Der letale Faktor im Ursprungsgebiet des Dreiländerecks DDR-Polen-Tschechoslowakei war mit dem massiven Schwefeldioxidausstoss der Braunkohlekraftwerke verbunden. Diese Bilder schockierten uns.

Ein eigentliches Waldsterben ist bei uns aber nicht eingetreten. Sterben ist akut, es gab aber durchaus langfristige chronische Schädigungen des Waldes infolge von Luftverschmutzungen mit Schadstoffeinträgen. Die Diagnose «Waldsterben» war also falsch, die verlangte und dann eingeleitete Therapie hingegen war richtig.

Als Geschäftsführer der Liechtensteinischen Gesellschaft für Umweltschutz (LGU) in den 1980er-Jahren habe ich die Therapie hautnah mitbegleitet. Wir verlangten die damals in Kalifornien bereits eingesetzten Katalysatoren für Autos als erste wichtige Gegenmassnahme. Ein renommierter Garagist und Autohändler in Liechtenstein bekämpfte dies vehement. Man hat mich dann in seinem Beisein vor die Liechtensteinische Regierung zitiert und mit unserer Forderung nach Katalysatoren als «Totengräber der Wirtschaft» bezeichnet. Ein Bekannter von mir kaufte in dieser Zeit zwei Mercedes 500 gleichzeitig, weil er dachte, dass mit der Einführung des Katalysators dieser Autotyp nicht mehr fabriziert werde. Ein halbes Jahr später gab es diesen Mercedes 500 mit Katalysator – und er blieb auf seinen veralteten Mercedes sitzen. Es war eine aufgeheizte Zeit!

Als ich 1997 an die WSL kam, war es an der Zeit, die Diskussionen um das Waldsterben zu beenden. Die medialen Wogen verebbten. Das Waldsterben war nicht eingetreten, es war ein Baumsterben, vor allem der Nadelhölzer. Noch immer wurden die Nadelanalysen durchgeführt. Lange Untersuchungsreihen sind für die Wissenschaft wertvoll. Dennoch beschloss ich, dieses aufwendige Unterfangen zu stoppen, was mir einige Kritik von deutschen Kollegen eintrug. Wir richteten stattdessen das Programm «Langfristiges Waldökosystemforschung LWF» ein.

Rückblickend zeigt sich, dass sich einige Wissenschaftler mit ihren konkreten Datierungen zum Ende des Waldes blamiert haben, was die damals aufkommende Autopartei genüsslich ausnutzte. Die Forschung rund um das Waldsterben mit ihren Ergebnissen ergab eine Umwegrentabilität dieser Untersuchungen. Wir verstehen diese Ausseneinflüsse heute besser. Und der Katalysator am Auto wäre ohne die «Waldsterbensdebatte» kaum rechtzeitig eingeführt worden. Die Komplexität des Ökosystems Wald bleibt allerdings schwer zu begreifen. Und wieder erleben wir im Zeichen des Klimawandels schwierige Zeiten für den Wald. Und wieder ist es vorerst kein Wald- sondern ein Baumsterben, vor allem der Fichte an ungeeigneten Standorten.

Mehr Naturnähe täte gut

Seit 150 Jahren agiert die Forstwirtschaft zu naturfern und zu produktionsorientiert, also allzu stark auf den Kubikmeter Holz fokussiert, und zu sehr mit Glaubensvorstellungen behaftet (siehe Zitat von Peter Glück). Wir tragen schwer an den gepflanzten Fichten-Monokulturen, die nach Kahlschlagbetrieb entstanden sind. Sie wurden zu dunklen, instabi-

Abb. 8: Borkenkäfernester sind dort regelmässig anzutreffen, wo Fichten stehen, wobei sich nun der Wald zuerst mit Pioniergehölzen selbständig erneuert.

len Holzäckern und sind windwurf- und borkenkäferanfällig (Abb. 8). In trockenen und warmen Jahren sterben viele nicht standortgerechte Bäume ab.

Für jede künftige Waldbehandlung wäre es wertvoll, in einem ersten Schritt die ökologische Distanz zu den natürlichen Waldgesellschaften zu beurteilen, um aus früheren Fehlern zu lernen. Von meinen ETH-Professoren Heinz Ellenberg und Frank Klötzli lernte ich die natürlichen Waldgesellschaften kennen und verdanke den beiden Professoren einiges an Erkenntnissen. Ich wünsche mir die vermehrte Berücksichtigung solchen Wissens im Forststudium und in Försterschulen. Man sähe dann auch, wie sich die Forstwirtschaft an vielen Orten von den ökologischen Aspekten entfernt hat.

«Nach allgemeiner Auffassung scheint der Forstmann seine Tätigkeit auf wissenschaftlich gesichertem Wissen zu betreiben. Das trifft auch zu, wenn er Vorrat und Zuwachs erhebt, Durchforstungen auszeigt oder bestimmte Verfahren der Holzernte einsetzt. In den grossen Fragen aber verlässt er sich auf nicht beweisbare Glaubensvorstellungen, die sich in der Vergangenheit gut bewährt haben»

Prof. Dr. Peter Glück (1987), Institut für Forstliche Betriebswirtschaft und Forstwirtschaftspolitik, Universität für Bodenkultur, Wien

In Liechtenstein machen beispielsweise die natürlichen Buchenwaldgesellschaften 40 Prozent der natürlichen Waldgesellschaften des Landes aus, die Buche wäre damit die häufigste Baumart. Ihr Verbreitungsareal ist aber zu 60 Prozent durch standortsfremde Baumarten belegt, vor allem durch die Fichte, dem Brotbaum der Forstwirtschaft. Der Fichtennachwuchs beschaffte man sich im Übrigen lange Zeit kostengünstig aus Hamburg. Genetisch gesehen sind diese Herkünfte nicht an unsere Bergwald-Standorte angepasst. Das schafft uns nun im Zeichen des Klimawandels gewichtige Probleme.

Daraus zu lernen heisst, noch mehr ökologische Erfordernisse in der Waldbehandlung zu berücksichtigen, was zögerlich erfolgt. Es wird kein Weg daran vorbeiführen, den künftigen Waldbeständen mehr Naturnähe zu erlauben, um den Wald resilienter gegenüber der Klimaerwärmung zu machen. Dann brauchen wir auch nicht nach exotischen Baumarten zu suchen, die vermeintlich im Klimawandel besser überleben.

Eschenwelke und Eschenhatz

Aufgerissene, kahlschlagähnliche Waldstücke und durch Rückefahrzeuge aufgewühlte Waldböden waren im letzten Jahrzehnt vielerorts zu sehen. Es geht um die Eschenwelke und es geht um Sicherheit.

Seit 2008 werden in der Schweiz absterbende Eschen beobachtet. Als Verursacher der Eschenwelke wurde ein Pilz identifiziert, dessen Ursprung in Asien liegt. Ein Mittel gegen die Krankheit ist nicht bekannt. Von Forstseite empfahl man, an wichtigen Strassenverbindungen aus Sicherheitsgründen absterbende Eschen zu entfernen (Abb. 9). So weit so verständlich, wobei auch ein kränkelnder Baum nicht einfach umfällt.

Die Esche stellt in Liechtenstein 15 Prozent des Waldes und ist damit die zweithäufigste Laubbaumart. Es ist somit sicher nicht sinnvoll, die Esche überall zu entfernen. Den-

Abb. 9: Die Eschenwelke mit absterbenden Bäumen löste intensive Schläge aus, die weit über jeden Sicherheitsanspruch hinaus gingen. Langjährige Holzlager im Wald erinnern uns daran.

Abb. 10: Der Kampf gegen die Eschenwelke zeigt sich in massiven Spuren, die Harvester auf dem Waldboden hinterlassen.

noch überbordeten die Aktivitäten, und es kam zur regelrechten Eschenhatz. Im Alpenrheintal wurde der Wald in tiefen Lagen durchlöchert und durchwühlt (Abb. 10).

Aus meiner Sicht war das unnötig. Erstens, ob bei Pilzen, Bakterien oder Viren: Die Bäume entwickeln mit der Zeit eine Abwehrkraft, eine beginnende Resistenz gegen Schädlinge, so geschehen beim Ulmensterben und dem Kastanienkrebs. Die Virulenz kann mit der Zeit auch nachlassen. Geht man auf ungehemmte Eschenjagd, so beeinträchtigen wir diese Resistenzentwicklung, weil etwa 10 Prozent der Eschen keine Symptome haben – und trotzdem gefällt werden. Damit wird eine Resistenzentwicklung verhindert. Zweitens ist die Art der Eingriffe zu verurteilen. Warum dieses rabiate Vorgehen auch abseits der Wegverbindungen und gegen alle Waldbauprinzipien? Wo Maschinen schon einmal da sind, müssen sie wohl auch laufen. Drittens wird wie erwähnt in den letzten Jahren gemäss Forststatistik das geerntete Holz zu drei Vierteln als Biomasse verbrannt. Holzheizkraftwerke wirken wie ein Staubsauger im Wald. Das ist nicht nachhaltig. Viertens wird neuerdings ein Abbau der Holzvorräte im Zeichen des Klimawandels nicht mehr propagiert. Der alte Wald ist ein geeigneter Kohlenstoffspeicher.

Ein Plädoyer für mehr Ökologie

Ich stand während meinem ganzen Berufsleben nicht immer auf der Seite der vorherrschenden Meinung. Ein Schweizer Kollege betitelte mich anlässlich einer Borkenkäferdebatte an einer österreichischen Forstfachtagung als «Nestbeschmutzer der Forstwirtschaft», nachdem ich vom «Waldbauer Borkenkäfer» sprach. Ich hatte mich für mehr Naturnähe in der schweizerischen Forstwirtschaft ausgesprochen. Ein paar Jahre später berief mich der Schweizer Bundesrat dennoch zum Leiter der Eidg. Forschungsanstalt für

Abb. 11: Alt- und Totholz birgt die Vielfalt von Leben in sich, was die Ausweisung von Waldreservaten verlangt und auch im Wirtschaftswald seinen Platz finden soll.

Wald, Schnee und Landschaft (WSL), weil eine ganzheitliche Sicht des Waldes in der Landschaft zunehmend erwünscht war.

In der Forschung versuchte ich, Themen zu hinterfragen – nicht immer mit Erfolg. Letztmals meldete ich mich bei der Diskussion einer liechtensteinischen Waldstrategie zu Wort, wo ich mir erlaubte, auf ökologische Defizite hinzuweisen. Mir scheint es, dass unsere forstliche Waldbetrachtung immer noch zu technisch, zu sehr auf den Kubikmeter Holz ausgerichtet ist. Planwirtschaftliche und traditionalistische Denkmuster werden dem Ökosystem Wald mit seiner faszinierenden natürlichen Dynamik und seinem Eigenwert nicht gerecht. Ob die Folgen der Klimaerwärmung ein radikales Umdenken für mehr Naturnähe erzeugen werden? Von der Resilienz naturnaher Wälder bin ich auf jeden Fall überzeugt.

Viel zu lange ist die Forstwirtschaft auf dem «Holzweg» verblieben, dem des schlagweisen Altersklassenwaldes. Auswege für eine naturnahe Waldwirtschaft werden seit mehr als einem Jahrhundert immer wieder präsentiert. «Das Holz muss geerntet werden als Frucht des Waldes, der Wald aber muss bleiben» schrieb der deutsche Waldbau-Professor Alfred Möller bereits 1923. Der Waldbau mit Zukunft ist ein «Mehrgenerationenwald» (Abb. 11 und 12). Er ist naturgemäss als ökologische Einheit zu bewirtschaften, bei dem keine Kahlschläge oder ähnliche Verjüngungsformen vorgenommen werden.

Im Zeichen des Klimawandels kommt eine gewisse Ratlosigkeit aller Beteiligter zum Ausdruck. Die Waldentwicklung bleibt offen. Wichtig wäre zu wissen, wie ein Naturwald unter den geänderten klimatischen Bedingungen, beispielsweise längere Trockenphasen, stärkere Niederschläge oder höhere Temperaturen, reagiert. Ich bin überzeugt: Je naturnaher die Waldbestände sind, desto resilienter und resistenter verhalten sie sich im Klimawandel.

Abb. 12: Stachelbärte sind holzzersetzende Pilze auf Totholz.

Publikationen von Mario Broggi zum Thema Wald
Publikationsliste siehe Anhang (Stand Juli 2025)
Aktualisierte Publikationsliste: *www.mariobroggi.li/pub/wald*

2.2 Die Urwälder Transkarpatiens

Unbewirtschaftete Wälder haben mich schon immer beeindruckt und geprägt. Mehrere Ereignisse führten mich zu den Urwäldern ins ukrainische Transkarpatien, die dann Gegenstand intensiver Forschung wurden. Warum ist Urwaldforschung so wichtig? Bis heute werden die Ökosystemleistungen des Waldes in der Waldwirtschaft noch nicht ausreichend und gebührend erkannt und berücksichtigt. Mitteleuropa fehlt aber als Referenzzustand der vom Menschen unberührte Wald, der Urwald. Und hier fehlen auch die Grossherbivoren (Grasfresser) wie etwa das Wisent und vielerorts die Grossregulatoren wie Bär, Wolf und Luchs. Dieses zu erforschen ist gerade heute essenziell, um ein besseres Verständnis der Fähigkeit des Waldes zu bekommen, sich an die laufenden globalen Umweltveränderungen anzupassen und um die Waldbewirtschaftung weiter zu verbessern.

Das Sihlwaldprojekt

Begonnen hatte alles in Zürich. Der 1985 frisch bestellte Stadtforstmeister Andreas Speich brachte die Idee auf den Tisch, den Zürcher Sihlwald aus der forstlichen Nutzung zu entlassen (Abb. 13). Der städtische Forstbetrieb im Sihlwald hatte jahrhundertelang die Stadt Zürich mit Brennholz beliefert, arbeitete aber mittlerweile defizitär. Andreas Speich zog mich zur Entwicklung der Idee und schliesslich für die Projektleitung bei.

Schon bald stellte sich uns die Frage, wie denn bei angestrebter freier Dynamik die anzustrebende Zielwildnis aussehen könnte. Buchenurwälder gab es im deutschsprachigen Raum als Anschauungsobjekte keine mehr. Vermittelt durch den tschechischen Forstwissenschaftler Eduard Prusa besuchten wir daher das Reservat Zofin sowie weite-

Abb. 13: Der Sihlwald bei Zürich. Während den beginnenden Arbeiten zur Ausscheidung als Wildnispark in der zweiten Hälfte der 1980er-Jahre fragten wir uns, wie Buchenurwälder eigentlich aussehen.
Foto: Archiv Wildnispark Sihlwald

> «Das Leben eines Waldes währet 100–140 Jahre, und dann ist es für die Förster – durch Pflanzung der Babybäume, Läuterung der Halbstarken, Erziehung der Auserwählten zu geradem Wuchs und Astreinheit, durch Einschlag schiesslich im Jünglingsalter – nichts als Mühe und Arbeit gewesen. Ewiglich währet das Leben eines Waldes nur, wenn man gar nichts mehr in ihm tut. Dann ist es ein Urwald, aber den will heute keiner mehr so recht haben. Die Besitzer nicht, weil er – ausser naturseligen Dickbaumfetischisten auf Studienreise – nichts bringt, viele Förster nicht, weil ein Urwald auch ohne sie wächst, und viele Bürger nicht, weil man in einem unordentlichen Wald nicht ordentlich spazieren gehen kann. Nur Käuze, komische und richtige, mögen den Urwald.»
>
> Horst Stern

re kleinere Urwaldgebiete in Böhmen und Mähren (Prusa 1985). Wir erfuhren zudem von Professor Stefan Korpel, Forstwissenschaftler an der Technischen Universität Zvolen in der Slowakei, dass Buchen mehr als 400 Jahre alt werden können (Korpel 1995). Am Dreiländereck Slowakei-Polen-Ukraine besuchten wir das 660 Hektaren umfassende slowakische Reservat Stuzica und damit erstmals eine grössere Urwaldfläche. Wir sollten dieses Berggebiet mit Urwald in den kommenden Jahren von allen drei Staatsgebieten aus besuchen.

Ein Artikel über die Waldkarpaten mit Folgen

Nach unserer Rückkehr aus den damals noch tschechoslowakischen Urwäldern machte uns Dr. Heinz Kaspar, der spätere Kantonsforstmeister von Aargau, auf einen Beitrag in der Schweizerischen Zeitschrift für das Forstwesen aus dem Jahr 1932 aufmerksam. Dort berichtete der Schweizer Forstingenieur Dr. Conrad Roth (1903–1991), dass er im Auftrag eines ungarischen Holzhändlers bei Begehungen im Jahr 1930 im hintersten Zipfel der damaligen Tschechoslowakei auf grosse Urwälder gestossen sei (Roth 1932). Dieser Landesteil hatte innerhalb einer Menschengeneration fünfmal die Staatszugehörigkeit geändert! Conrad Roth war fasziniert von den dortigen Urwäldern und schrieb 1932: «Der eigenartige Eindruck der gewaltigen Wälder der Waldkarpaten in ihrer Natürlichkeit und Ruhe, nur belebt durch das Rauschen der Bergbäche und des Windes und hier und da unterbrochen durch das ferne Krachen eines zu Boden stürzenden alten Baumriesen, bleibt unvergesslich.»

Wir erkundigten uns beim Waldbau-Professor Andrzej Jaworski der Universität Krakau, ob es an dem von Conrad Roth beschriebenen Ort in den Waldkarpaten, der heute in der Ukraine liegt, noch Urwälder gäbe. Er erkundigte sich seinerseits bei der Universität Lemberg und vermittelte uns Professor Kucherjawyi als Ansprechperson, der Direktor des Urbo-Ökologischen Zentrums war. Die Internationale Alpenschutzkommission CIPRA organisierte schliesslich eine Exkursion in die Ukraine. Professor Kucherjawyi nahm uns im Juni 1994 an der ukrainischen Grenze zu Polen in Empfang und führte uns zunächst in den ukrainischen Teil des bereits erwähnten Stushyzja-Urwaldes, wo wir uns wegen der Grenznähe unter militärischer Bewachung bewegten. Der «Eiserne Vorhang» galt auch zwischen den «Brudervölkern» und war mit ein Grund, dass sich hier ein Urwald erhalten konnte (Abb. 14).

Wir kamen ins Zentrum der Buchenurwälder von Uholka in den zentralen Waldkarpaten. Dort trafen wir einen geschlossenen Buchenwald von rund 12 000 Hektaren Grösse an,

Abb. 14: Auf dem Weg vom Theisstal in Richtung Rahkiv passierte man anfangs der 1990er-Jahre den Eisernen Vorhang zu Rumänien, wobei auf einer Sandpiste Schäferhunde an Seilen das Gebiet bewachten.

von dem 9000 Hektaren als Urwald anzusprechen waren. Uns hatten die dortigen Ausmasse der Buchenurwälder tief beeindruckt. Das ist der grösste zusammenhängende Buchenurwald Europas. Mit diesen Erkenntnissen hätte es sein Bewenden haben können.

Ein Europadiplom für das Karpaten-Biosphärenreservat

Der nächste Meilenstein fand bald nach der «Entdeckung» dieser Urwälder im Jahr 1995 statt und war dem Zufall geschuldet. Ich wurde an eine Tagung für die angestrebte Erweiterung des Nationalparkes Bayerischer Wald als Referent eingeladen. Ich sass neben dem Leiter der Naturschutzabteilung des Europarates, Dr. Jean-Pierre Ribaut (Abb. 15). Für den Europarat war ich damals schon viele Jahre als Naturschutz-Gutachter tätig. Im Gespräch erzählte er mir vom Antrag des ukrainischen Biosphärenreservates in Transkarpatien für das Europadiplom für geschützte Gebiete, obwohl die Ukraine noch nicht Europarat-Mitglied war. Ich erzählte ihm, dass ich erst kürzlich dort gewesen sei und bereits etwas Einblick nehmen konnte. Das führte dazu, dass ich beauftragt wurde, im September 1996 dieses Gutachten für das Diplom zu erstellen. So traf ich erstmals am 4. September 1996 auf Prof. Dr. Fedir Hamor, Direktor des dortigen Biosphärenreservates (Abb. 16). Er zeigte uns die verschiedenen Teile des Biosphärenreservates.

Erste Schutzbestrebungen im Gebiet gingen bis ins Kaiserreich Österreich-Ungarn zurück. 1968 wurde in den damals sowjetischen Waldkarpaten ein strenges Schutzgebiet mit 12600 Hektaren Fläche ausgewiesen. Es wurde später ausgeweitet und 1992 als UNESCO-Biosphärenreservat anerkannt. Es umfasst acht Teile mit 53363 Hektaren, wovon 80 Prozent bewaldet sind. Die bedeutendsten Teile sind das erwähnte Uholka-Schyrokyi mit reinem Buchenwald (11860 ha) (Abb. 17, 18, 19) sowie Chornohora und Maramorosh (2477 ha bzw. 2244 ha) (Abb. 20) mit Buchenwald und Buchen-Tannenwald. Das Reservat reicht von 170 m ü. M. in der Theissebene mit einem Narzissental bis zum

Abb. 15: Das Karpaten-Biosphärenreservat hatte sich 1996 um das Europa-Diplom des Europarates beworben. Im Auftrag von Dr. Jean-Pierre Ribaut (2. von rechts) durfte ich das Gutachten erstellen.

Abb. 16: Prof. Dr. Fedir Hamor war der langjährige Direktor des Karpaten-Biosphärenreservates. Dank seinen Bemühungen entstand später das UNESCO-Welterbe Buchenwald.

Abb. 17: Der Uholka-Parkteil ist mit gegen 9000 ha das grösste zusammenhängende Buchenurwaldgebiet Europas.

Abb.18: In diese entlegenen Urwaldflächen gelangt man nur mit Hilfe von Militärfahrzeugen.

Abb. 19: Im Uholka-Reservatsteil führen das Biosphärenreservat und die Eidg. Forschungsanstalt WSL Urwaldforschung durch.

Abb. 20: Im Maramorosh-Teil des Parkes finden sich Fichten-Tannen-Buchenurwälder am Fusse des höchsten ukrainischen Berges Hoverla (2001 m ü. M.).

höchsten Berg der Ukraine, dem Hoverla auf 2001 m ü. M. Ein knappes Drittel des Reservates mit 16500 Hektaren ist als Kernzone ausgewiesen, wo jegliche wirtschaftliche Nutzung zu unterbleiben hat. Die Schutzform ist damit wesentlich strenger ausgestaltet als in den ukrainischen Nationalpärken. Der Verwaltungssitz ist in Rakhiv, das einst in der Zeit des Kaiserreiches Österreich-Ungarn von den Vermessern als Mittelpunkt Europas bezeichnet wurde, wovon noch ein Denkmal zeugt. In Rakhiv findet sich neben dem Verwaltungssitz ein Museum. Der Mitarbeiterstab umfasst rund 350 Leute, wovon 20 in der Forschung tätig sind.

Das Biosphärenreservat erhielt im Jahr 1997 das Europadiplom des Europarates. Dieses muss alle fünf Jahre wieder erneuert werden. Auch die erste Erneuerung durfte ich fachlich durchführen, was mir erlaubte den Kontakt mit dem Gebiet aufrecht zu erhalten und für den Europarat weitere Expertisen im Gebiet durchzuführen, beispielsweise für einen aufkommenden Naturtourismus.

Buchenurwälder als Forschungsobjekte

Mit meinem Wechsel in die Direktion der Eidg. Forschungsanstalt WSL hatte ich die Möglichkeit, die Urwaldforschung weiter zu stärken und zu intensivieren. Es war wichtig zu wissen, was die Natur täte, täten wir nichts. Das mündete in einen Kooperationsvertrag zwischen der WSL und dem dortigen Biosphärenreservat im Jahre 1999 (Abb. 21). Ein Höhepunkt der fruchtbaren Kooperation war die Herausgabe eines Naturführers für das Karpaten-Biosphärenreservat, der in einer deutschen und ukrainischen Version veröffentlicht wurde (Brändli und Dowhanytsch 2003; Abb. 22), verbunden mit der Durchführung der internationalen Konferenz «Natural Forests in the Temperate Zone of Europe» im Oktober 2003 in Mukachevo in Transkarpatien (Commarmot und Hamor 2003). Dort waren rund 200 Teilnehmende aus 26 Staaten anwesend, was das grosse Interesse an «NatUrwäldern» verdeutlichte. Der mit der Konferenz verbundene Besuch der für «Westler» kaum bekannten transkarpatischen Urwälder war sicher mit ein Grund für die zahlreichen Teilnehmenden. Diese Wälder sind inzwischen zu «Wallfahrtsorten» vieler Forschenden geworden (Abb. 23).

Aus der Konferenz ergab sich schliesslich die Kandidatur für das UNESCO-Welterbe der Buchenwälder. Weitere Objekte wurden später aus weiteren europäischen Staaten eingereicht. Die wissenschaftlichen Kooperationen wurden ebenfalls auf weitere Staaten ausgedehnt, die Kontakte zur WSL sind aber weiterhin intakt.

Der Hüter des europäischen Buchenwald-Erbes

Fedir Hamor (Jahrgang 1951) war über Jahrzehnte der Leiter des ukrainischen Biosphärenreservates. Er stammt aus der Rakhiv-Gegend und begann seine Laufbahn als Förster, bevor er 1974 an der biologischen Fakultät der Universität Ushgorod sein Studium abschloss. 1987 übernahm er den Posten des Direktors des Biosphärenreservates, wo er schrittweise für die Erweiterung, Vertiefung der Forschung und internationale Anerkennung wirkte. Er sorgte auch für ein Moratorium gegen den Kahlschlag in den ukrainischen Karpaten. Solche Kahlschläge sind in den benachbarten Urwälder Rumäniens leider häufig anzutreffen. Fedir Hamor fand auch Anerkennung als Professor und Mitglied der Ökologischen Akademie der Wissenschaften. Er ist Autor zahlreicher wissenschaftlicher Werke und sorgte mit Hilfe eines Periodikas für die Sensibilisierung für Urwälder (Hamor 2023).

Man kann sich sein schwieriges Umfeld seit der Unabhängigkeit der Ukraine mit Dekollektivierung der Landwirtschaft und dem Zusammenbruch der Industrie mit hoher Arbeits-

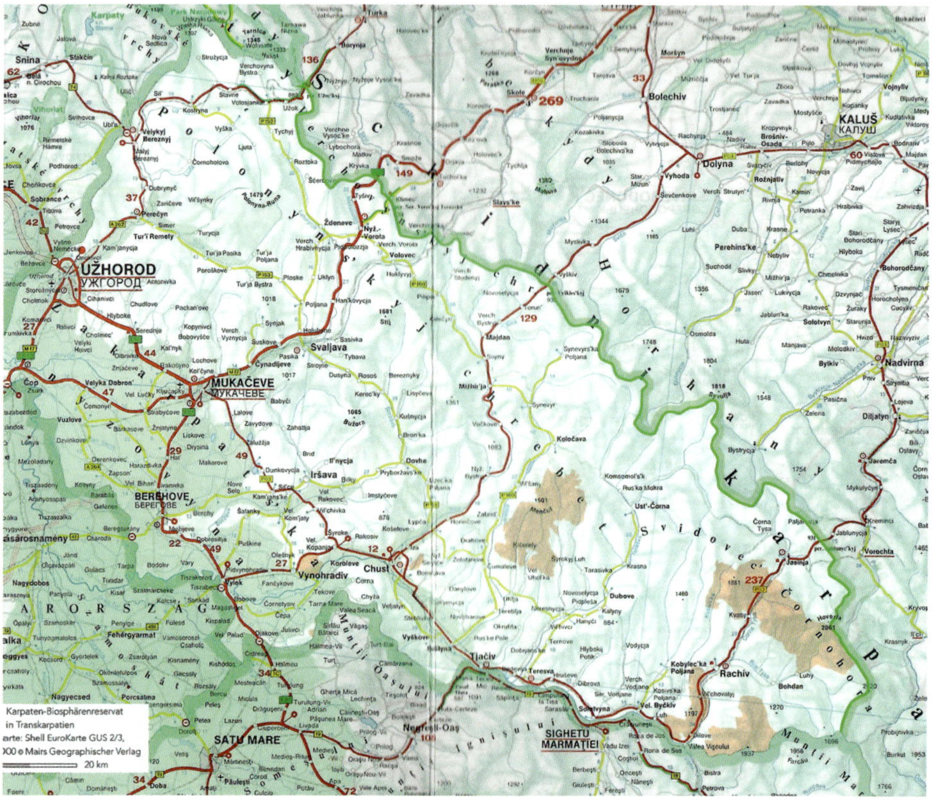

Abb. 21: Das Karpaten-Biosphärenreservat in Transkarpatien (aus Brändli und Dowhanytsch 2003).

Abb. 22: Aus Anlass der 2003 durchgeführten Urwald-Konferenz in Mukachevo in Transkarpatien wurde ein Naturführer zum Karpaten-Biosphärenreservat herausgegeben.

Abb. 23: Ein umgefallener Baumgigant schafft Platz für die Naturverjüngung.

losigkeit kaum vorstellen. Es galt Übergriffe auf den Wald abzuwehren, was Zähigkeit und Mut abverlangte. Die Krönung der internationalen Anerkennung war sicherlich mit dem Europadiplom und seinen Verlängerungen sowie mit der Anerkennung der Buchenurwälder als UNESCO-Welterbe im Jahr 2007 erreicht.

Wir sind seither in Freundschaft miteinander verbunden. Etwas wehmütig denke ich an die Zeiten der vollen Schüsseln mit Steinpilzen zurück, die uns anlässlich der Exkursionen aus den Wäldern gesammelt aufbereitet wurden. Auch die Leber erinnert sich leidvoll dieser Zeiten mit den vielen Wodka-Toasts. Die schweizerisch-ukrainische Zusammenarbeit im Urwaldbereich bleibt einer meiner beruflichen Höhepunkte.

Diese Waldbesuche in Osteuropa bestärkten unser weiteres Vorgehen auch im Sihlwald. Mit einer inter- und transdisziplinären Studie wurde das Vorhaben schliesslich erfolgreich entwickelt. Das 1100 Hektaren umfassende Waldgebiet wurde im Jahr 2010 als erster vom Bund anerkannter Naturerlebnispark von nationaler Bedeutung ausgewiesen. Er bietet den rund 600000 Besuchenden pro Jahr in unmittelbarer Nähe zum urbanen Raum eine einmalige Kombination von Walderlebnis und Flusslandschaft sowie ein Besucherzentrum. Im Waldareal reichert sich das Alt- und Totholz an und bietet einer vielfältigen Tier- und Pflanzenwelt Lebensraum.

Das Sihlwaldprojekt förderte die Ausweisung von weiteren Waldreservaten. In der Schweiz sind inzwischen 7 Prozent der Waldfläche als Waldreservate ausgeschieden. Und es werden noch mehr: Die kantonale Forstdirektorenkonferenz hat sich zum Ziel gesetzt, bis zum Jahr 2030 10 Prozent des schweizerischen Waldareals als Waldreservate auszuweisen. 2021 wurden zwei alte Buchenwälder in den Kantonen Tessin und Solothurn in das Welterbe der UNESCO der europäischen Buchenwälder aufgenommen.

Publikationen von Mario Broggi zum Thema Urwald
Publikationsliste siehe Anhang (Stand Juli 2025)
Aktualisierte Publikationsliste: *www.mariobroggi.li/pub/urwald*

2.3 Visionen für eine nachhaltige Landwirtschaft

Frühere Karten und alte Landschaftsfotos zeigen eine strukturreiche und biodiverse Kulturlandschaft in Mitteleuropa. Davon ist nicht mehr viel zu sehen. Ein Beispiel aus der Rheinebene Liechtensteins (Abb. 24): Von den einstigen 2230 Hektaren Streueland sind noch 97 Hektaren übriggeblieben (siehe Kap. 2.5). Ich könnte hier eine lange Liste an weiteren Zahlen präsentieren, man kann die ganze Tragödie aber an anderen Orten nachlesen (z. B. Ewald und Klaus 2010, Lachat *et al.* 2010). Der Grossteil der artenreichen Flächen wie Magerwiesen, Obstgärten, Hecken oder Feuchtgebiete sind in den letzten Jahrzehnten vor allem in den Talgebieten verschwunden oder stark geschrumpft (Abb. 25, 26).

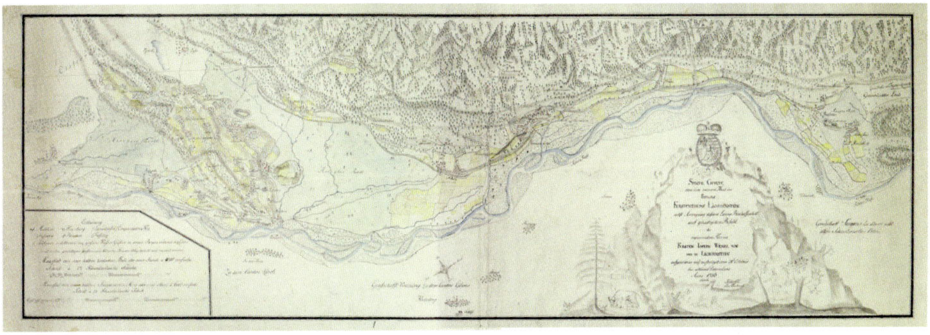

Abb. 24: Ausschnitt aus der Kolleffelkarte 1756, in der die Nutzungsarten eingetragen sind. 97 Prozent der dort enthaltenen Streuegebiete sind nicht mehr vorhanden. Karte: Zentralbibliothek Zürich, Foto: Liechtensteinisches Landesmuseum, Sven Beham

Abb. 25: Die landwirtschaftlichen «Schläge» als Betriebseinheiten werden immer grösser und bilden «grüne Wüsten».

Der massive Verlust an naturnahen Lebensräumen im Kulturland über Jahrzehnte führte in den 1980er-Jahren zur Frage, wie viel Fläche notwendig ist, um die biologische Vielfalt zu erhalten. Dazu wurden zwei wichtige Studien durchgeführt, an denen ich mitwirken durfte.

Abb. 26: Bunte Blumenwiesen sind im Talraum heute eine grosse Rarität; nach dem Zweiten Weltkrieg stellten sie die überwiegende Mehrheit im Grünland. Foto: Josef Biedermann

Den Mindestbedarf an Natur berechnen

Im Rahmen des Nationalen Forschungsprogramms «Boden» des Schweizerischen Nationalfonds sollte der notwendige Flächenbedarf für naturnahe Lebensräume und die dort lebenden Arten für das schweizerische Mittelland bestimmt werden. Das war eine anspruchsvolle Aufgabe, die wissenschaftlich mit besonderer Sorgfalt anzugehen war. Gestützt auf theoretische Erkenntnisse sowie einer Vielzahl von Ergebnissen aus der ökologischen Feldforschung kamen wir damals auf 12 Prozent ökologischen Ausgleich, davon sollten 74000 Hektaren von der Landwirtschaft und 72800 Hektaren von der Waldwirtschaft beigesteuert werden.

Vorhanden waren aber nur noch 6,7 Prozent naturnahe Biotopflächen. Auf der landwirtschaftlichen Nutzfläche waren es sogar nur noch 3,5 Prozent. Die Sicherung der Restflächen und die Bereitstellung zusätzlicher naturnaher Flächen sollte demnach oberste Priorität der Agrarpolitik sein. Unsere 1989 veröffentlichte Arbeit wurde zur meistzitierten Studie im Forschungsprogramm, und der ermittelte Flächenbedarf für hochwertigen ökologischen Ausgleich wurde später mehrfach von anderen Autoren bestätigt. In einem weiteren von uns verfassten Bericht aus dem Jahr 1998 wurden die Interessen des Naturschutzes im Hinblick auf die Verteilung dieses Extensivierungspotenzials räumlich auf nationaler Ebene zugeordnet.

Unser hergeleiteter Wert von 12 Prozent hat bis heute Bestand. Im «Landschaftskonzept Schweiz» des Jahres 2020 wurde er, basierend auf weiteren wissenschaftlichen Grundlagen, als Zielwert für hochwertige Biodiversitätsförderung verlangt (Bundesamt für Umwelt 2020).

Trotz einer faktenorientierten Herleitung der notwendigen Prozente wurden wir von den landwirtschaftlichen Verbandsoberen massiv kritisiert. Zehn Jahre später wurde 7 Prozent ökologischer Ausgleich vorgeschrieben, um Direktzahlungen auszulösen.

Abb. 27: Mit subventionierten Biodiversitätsförderflächen versucht man eine ökologische Vernetzung zu erreichen.

Immerhin setzte sich der Bundesrat zusätzlich das Ziel, mindestens 65 000 Hektaren landwirtschaftliche Nutzfläche im Talgebiet als qualitativ wertvolle Biodiversitätsförderfläche bewirtschaften zu lassen (Lehmann *et al.* 1998) (Abb. 27). Dieses Ziel wird bis heute nicht erreicht.

Freilandforschungen im Liechtensteiner Rheintal

Weitere Zahlen zum Flächenbedarf ergaben sich aus einem langjährigen Forschungsprojekt in Liechtenstein, das 1987 begonnen hatte. In zwei Projektgebieten schieden wir jeweils drei Gebiete aus, die unterschiedlich mit Naturwerten ausgestattet waren. Es zeigte sich, dass mit wenigen Gehölzen bereits eine Verbesserung für die Vogelwelt erzielt werden kann, dass es aber bei den extensiv genutzten Wiesenflächen einen Schwellenwert von mindestens 4 Prozent der Landfläche bedarf, damit auch Vögel davon profitieren.

Diese Untersuchungen wurden bis zum Jahr 2021 fortgesetzt. Die Anzahl Vogelarten blieb weitgehend konstant. Allerdings gab es grosse qualitative Unterschiede: Waldarten nahmen zu, die Bodenbrüter sind dagegen weitgehend verschwunden, so der Baumpieper, das Braunkehlchen, die Feldlerche und die Grauammer. Dank dieser Untersuchungen konnten Schlüsse zum Mindestbedarf an naturnahen Flächen im Alpenrheintal gezogen werden.

Wichtig sind der Erhalt aller noch bestehenden naturnahen Flächen und das Bewahren von grossflächigen Kerngebieten wie das Ruggeller Riet und Schwabbrünnen, beides Feuchtgebiete. Diese sollen mit weiteren Vorranggebieten vernetzt werden, die allerdings erst noch eingerichtet und aufgewertet werden müssen. Aufgrund unserer Untersuchungen ergibt sich die Notwendigkeit, in den landwirtschaftlichen Gunstlagen 15 Prozent der Fläche als hochwertige naturnahe Flächen auszuweisen. In Naturvorranggebieten muss dieser Wert auf mindestens 25 Prozent steigen.

Diese Werte lassen sich nach Überprüfung durch abgestufte Nutzungen im Rahmen der Agrar- und Naturschutzförderungen erreichen. Das wurde in einer eigenständigen Studie für einen Raumausschnitt im Bannriet im liechtensteinischen Eschen/Gamprin festgehalten.

Die avifaunistischen Untersuchungen wurden im Arten-Monitoringkonzept des Landes fortgesetzt. Damit wurde es möglich, die Resultate der Jahre 1988–1990 und 2021–2022 zu vergleichen. Das positive Ergebnis bei den Gehölzbrütern setzte sich fort, andererseits muss von einer katastrophalen Abnahme bei den Boden- und Schilfbrütern gesprochen werden, dies wegen der intensiven landwirtschaftlichen Nutzung (Willi 2025).

Überdüngung mit dramatischen Folgen

Auch dem Laien fällt auf, wie sich die einst bunten Farbtupfer in den Wiesen immer mehr ausdünnen. Zugleich summt und brummt es kaum mehr, die vielen Insekten sind verschwunden und mit ihnen der Steinkauz, der Rotkopf- und der Raubwürger als Profiteure des früheren Insektenreichtums in den Obstgärten und auf den Wiesen und Weiden. Es hat sich viel verändert, auch akustisch und geruchlich. Es herrscht eine beklemmende Monotonie. Sie ist gekennzeichnet durch Strukturarmut, verursacht durch eine intensive Landwirtschaft mit bis zu sechs Schnitten pro Jahr und grossen Mengen an Düngemitteln. Man muss heute von «grünen Wüsten» sprechen.

Verheerend war die Intensivierungswelle in den 1960er- bis 1980er-Jahren. Nach Vegetationskartierungen im Gelände musste ich sofort unter die Dusche und die Kleider wechseln – ich stank nach Ammoniak. Die Stickstoffverbindung gelangt aus Güllelagern oder der ausgebrachten Gülle über die Luft auch in Naturschutzgebiete und richtet dort ökologische Schäden an. Im 90 Hektaren grossen Naturschutzgebiet Ruggeller Riet wurde beispielsweise 1972, 1993 und 2018 die Vegetation kartiert. Die einst niedrige nährstoffarme Vegetation der Kopfbinsenrasen mit Mehlprimeln und Sonnentau verwandelte sich in diesem Zeitraum in dichtere Pfeifengraswiesen mit starker Verschilfung

Stickstoff ist neben Kohlenstoff elementar für alle Nahrungsketten und in der Natur ein limitierender Faktor für das Pflanzenwachstum. Bis Mitte des 20. Jahrhunderts wurde der Stickstoff durch natürliche Kreisläufe erneuert (Dung, Hülsenfrüchte). Mit der industriellen chemischen Herstellung von Stickstoffdünger (Haber-Bosch-Verfahren) gelangten aber enorme Mengen an Stickstoff in den Kreislauf und sprengten diesen. Die Intensivierung der Landwirtschaft nahm ihren Lauf, erzeugte einen weiträumigen Stickstofffluss in die Ökosysteme und führte zur Überdüngung. Obwohl es Bestrebungen gibt, die Problematik in den Griff zu bekommen, betragen die Stickstoffverluste der Schweizer Landwirtschaft noch immer rund 100 000 Tonnen pro Jahr – Tendenz gleichbleibend.

Die hohen Einträge der Stickstoffverbindungen sind eines der grossen ungelösten Umweltprobleme. Nur zwei Drittel des künstlichen Stickstoffes kommt überhaupt in der Pflanze an, das restliche Drittel bringt den Stickstoffkreislauf aus dem Gleichgewicht. Diese Überdüngung führt in der Schweiz zu einem massiven Überschreiten der ökologischen Belastungsgrenze für Stickstoff.

Der Nährstoffüberfluss wird vor allem durch die Tierhaltung und landwirtschaftliche Praktiken verursacht (70 %), der Rest stammt aus Verbrennungsprozessen bzw. dem Verkehr, der Industrie und den Haushalten. Die wasserlöslichen und flüchtigen Umwandlungsstoffe von Stickstoff (Nitrat, Ammoniak, Lachgas) schädigen die Biodiversität weit über die Lagerungs- und Ausbringungsorte der Gülle hinaus. Sie führen zur Überdüngung der Gewässer und über die Luftverfrachtung mit Aerosolen zur Eutrophierung und Versauerung der Ökosysteme. Durch die Versauerung des Bodens können wichtige Nährstoffe nicht mehr aufgenommen werden und es kommt zum Ertragsrückgang.

Die Überdüngung sei am Beispiel des bedeutendsten Naturschutzgebietes in Liechtenstein, dem mehrfach erwähnten Ruggeller Riet, dargestellt. 2019 nahm Liechtenstein erstmals an einer schweizerischen Messkampagne «Ostwind» teil. Die Einträge von Ammoniak, Nitrat und Ammonium wurden während eines ganzen Jahres erhoben. Die Stickstoffeinträge beliefen sich auf 47 kg pro Hektar und Jahr. Die kritischen Belastungsgrenzwerte für Stickstoffe werden in einer Konvention über weiträumige grenzüberschreitende Luftverunreinigung der Wirtschaftskommission für Europa festgelegt. Für Flachmoore liegen diese bei 10–15 kg pro ha und Jahr. Der Wert wird im Ruggeller Riet dreifach überschritten. Es wurde zudem festgestellt, dass im ganzen Talraum die Stickstoffeinträge in sensiblen Ökosystemen zu hoch sind. Auf 90 Prozent der schweizerischen Waldflächen wird die tolerierbare Stickstoffzufuhr überschritten (Bundesamt für Umwelt 2022). Der Wald ist bereits wegen des Klimawandels geschwächt und wird in seiner Resilienz durch Stickstoffeinträge weiter beeinträchtigt.

Es braucht hochwertige Förderflächen

Der Treiber der Überdüngung sind die hohen Tierbestände. Eine Halbierung des Nutztierbestandes wäre nötig. Die vielen technischen Verbesserungsmassnahmen, z. B. bei der Gülleausbringung, sind für sich alleine nicht ausreichend. Die Rahmenbedingungen für die Landwirtschaft stimmen nicht mehr. So hat sich die Milchwirtschaft in jüngster Zeit von der Grünlandwirtschaft teilweise abgekoppelt. Die Milchleistungen steigen mit Hilfe von Mais und weiterem importierten Kraftfutter. Die Wiederkäuer werden zum Nahrungskonkurrenten für den Menschen. Dabei könnten Robustrinder verwertbares, eher extensiv bewirtschaftetes Grünland zu Fleisch und Milch veredeln. Das wäre eine «Niedrig-Energielandwirtschaft», die für die Natur wie für die Landwirtschaft von Interesse wären.

Wie langanhaltend die Wirkung der Überdüngung sein kann, erfuhr ich im Engadiner Nationalpark. Dort wurde auf der Alp Stabelchod die Alpwirtschaft im Jahre 1919 eingestellt. Noch heute, nach einem Jahrhundert, ist die Lägerflora rund um das Stallgebäude erkennbar. Die Rinder düngten den Boden rund um die Stallgebäude stärker als anderswo, und die Lägerflora zeigt den Stickstoff an. Auch auf der «Schynigen Platte» im Berner Oberland liess sich der in einem Experiment auf Vergleichsparzellen eingebrachte Dünger noch nach 80 Jahren feststellen (Hegg und Schaffner 2012). Auch wenn wir Morgen die Landwirtschaft auf ressourcenschonende Wirtschaftsweisen umstellen, braucht der Bremsweg des Düngerabbaues noch viele Jahrzehnte, ähnliches gilt auch für Pestizide.

Eine Vision Landwirtschaft liegt vor

Mit Hilfe einer schweizerischen Naturschutzstiftung konnten unabhängige Fachleute für Agrarökologie und -ökonomie für die Erarbeitung von Analysen und Vorschlägen zur Reform der Agrarpolitik gewonnen werden. Ihr 2010 veröffentlichtes «Weissbuch Landwirtschaft Schweiz» analysiert die herrschende Agrarpolitik und unterbreitet Vorschläge zu ihrer Reform (Bosshard *et al.* 2010; Abb. 28). Auf 272 Seiten wird unterbreitet, was zu tun wäre. Es wird festgestellt, dass die eingeleiteten Anpassungen dem landwirtschaftlichen Verfassungsartikel des Jahres 1996 nicht gerecht werden. Öffentliche Mittel in Milliardenhöhe werden nicht verfassungskonform eingesetzt und schaden der Zukunftsfähigkeit, der Nachhaltigkeit und der Wirtschaftlichkeit der Schweizer Landwirtschaft. Dieses Weissbuch wurde von den Verantwortlichen für die Landwirtschaft weitgehend negiert.

Ich erinnerte mich an Kontakte zu einem früheren Ostschweizer Kantonschemiker, der sich mit Stickstoffproblemen in der Landwirtschaft beschäftigte. In Gesprächsrunden mit weiteren Experten kamen wir zum Schluss, dass ein Vergleich der Landwirtschaft in der raufutterbasierten Milch- und Fleischproduktion in Österreich und der Schweiz aussagekräftig wäre. Ein sechsköpfiges Kernteam mit 18 weiteren Fachleuten legte einen «Gesundheitscheck» der Landwirtschaft beider Staaten vor. Es war eine umfassende Bestandesaufnahme hinsichtlich der agrarpolitischen Entwicklung und der Umweltauswirkungen und enthielt Ansätze für eine ökologisch nachhaltige Landwirtschaft (Stolze *et al.* 2019). Ein wichtiges Resultat: Der Stickstoffüberschuss in der Schweiz ist 2,5 Mal höher als in Österreich (Abb. 29). Man könnte hier voneinander lernen. Auch diese Arbeit wurde weitgehend negiert.

Hätte ich noch einen Wunsch frei, so wünschte ich mir die Einrichtung einer liechtensteinischen Forschungsinstitution, welche die Auswirkungen der Landwirtschaft auf den Naturhaushalt untersucht und Modelle für eine neue Agrarpolitik mit Versuchsanordnungen testet. Solches habe ich bereits in einem Festschriftbeitrag für einen ehemaligen Liechtensteiner Regierungschef im Jahr 1985 angeregt. Liechtenstein ist überschaubar und könnte Modell für die Landnutzung sein. Die überschaubare Einheit bei gegebener Prosperität des Kleinststaates wird zu wenig genutzt, um Neues zu testen oder zu experimentieren.

Nur mit Fakten Recht zu haben und nichts zu bewirken ist nicht mein Ding. Mein Tenor der getätigten Aussagen ist pessimistisch. Hoffnungsträger sind für mich die einzelnen Landwirte, die es aus eigenem Antrieb heraus anders und besser machen und nicht den offiziellen Verbandspolitiken folgen. Was sind überzeugende Argumente, welche motivierte

Abb. 28: Das «Weissbuch über die Schweizer Landwirtschaft» ist ein Wegweiser für die notwendige Reform der Agrarpolitik.

Abb. 29: Ein Vergleich der Agrarwirtschaften Schweiz-Österreich zeigt, dass der Stickstoffüberschuss in der Schweiz 2,5 Mal höher liegt als in Österreich.

Landwirte dazu bringen, ihren Betrieb umzustellen, so dass die biologische Vielfalt den nötigen Raum erhält und der Betrieb im ökonomischen Umfeld «trotzdem» überlebensfähig bleibt? Hinter dem «Trotzdem» steckt ja eine Fülle von mächtigen Interessen der Milch- und Fleischorganisationen, Futtermittelbranche, Verarbeitungsbetriebe, Vertriebsorganisationen, Agrar- und Veterinärchemie.

Ein ernüchterndes Fazit

Ich gebe es offen zu: Selten war ich so naiv wie beim Thema «Landwirtschaft und Biodiversität». Das viele «Wissen» zur Biodiversität führte nicht zum «Handeln». Es sind nicht zuletzt Mythen, die es erlauben, den teuren Agrarschutz und die umweltschädlichen Subventionen aufrecht zu erhalten.

Die Biodiversitätsverluste werden wenig zur Kenntnis genommen (Abb. 30) oder mittlerweile sogar abgestritten. Viele Leute sind bereit, dem Mythos zu glauben, weil es bequemer ist und sie nichts ändern müssen. Die indirekten volkswirtschaftlichen Schäden des praktizierten Agrarschutzes sind für die Biodiversität verheerend. Alleine die Umweltkosten wurden von der Denkfabrik «Avenir Suisse» auf 8 Milliarden Franken pro Jahr geschätzt und die Abschottungskosten nochmals auf über 7 Milliarden Franken pro Jahr (Hegg und Roten 2018). Bei einer Zuspitzung «Ernährung versus Biodiversität» haben die Lebensmittel – wie in der Volksabstimmung zur Biodiversität des Jahres 2024 erlebt – Vorrang, auch wenn das eine (Lebensmittel) ohne das andere (Biodiversität) nicht zu haben ist.

Abb. 30: Hochstämmige Obstbäume mit unterliegenden Blumenwiesen prägten das Ortsbild der Alpenrheintalebene bis in die 1950er-Jahre.

Nötige Stossrichtungen für die Agrarbranche

Die Erhaltung der Biodiversität muss zur Priorität werden
Biodiversität ist unsere Lebensgrundlage. Das Problem der Verluste an biologischer Vielfalt wird noch immer masslos unterschätzt. Die grosse Wissenslücke in der Bevölkerung sowie bei den Entscheidungsträgern ist durch mehr Kommunikation zu schliessen und der Nutzen der Biodiversität ist aufzuzeigen. Zahlreiche internationale und nationale Vorgaben legitimieren eine prioritäre Behandlung, so das Übereinkommen über die biologische Vielfalt (CBD), die Aichi-Ziele anlässlich der Vertragsstaatenkonferenz von 2010 und das darauffolgenden Kunming-Montreal-Abkommen 2022 sowie die Schweizer Biodiversitätsstrategie und der dazugehörige Aktionsplan. Von einer effektiven Umsetzung dieser Biodiversitätsziele sind wir noch weit entfernt. Die Landwirtschaft ist als grösster Flächennutzer entscheidend für den Erhalt der Biodiversität.

Biodiversitätsschutz ist eine Querschnittsaufgabe für alle Politikbereiche
Massnahmen gegen Arten- und Lebensraumverlust dürfen nicht alleine die Aufgabe der Umweltämter sein. Sie sind eine Querschnittsaufgabe in allen Politikbereichen und sind auf allen Ebenen mit verbindlichen Vorgaben zu verankern. Bestehende biodiversitätsschädigende Subventionen sind abzuschaffen bzw. umzulenken. Sie sind in der Landwirtschaft besonders stark vertreten.

Das Stickstoffproblem an der Wurzel angehen
Der Stickstoff ist ein zentraler Faktor für negative Umweltauswirkungen in der Landwirtschaft. Durch den Zukauf von Kraftfutter ist es möglich, die Tierproduktion von der Fläche zu entkoppeln, was eine hohe Nutztierzahl ermöglicht. Das verlangt nach einer Reduktion der Anzahl Nutztiere, insbesondere jener Nutztiere, die weitgehend mit Futtermitteln gefüttert werden, die auch für menschliche Ernährung geeignet sind. Der Zukauf von betriebsfremden Futtermitteln ist zu verringern.

Schliessung von Stoffkreisläufen
Bei einer strategischen Vorgehensweise zur Verminderung von negativen Umwelteffekten der Landwirtschaft steht die regenerative Milch- und Rindfleischproduktion sinnbildlich für einen Paradigmenwechsel. Es braucht die Schliessung von Stoffkreisläufen und eine standortsangepasste Produktion.

Vorwärts mit dem Aufbau einer ökologischen Infrastruktur
Der Aufbau einer «ökologischen Infrastruktur» mit Schutz- und Vernetzungsgebieten ist zur Sicherung des Raumes für die langfristige Erhaltung der Biodiversität voranzutreiben. Dafür braucht es ein Bundeskonzept für die Kerngebiete und einen Sachplan zur Sicherung der Vernetzungsgebiete.

Eine ökologisch nachhaltige Landwirtschaft braucht ihre Zeit
Die Transformation der Landwirtschaft von der stark effizienzgeprägten Grundausrichtung zu einer an der Ökologie ausgerichteten Landnutzung ist nicht von heute auf morgen umzusetzen. Erforderlich sind Investitionen in die Beratung. Mit einer Internalisierung der Kosten könnte eine stärkere Sensibilisierung der Konsumentenschaft erfolgen. Es wird wohl unabdingbar, dass der Konsum tierischer Produkte schrittweise zurückgeht.

Ein Versuch ist es wert!

Realistisch betrachtet sehe ich das Spannungsfeld zwischen Landwirtschaft und dem Erhalt der Biodiversität sehr kritisch. Der Wille zu einem echten Umdenken – sowohl in den amtlichen Strukturen als auch bei den Führungsebenen der Landwirtschaftsverbände und ihrem Umfeld – scheint mir gering. Und doch: Ein neuer Versuch wäre dringend nötig. Warum nicht mutig vorangehen – mit einem Modellprojekt im Fürstentum Liechtenstein? In diesem überschaubaren Rahmen könnten wir die Bereitschaft prüfen, umweltschädliche Subventionen grundlegend umzubauen und ökologisch verträglicher zu gestalten. Denn auch eine neue Agrarpolitik wird kaum etwas am Gesamtvolumen der Subventionen ändern. Umso wichtiger wäre es, die bestehende Bürokratie zu verschlanken und die öffentlichen Mittel gezielt auf echte gemeinwirtschaftliche Leistungen auszurichten. Die Höhe der Entschädigung orientiert sich dabei an den vorhandenen Naturwerten – nicht an einem Dschungel von Ver- und Geboten. Ein solches Experiment, getragen von einem offenen Dialog mit allen betroffenen Kreisen, könnte wegweisende Erkenntnisse liefern – für eine Landwirtschaft, die mit der Natur arbeitet, nicht gegen sie.

Publikationen von Mario Broggi zum Thema Landwirtschaft
Publikationsliste siehe Anhang (Stand Juli 2025)
Aktualisierte Publikationsliste: *www.mariobroggi.li/pub/landwirtschaft*

2.4 Welche Zukunft für die Alpwirtschaft?

Es herrscht eine weit verbreitete «Alpverklärung» in Mitteleuropa: Alpweiden gelten als Ort der Freiheit, Ursprünglichkeit, Naturverbundenheit und des Alpkäses. Die Faszination der Alp zieht den Wanderer emotional in den Bann. Denken wir an die heile Alpenwelt, kommt einem rasch «Heidi» in den Sinn, das schweizerische Waisenkind, das in der Alpenwelt sein Glück findet – zumindest im Roman von Johanna Spyri (1827–1901). «Heidiland» heisst heute sogar eine Autobahnraststätte im Alpenrheintal. Zum Etikett und damit Klischee der Schweiz als Hirtenland haben ab dem 18. Jahrhundert auch Dichter und Maler beigetragen. Im Flughafen Kloten-Zürich ertönt in der Sky Metro das Alphorn und die Kuhglocken als Willkommensgruss. Erst in den langen Zugängen zur Gepäckrückgabe folgen dann die Werbewände für die Finanzdienstleister. Das Wunschbild der Alpen verdeckte den Blick auf die Realitäten.

Denn die Zukunft der Alpwirtschaft ist höchst ungewiss. Mit dem «Mythos Alp» wird ausgeblendet, dass diese mit strukturellen, wirtschaftlichen und vielen anderen Problemen zu kämpfen hat. So wachsen in der Schweiz jedes Jahr 4000 Hektaren offenes Grünland zu, was der Fläche des Bielersees entspricht. Es scheint zurzeit unausweichlich, dass ein Teil der Alpweiden aufgegeben werden muss. Noch mehr Subventionen bringen keine Lösung. Laut Agrarbericht wurden im Jahre 2023 rund 131 Millionen Franken an Sömmerungsbeiträgen ausbezahlt. Hinzu kommen Alpungsbeiträge in der Höhe von 111 Millionen Franken und 43 Millionen Franken für Biodiversität und Landschaftsqualität.

Die Gretchenfrage, der wir uns stellen müssen, lautet: Welche Landschaft möchten wir an welchem Ort antreffen und erhalten (Schuler 1998)? Eine ganzheitliche Betrachtung der weiteren Entwicklung der alpinen Natur- und Kulturlandschaft muss unter Einbezug von Kosten-Nutzen-Abwägungen stattfinden, wobei mir bewusst ist, dass es lokal unterschiedliche Systeme der Alpwirtschaft gibt, was Verallgemeinerungen erschwert (Lauber *et al.* 2013).

Mythos versus Wirklichkeit

Ein Mythos ist eine zur Legende gewordene Erzählung. Er ist stärker als die Realität und als alte Geschichte wie jene von Wilhelm Tell unzerstörbar. Was zählen Fakten, wenn Gefühle viel wichtiger sind? Kaum einen anderen Ort haben wir Menschen so reich nostalgisch befrachtet wie die Alp. Sie prägt das Land, ist Kulturerbe und mit der Schokolade ein Teil des Bildes, das sich das Ausland von der Schweiz macht oder machen soll. Auf der Alp haust der Alpöhi, der Geissenpeter und wie schon erwähnt Heidi, das Alpmädchen. Letzteres schätzen vor allem die Japaner und pilgern in der Bündner Herrschaft nach Rofels-Maienfeld ins «Heididorf» und zahlen eine hohe Eintrittsgebühr im dortigen Museum.

Doch was wäre nötig, damit die Alp weiterhin sowohl Sehnsuchtsort wie auch Wirtschaftsstandort und Naturraum bleiben kann? Laut dem Projekt AlpFUTUR stammten im Jahr 2011 über vier Fünftel des Ertrags der Schweizer Alpwirtschaft aus Direktzahlungen. Seither kamen zu den Sömmerungs- und Alpungsbeiträgen noch Biodiversitäts- und Landschaftsqualitätsbeiträge hinzu. Subventionen gibt es auch im Bereich Produktions- und Absatzförderung sowie Strukturverbesserungen. Die Sömmerungsweiden, aufgeteilt auf derzeit 6566 Betriebe (vgl. Agrarbericht 2024) machen derzeit einen Neuntel der schweizerischen Landesfläche aus. Rund 400000 Kühe, Rinder und Kälber sowie 200000 Schafe weiden dort. Für den saisonalen Betrieb (90 bis 100 Tage) braucht es eine Behirtung, also geschultes Personal bei entsprechender Entlöhnung.

Nur 3 Prozent der Milchproduktion in der Schweiz stammen aus dem Sömmerungsgebiet, und nur noch ein kleiner Teil der Alpbetriebe produziert «Alpkäse». Dies macht 4 Prozent der schweizerischen Käseproduktion aus, wobei auch die Milch von der Alp, die in den Sennereien im Tal bearbeitet wird, sich «Bergkäse» nennen darf *(www.face-network.eu)*.

Die Alpwirtschaft steht und fällt mit den Nutztieren. Der Strukturwandel im Tal mit den dortigen Hochleistungskühen hat dabei Auswirkungen auf die Alp. Die Tiere sind nicht mehr ausreichend geländegängig und können oder sollten nicht auf die Alp geschickt werden. In Graubünden sind zudem bereits mehr Mutterkühe als Milchkühe im Sömmerungsgebiet. Ohne Milchkühe gibt es keine Alpenmilch und damit auch keinen Alpkäse. Beim Alpkäse kämpft man zudem mit wachsenden Problemen bei der Hygiene und dadurch bedingt mit strengeren Vorschriften. Die zur Verfügung stehende Infrastruktur ist teils nicht auf dem neuesten Stand. Auf der Weide kann es zu Konflikten kommen, weil Mutterkühe ihre Kälber schützen, und dies nicht nur vor dem Wolf, sondern auch vor Wanderern mit Hunden. Besonders in peripheren Lagen schwinden die extensiv genutzten Weideflächen und werden zu Wald – die Natur gibt den Takt vor. Das ist nicht nur schlecht, obwohl das oft so dargestellt wird.

Die Rekrutierung der Hirten und Hirtinnen gestaltet sich immer schwieriger, da sie ausserhalb der Alpzeit einer anderen Arbeit nachgehen müssen. Zudem ist der Hirtenberufsstand ausser in Frankreich nicht ausreichend organisiert. Die Behirtung erfährt andererseits ihre Aufwertung durch die nötigen Anpassungen der Bewirtschaftung wegen der grossen Beutegreifer Bär, Wolf und Luchs mit notwendiger Behirtung.

«Auf der Alm da gibt`s koa Sünd»?

So hiess es in einem deutschen Stummfilm aus dem Jahre 1915. Falls die Tiere der Natur nur das entziehen, was wieder nachwächst, so wäre dies stimmig. Mit einer extensiven Wirtschaftsform entstehen naturnahe Weidebiotope und eine alpenweite Prägung der traditionellen alpinen Kulturlandschaft. So weit, so romantisch. Aber auch auf der Alp (bzw. Alm im bajuwarischen Bereich) gab und gibt es Sünden (Abb. 31, 32). Die Rodungstätigkeiten zur Etablierung einer Alpwirtschaft wurden in den vergangenen Jahrhunderten zu weit in die Steillagen vorangetrieben. Auch gab es lokal immer wieder eine Überbestossung mit Vieh und damit eine Verletzung der Bodenkrume. Hinzu kommen im Zuge der Intensivierung der Landwirtschaft weitere ökologische Sünden.

Dazu gehören das Ausbringen von Kunstdüngern und der Einsatz von Herbiziden zur Bekämpfung der stickstoffreichen Lägerflora, wobei letzteres eine Symptombekämpfung darstellt, da der Stickstoff im Boden verbleibt. Ein Dauerbrenner bleibt auch die forcierte Erschliessung durch Strassen, die Tür und Tor für weitere Aktivitäten öffnet. Der Bau von immer mehr Strassen löste eine Entwicklung aus, die die wertvolle Kulturlandschaft schädigt. Ist erst die Hochlage erreicht, so können Intensivierungen und Planierungen stattfinden, aber auch Umnutzungen. Alle diese möglichen Intensivierungen werden durch Bundesbeiträge für Infrastrukturen erleichtert.

Auf die verhängnisvolle Spirale «mehr Dünger, mehr Futter, mehr Tiere bis zur extremen Verunkrautung» machte mich bereits in den 1980er-Jahren der Wiesenökologe Dr. Walter Dietl von Agroscope Reckenholz (ZH) aufmerksam. Vor 100 Jahren wog eine Kuh (= eine Grossvieheinheit) nur etwa 400 kg, heute bringt sie aber gegen 700 kg auf die Waage und produziert deshalb viel mehr Mist. Diesen Hochleistungskühen genügt die natürlich vorhandene Futtergrundlage nicht mehr, und es wird Kraftfutter herbeigeschafft. Und so steigt der Fettwiesengürtel immer höher die Berghänge hinauf.

Abb. 31: Mancherorts wurde die Alpung durch Rodung zu weit in steile Lagen vorangetrieben.

Im 7. Landwirtschaftsbericht der Schweiz aus dem Jahr 1992 war zu lesen, dass 10 Prozent der Alpen aus ökologischen und ökonomischen Gründen nicht erschlossen werden sollten. Als Mitglied der Eidgenössischen Natur- und Heimatschutzkommission (ENHK) fokussierte ich mich bei den Gutachten auf Wegebauprojekte. Ich staunte über Projekte in Grenzertragslagen in national bedeutsamen Landschaften, die zur Begutachtung überwiesen wurden. Man hätte häufig jedes Rind in einer Kosten-Nutzen-Abwägung mit dem jeweils geplanten Strassenbau «vergolden» können.

Abb. 32: Auch auf der Alp gibt es Sünden, beispielsweise dieser flächige Herbizideinsatz gegen die Lägerflora.

Die Integrale Berggebietssanierung in Liechtenstein

Ich kam erstmals gegen Ende meines Studiums intensiver mit dem Sömmerungsgebiet in Berührung. Am 20. Januar 1967 wurde in Liechtenstein ein Alpenschutzgesetz abgelehnt. Die Gemeinden und Alpgenossenschaften befürchteten bei Annahme des Gesetzes eine zu starke Beschneidung ihrer Rechte. Damit die Vorarbeiten hierfür nicht vergeblich waren, wurde am 1. Juli 1968 von der Regierung eine Verordnung zur integralen Berggebietssanierung (BGS) auf freiwilliger Basis erlassen. Diese umfasste 39 Prozent der liechtensteinischen Landesfläche.

Zweck der BGS war und ist die nachhaltige Entwicklung des Liechtensteiner Alpengebietes. Staatlich gefördert wurden Projekte der Alp- und Forstwirtschaft, Projekte gegen Naturgefahren, für Freizeit und Erholung, Siedlungsentwicklung und Naturschutz. Im Vordergrund standen Lawinen- und Erosionsverbauungen, Wald-Weidetrennungen, Hochlagenaufforstungen und Infrastrukturverbesserung auf bestimmten Alpen.

Die BGS kann als ökologische Raumplanung verstanden werden (Schlegel 2000). In der Ausführung einzelner Massnahmen siegte dann aber teils die technische Perfektion, und Kosten-Nutzen-Abwägungen standen zu wenig im Vordergrund (Abb. 33). Aber die integrale Sicht der Dinge faszinierte mich. Ich beschrieb diese Gesamtschau in meiner

Abb. 33: Bei der Erschliessung einer Alp ist auf das Kosten-Nutzen-Verhältnis sowie auf Natur- und Landschaftsaspekte zu achten (Alp Palfries SG).

Diplomarbeit im Jahr 1969 und unterbreitete eine Serie von Anregungen zur Nachhaltigkeit bei der Umsetzung. Mein Ökobüro bearbeitete bestimmte Projekte, beispielsweise im Rahmen der Wald-Weidetrennungen. Bis heute beobachte ich die BGS und kommentierte die Entwicklung. Das zuständige Amt für Wald, Natur und Landschaft hat ebenfalls Bilanzen gezogen (Bühler und Zürcher 1980, Wohlwend 2011). Es ist der Zeitpunkt gekommen sich nun grundsätzlich über die Zukunft der Alpwirtschaft in Liechtenstein im Sinn einer Neuorientierung Gedanken zu machen.

Die Trennung von Wald und Weide

Der überwiegende Teil des Waldes wurde früher auch als Weide genutzt. Wir finden in unseren Wäldern noch heute Zeugen solcher früheren landwirtschaftlichen Nutzungsformen, beispielsweise breitkronige Bäume, die Licht und Raum beim Aufwachsen hatten. Ab der zweiten Hälfte des 19. Jahrhunderts und vor allem im 20. Jahrhundert bemühte man sich, den Wald nachhaltiger zu nutzen. Eine der Massnahmen war die Trennung von Wald und Weide. Das Zurückdrängen der Waldweide war ein Grundpfeiler des Eidgenössischen Forstgesetzes von 1876. Auch im Kanton Graubünden wurde die Waldweide verboten. Obwohl geächtet, fand sie aber auf 25 Prozent der Bündner Waldfläche weiter statt. Im heute gültigen kantonalen Waldgesetz ist die Waldweide in Artikel 2 als Sondernutzungsform ausgewiesen.

Eine Wald-Weidetrennung sieht auch das liechtensteinische Waldgesetz vor. Im Rahmen der Integralen Berggebietssanierung wurde an der Umsetzung gearbeitet. Ich erkannte aber schon bald, dass sich daraus ein landschaftlicher Schematismus ergibt. Auf der einen Seite des Zaunes verwaldete die Fläche, auf der anderen Seite musste der aufkommende Jungwuchs mühsam entfernt werden. In den alpinen Kulturlandschaften entstanden so unnatürliche Grenzen. Im Offenland verblieben nur mehr die Wettertannen, die dem Vieh der Alpen Schutz vor Regen und Hitze bieten. Der Gesetzgeber sah diese ungünstige Entwicklung, und in der revidierten BGS-Verordnung steht nun, dass ungleichförmige Wald-Weideübergänge bei Wald-Weidetrennungen anzustreben sind.

Ich wurde mir in der Beurteilung der Waldweide und ihrer in Forstkreisen scharfen Ablehnung zusehends unsicher. Es ergab sich die Möglichkeit, dies fachlich zu hinterfragen. In meiner Zeit an der Eidg. Forschungsanstalt für Wald, Schnee und Landschaft (WSL) wurde die verpönte Waldweide in einer Dissertation genauer unter die Lupe genommen (Mayer *et al.* 2003). Die Ergebnisse zeigten, dass sie eine heterogene Waldstruktur schafft, eine artgerechte Ernährung der Rinder ermöglicht und dies mit einem nachhaltigen Schutz gegen Naturgefahren kombinierbar ist. Voraussetzung ist, dass die Tierbesatzstärke begrenzt wird, um einen Verbiss zu minimieren. Werden Wald und Weide räumlich eng kombiniert, ist dies gegenüber einer Trennung von Wald und Weide günstiger (Mayer *et al.* 2004). Neue Erkenntnisse mit einer geschickten Umsetzung bieten nun die Chance, alle Seiten zu befriedigen, ohne auf Vorteile zu verzichten.

Die differenzierende Sichtweise setzt sich allmählich durch. Im Rahmen des ETH-Projektes PRIMALP zur nachhaltigen Primärproduktion in den Alpen wurde 2004 die Waldweide gar als sinnvoll bezeichnet, wenn sie Rücksicht auf andere Ansprüche an den Wald nimmt. Wir dürfen uns also weiterhin an den Engadiner Lärchenwiesen und den Jura-Wytweiden als landschaftliche Höhepunkte freuen.

Die Schafalpung in Liechtenstein

In abgelegenen Lagen werden traditionell Schafe gealpt. Im Zeichen des Bedeutungsverlusts der Alpwirtschaft nimmt die Bedeutung des Schafs zu: zuerst wird die Kuh vom Rind, dann das Rind vom Schaf abgelöst. Unbeaufsichtigte Schafhaltung kann aber zu Konflikten führen. Wo Schafe auf Kuppen und in Gipfellagen weiden, weiss der Botaniker, dass dort nur mehr eine Allerweltsflora übrigbleibt. Der scharfe Tritt des Kleinviehs verfestigt den Boden und beeinträchtigt die Weideflächen.

Schafe können zudem wegen ihrer schmaleren Kiefer die Vegetation viel tiefer abfressen als Rinder. Schafe in eingezäunten Standweiden haben beispielsweise die Vegetationsdecken von zwei kleineren liechtensteinischen Alpen degenerieren lassen. Sie waren im Sommer schon von weitem als braune Flächen sichtbar.

Mein Ökobüro wurde 1984 beauftragt, einen Lösungsansatz für eine umweltverträgliche Schafbeweidung zu suchen. Dabei waren die natürlichen Gegebenheiten in Betracht zu ziehen. Das beinhaltete den Erosionsschutz, die Walderhaltung, den Schutz einer vielfältigen Pflanzenwelt und eine Abstimmung mit der Grossviehhaltung. Heute würde man auch den Schutz der wilden Huftiere beifügen, besonders wenn man weiss, dass Schafe Pathogene in wilde Populationen einbringen, so zum Beispiel Gemsblindheit und Moderhinke. Für diese erwähnten vier Themen eruierten wir Ausschlussgebiete, die übereinandergelegt zeigten, wo Schafe grundsätzlich nicht weiden sollten.

Das Ergebnis war weitgehend identisch mit den früheren traditionellen Schafbergen, belegt durch Flurnamen wie Schafegg oder Schafläger. Der vorgelegte Lösungsansatz beinhaltete eine behirtete Wanderherde mit 1000 Schafen. Der dafür vorgelegte Subventionsvorschlag wäre kostengünstiger als die bisherigen Subventionen gewesen. Die Umsetzung scheiterte am fehlenden Einverständnis der Alpbesitzer. Kooperationen über den eigenen Besitz hinaus waren nicht erwünscht. Heute wird ein solcher Lösungsansatz mit der Einwanderung des Wolfes wieder reaktiviert.

Welche Zukunft für die Alp des Triesenberger Garselli?

Auf der linken Seite des unteren Saminatales in Liechtenstein gibt es zwei Alpen, das Plankner und das Triesenberger Garselli. Das Plankner Garselli wurde Ende des 19. Jahrhunderts aufgegeben. Im Triesenberger Garselli startete 1968 auf der Grundlage der BGS-Verordnung ein generelles Alpsanierungsprojekt. Der Gemeinderat von Triesenberg genehmigte es nur unter dem Vorbehalt, dass die Ausbaumöglichkeiten eines Fahrweges entlang des Saminabaches aufgenommen und die bisherigen Weideflächen belassen werden. Die geforderte Strasse wurde von der Regierung abgelehnt, vermutlich sowohl aus Kosten- als auch aus Landschaftsschutzgründen. In den folgenden Jahrzehnten investierte man dennoch rund eine Million Franken in die Sanierung der Alpställe und Hütten, in die Wasserversorgung und in den Bau und Betrieb des Viehtriebweges. Würde man dies auf den möglichen Viehbesatz umrechnen, so sind das hohe Kosten pro Stückzahl.

Fast gleichzeitig kam der Vorschlag, im unteren liechtensteinischen Saminatal ein alpines Grossschutzgebiet einzurichten. Die 1973 gegründete Liechtensteinische Gesellschaft für Umweltschutz (LGU) erklärte sich bereit, bei Auflassung des Alpbetriebes den Pachtpreis zu übernehmen, zumal einzig Schweizer Vieh dort weidete. Die Gemeinde lehnte den Vorschlag ab.

Für mich stellte sich die Grundsatzfrage, ob es in solch peripheren Lagen überhaupt sinnvolle Investitionen in die Alpwirtschaft geben kann. Warum sollte unter schwierigen Bedingungen eine Bestossung weiterhin das Ziel sein? Warum kann man nicht Natur Natur sein lassen? Diese Fragen stellten sich erneut im Jahre 2018 vor der Sanierung des erodierten Viehtriebweges, dem sogenannten «Chämiweg», was mit einem Kostenaufwand von 220 000 Franken beziffert wurde. Der jährliche Pachtpreis für das Garselli dürfte seinerseits rund 1000 Franken betragen. Alleine die Sanierung des Viehtriebweges übersteigt diesen Pachtbetrag um das 200-fache. Das Projekt wurde durchgeführt.

Es verbleibt die Frage, ob der Mensch bis in den hintersten Winkel wirken und immer und überall seinen Stempel aufdrücken soll. Diese Diskussion wird andauern. Eine jahrhundertelang genutzte Alp einfach aufzugeben, kommt nach Meinung der Gemeinde nicht in Frage. Es stehen hier Positionen und Werte gegenüber, die nicht ökonomisch begründet werden müssen. Mit dem laufenden Klimawandel verschärft sich die Lage im Garselli. Naturereignisse mit Erosion und längere sommerliche Trockenperioden gefährden den Alpbetrieb. Das Vieh kann nicht mehr ausreichend getränkt werden, und es zeichnet sich ein Futtermangel ab. Bereits im Sommer 2022 war ein Helikoptereinsatzes zur Wasserbeschaffung notwendig. Die Personalprobleme und eine allfällige dauernde Präsenz des Wolfes verlangen nach neuen Betrachtungen.

Wilde Weiden

Ich gestehe, dass das Thema «wilde Weiden» auch eine eigennützige Seite hat. Ich esse gerne Fleisch, weiss aber auch: Der übermässige Fleischkonsum verursacht schwerwiegende ökologische Probleme. Wie also liesse sich reduzierter Fleischgenuss rechtfertigen? Die Antwort hat eine lange Vorgeschichte und beginnt mit dem Inventar der Flachmoore von nationaler Bedeutung in der Schweiz. Mein Ökobüro erhielt 1990 den Auftrag, das Inventar durchzuführen. Wir stellten dabei fest, dass 80 Prozent aller Flachmoore von nationaler Bedeutung in höheren Lagen ab 1000 m ü. M. lagen und ein Drittel davon entweder brach lag oder nicht ausreichend gepflegt wurde. Das entspricht einer Fläche von rund 3000 Hektaren. Diese Fläche ist für die biologische Vielfalt bedeutsam. Wie kann hier eine Pflege gegen die drohende Verwaldung gewährleistet werden?

Die Flachmoore liefern nur geringwertiges Futter und sind trittempfindlich. Darum kommt eine Moorbeweidung mit den heute verbreiteten Hochleistungs-Viehrassen nicht in Frage. In eingezäunten Standweiden mit Mooren wird die Grasnarbe zerstört. Am ehesten kommen verschiedene robuste Rinderrassen in Frage (Abb. 34). Unter den mitteleuropäischen Rassen sind dies das Hinterwälder Rind, das Rätische Grauvieh und die Eringer, zudem die Schottischen Hochlandrinder, Galloway Rinder und Yaks. Erste Erfahrungen liegen mit dem schottischen Hochlandrind vor, in tieferen Lagen auch mit Wasserbüffeln. Die Weidevegetation ernährt die Tiere und zwar dort, wo keine andere Bewirtschaftungsform sinnvoll ist. Die Kombination der extensiven Rindfleischproduktion ist eine interessante Ergänzung zur Milchproduktion.

Wichtig ist ein angepasstes Weidemanagement mit festgelegten Besatzdichten, Weidezeitpunkten und Weideformen. Im Projekt «PASTO – innovative Haltungssysteme für Bergregionen» wurde von der Eidg. Forschungsanstalt für Wald, Schnee und Landschaft (WSL) mit drei landwirtschaftlichen Partnern die Rinderhaltung als Beitrag zur Landschaftspflege auf der Alp Larzey oberhalb Sembrancher im Wallis untersucht (Miéville-Ott *et al.* 2009). Man wollte herausfinden, wie sich die Beweidung auf die Biodiversität der verschiedenen Vegetationstypen auswirkt. Parallel dazu sollte die Entwicklung einer neuen Produktelinie für Rindfleisch abgeklärt werden, wobei auch das Tierwohl untersucht wurde.

Abb. 34: Rinder mit Hörnern auf der Alp.

Aus dem Walliser Projekt ergaben sich wertvolle Erkenntnisse für die Beweidung von Flachmooren. Ein Faktor wurde bei diesen Untersuchungen allerdings für die Umsetzung unterschätzt, nämlich die Interessen an der Eringerzucht. Dazu gehört eine Vorliebe für Kuhkämpfe, welche die wirtschaftlichen Aspekte überlagerten. Viele Viehbesitzer hatten keinen bäuerlichen Hintergrund, was sich als ein Hemmnis für die Einführung eines Fleischproduktionssystems erwies. Es gilt festzuhalten, dass es weitere geeignete robuste Rinderrassen gibt, welche diese Aufgabe erfüllen könnten.

Halten wir aber fest, dass robuste Weidetiere imstande sind, auf grösseren Flächen bei geringer Dichte ganzjährig die Landschaft zu gestalten, wie es wilde Huftiere in der Naturlandschaft bewirkten (Schoof 2018). Bereits Wisente, Auerochsen, Elche, Wildpferde & Co. haben lange Zeit Europas Vegetation an gewissen Stellen als halboffene Parklandschaften geschaffen. Für die Umsetzung dieser Idee hat sich in der Schweiz der Verein «Wilde Weiden» gebildet (*wildeweiden.ch*). Auf «wilden Weiden» liesse sich qualitativ hochwertiges Fleisch erzeugen und die Biodiversität erhalten (Schuck 2024).

Ein Plädoyer für Ehrlichkeit und neue Wege

Die Alpwirtschaft steht an einem Wendepunkt. Zwischen Tradition und notwendiger Modernisierung verlangt ihre Zukunft nach einem sensiblen Ausgleich zwischen Kultur, Ökologie und ökonomischer Realität.

- Die Alpwirtschaft soll als Bewahrerin der Tradition erhalten bleiben (Abb. 35). Dieser kulturelle Wert wird auch vom Naturschutz unterstützt – vorausgesetzt, die Bewirtschaftung geschieht im Einklang mit dem Natur- und Landschaftsschutz.
- Die Alpwirtschaft braucht individuelle Alpkonzepte, die den örtlichen und regionalen Gegebenheiten und der aktuellen Agrarentwicklung Rechnung tragen. Dabei werden die Aspekte der Soziologie, der Kultur, Geschichte und Naturraumausstattung (inkl. zeitgemässem Umgang mit Grossraubtieren) für konkrete Bewertungen, Zielfestlegungen und Strategien berücksichtigt.
- Es ist offensichtlich, dass die Betriebe einer strukturellen Anpassung mit betrieblichen Zusammenschlüssen bedürfen. Die Ausschüttung von Subventionen sollte nicht nach dem Giesskannenprinzip erfolgen, sondern klar nach Prioritäten unter Berücksichtigung der Bestimmungen der Alpkonzepte.
- Alpprodukte erfreuen sich einer grossen Beliebtheit. Da die Herstellung aufwändig ist, sind sie auch entsprechend als Nischenprodukte zu kennzeichnen und abzugelten (Abb. 36). Für den Vertrieb gibt es spezialisierte Firmen, die solche Produkte vermarkten (Beispiel «Alpahirt» in Fürstenau GR).
- Die Zahl der verfügbaren Sömmerungstiere ist rückläufig, und eine fachkundige Behirtung ist essenziell. Der zunehmende Personalmangel wird teilweise durch neue Hirten aus urbanen Räumen und dem Ausland kompensiert. Dennoch scheint die Aufgabe einzelner Alpen unvermeidlich. Der Status der Hirten dürfte angesichts der Herausforderungen mit Grossraubtieren künftig an Bedeutung gewinnen. Die verbleibende Alpwirtschaft sollte sich auf gut geeignete Lagen konzentrieren – anders als früher ist die Nutzung aller Flächen nicht mehr zwingend für das Überleben im Berggebiet.
- Eine ganzheitliche Betrachtung der weiteren Entwicklung in den alpinen Natur- und Kulturlandschaften berücksichtigt auch Lagen, wo man die Natur machen lässt (Abb. 37). Ein partieller Rückzug der Alpwirtschaft mit einer Wiederbewaldung in peripheren Lagen ist bei einer gezielten Nutzungsaufgabe der Alpwirtschaft nicht nur ökonomisch sinnvoll, sondern auch aus der Sicht der Biodiversität erwünscht.

Abb. 35: Früher war die Alppflege Handarbeit.

Abb. 36: Alpwirtschaftsprodukte müssen sich durch eine hohe Qualität auszeichnen.

Abb. 37: Die Alpwirtschaft soll auf ihre besten Lagen konzentriert werden.

- Die Bereitschaft für ein Umdenken bei Fragen, wie man mit der Natur umgeht, ist immer noch gering ausgeprägt. Ich befürchte, wir sind dazu noch nicht bereit. Es gibt ein wichtiges psychologischen Element bei der Diskussion der gegenwärtigen und künftig nötigen Landwirtschaft. Die Bauern werden seit dem Zweiten Weltkrieg als eigenständige Unternehmer und Lebensmittelproduzenten indoktriniert. Die Rolle als Subventionsempfänger und staatlich bezahlten Landschaftspfleger führt zu Abwehrreflexen. Die Narrative, gestärkt durch politischen Populismus, wecken Emotionen und verhindern die Suche nach geeigneten Lösungsansätze. Es muss ein Dialog gestützt auf Fakten in Gang kommen.

Publikationen von Mario Broggi zum Thema Alpwirtschaft
Publikationsliste siehe Anhang (Stand Juli 2025)
Aktualisierte Publikationsliste: *www.mariobroggi.li/pub/alpwirtschaft*

2.5 Die Wiederbegrünung der liechtensteinischen Rheintalebene – eine Erfolgsgeschichte

Einer Karte des Fürstentums Liechtenstein von 1756 ist zu entnehmen, dass die Rheintalebene vor allem als Streueland mit Nachweide genutzt und als «mosigtes Riet» bezeichnet wurde. Für das nachfolgende 19. Jahrhundert fehlen uns Fotos, aber auf Landschaftsstichen und Gemälden von Künstlern ist zu sehen, dass Baum und Strauch den Freiraum der Kulturlandschaft prägten.

Die Feldgehölze hatten eine wichtige Aufgabe. Als «lebende Zäune» grenzten sie den Besitz ab, lieferten Holz für das Gewerbe und zu Heizzwecken, boten die Möglichkeit zur Gewinnung von Früchten und gaben Schatten für das Vieh. Die heute noch intakte Heckenlandschaft bei Leuk im Wallis dürfte dem damaligen Bild recht nahekommen (Abb. 38). Der Ausdruck «be-hag-lich» passt gut zur Hecke – in einer Heckenlandschaft fühlt man sich wohl. Von einem älteren Bauern hörte ich noch die Aussage, dass es ohne Baum und Strauch im Winter «einen Tschoopen (= Kittel, Sakko) kälter» sei.

Frühe visionäre Erkenntnisse

Mit den beginnenden Entwässerungen in der zweiten Hälfte des 19. Jahrhunderts wurde eine intensivere landwirtschaftliche Nutzung möglich. Das Wissen um die klimatischen und ökologischen Wirkungen und die Mehrfachnutzung der Hecken ging verloren. Eine Ausnahme bildete der Landwirtschaftliche Verein Liechtensteins unter seinem visionären Vorsitzenden Dr. Rudolf Schädler. In seinen Mitteilungen aus dem Jahr 1901 regte er an,

Abb. 38: Heckenlandschaft von Susten-Leuk im Kanton Wallis. So kann man sich die einstigen «lebenden Hecken» auch im Alpenrheintal des 19. Jahrhundert vorstellen.

in den grossen Riedgebieten zwischen Schaan und Unterland 50 Meter breite Waldstreifen gegen die herrschende Windrichtung anzupflanzen. Es sollte dadurch die schädliche Macht der Winde vermindert und das Klima zu Gunsten der Böden verbessert werden. Man setzte die Idee zwar nicht um; sie blieb aber noch für Jahre erhalten.

Auf lokaler Ebene entstand zu Beginn des 20. Jahrhunderts ein Windschutzsystem im «Fläscher Riet» bei Balzers. Es diente als Schutz gegen den Föhn von der Luziensteig her, wobei auf dem torfigen Untergrund die Föhre als Hauptbaumart standortstypisch berücksichtigt wurde. Der Initiant war der damalige Balzner Posthalter Emil Wolfinger, der an der ETH in Zürich eine Zeit lang Forstwirtschaft studiert haben soll.

Auf den grossen Landwirtschaftsflächen nördlich von Schaan, der eigentlichen Kornkammer des Landes, pflanzte man statt Waldstreifen hochstämmige Obstbäume längs der Strassen, Feldwege und Gräben. Bis 1905 wurden 4840 Obstbäumen gesetzt. Es gibt letzte Reste dieser Obstbäume entlang der Landstrassen. 1907 erschien in den Mitteilungen des Landwirtschaftlichen Vereins ein Artikel gegen das Ausroden von Hecken, verbunden mit dem Hinweis auf die nützlichen Singvögel, die für die Landwirtschaft einen unschätzbaren Dienst leisten.

Das Wissen um die Bedeutung von Baum und Strauch für die Landwirtschaft wurde in den folgenden Jahrzehnten fast vollständig verdrängt. Liechtenstein beteiligte sich am sogenannten «Plan Wahlen» der Schweiz, benannt nach dem Agraringenieur Friedrich Traugott Wahlen, dem späteren Bundesrat. Dieser Plan sah eine «Anbauschlacht» zur Förderung des Lebensmittelanbaues ab 1940 vor, was zur Rodung von Galeriewäldern entlang des Rheins und ganz allgemein zum Entfernen von Baum und Strauch in der Rheintalebene führte. Die Landschaft entleerte sich rasch (Abb. 39, 40, 41).

Abb. 39: Die ausgeräumte Landschaft mit Blick auf den Eschnerberg im Jahr 1944. Foto: Windschutzprojekt Tanner

Abb. 40: Landschaft im Dreieck Schaan-Bendern-Nendeln des Jahres 1944. Foto: Windschutzprojekt Tanner

Abb. 41: Blick von Planken ins weitgehend noch gehölzfreie Maurer Riet im Jahr 1967. Foto: Hubert Wenzel

Schutz sämtlicher Bäume und Sträucher

Massive Witterungsbedingungen gab es auch schon vor den heute offensichtlichen Klimaveränderungen. Mit der intensiveren Landwirtschaft wurde das Rheintal zusehends baumlos, was sich auf das lokale Klima auswirkte. In den trockenen 1940er-Jahren kam es zu starken Erdverwehungen unterhalb von Schaan. Mehrmals soll im Winter die Strasse von Schaan nach Buchs durch Schneeverwehungen unpassierbar gewesen sein. Die Obstbaumalleen vor den Ortschaften dienten als Wegweiser in solchen Situationen. Die Regierung erliess daher am 8. März 1944 als Reaktion auf diese Vorkommnisse eine Verordnung zum Schutze der Rheinebene gegen ungünstige Einwirkungen des Windzuges und zum Kampf gegen die Verschlechterungen der klimatischen Bedingungen. Sämtliche Bäume und Sträucher im Rheintal zwischen der Zollstrasse Schaan-Buchs, dem Rheindamm und dem Berghang entlang bis zur liechtensteinisch-österreichischen Grenze wurden unter staatlichen Schutz gestellt. Dasselbe galt für die Gruppen von Sträuchern entlang der Wege und Gräben. Diese Verordnung wurde erst mit dem Liechtensteiner Waldgesetz des Jahres 1991 aufgehoben.

Die Fürstliche Regierung beauftragte 1944 zudem den damaligen St. Galler Kantonsoberförster Heinrich Tanner, ein Projekt für Windschutzstreifen auszuarbeiten. Dieses sah drei Streifentypen vor:

- Windschutzanlagen mit einer Breite von 8 bis 10 Metern und einer Höhe von etwa 25 Metern im Abstand von rund 500 Metern.
- Windschutzstreifen von 4 bis 5 Metern Breite und etwa 10 Metern Höhe.
- Hecken von 1 bis 2 Metern Breite und einer Höhe von 4 bis 5 Metern.

Das Gesamtvorhaben umfasste über 200 000 Laufmeter Pflanzstreifen mit rund 870 000 Einzelpflanzen und einem Flächenbedarf von insgesamt 71,5 Hektaren. Die Umsetzung des Projekts war innerhalb eines Zeitraums von 15 bis 20 Jahren geplant.

Das ambitiöse Projekt nahm auf die jeweiligen Eigentumsverhältnisse keine Rücksicht. Die Grundeigentumsverhältnisse dürften mit ein Grund für den verzögerten Start gewesen sein. 1947 ist erstmals von einer geplanten Anlage eines Windschutzstreifens im Eschner Riet die Rede. Im gleichen Jahr erscheint im Rechenschaftsbericht der Regierung ein Ausgabeposten von 9000 Franken für Windschutzpflanzen, was wohl auf die Errichtung eines Landes-Pflanzgartens in Schaan zurückzuführen ist. Dieser sollte das Pflanzenmaterial bereitstellen, was dann auch funktionierte.

Konsequente Windschutzpflanzungen

Der vom Land angestellte Forstmeister Eugen Bühler hielt am 20. Dezember 1948 vor dem Liechtensteiner Landtag ein Referat «zum Aufbau von Windschutzstreifen – eine Meliorationsaufgabe für unsere Rheinebene». Angesichts der Tragweite und Kosten des Projektes musste er das Vorhaben dem Hohen Landtag vorstellen. Die Regierung beauftragte das Forstamt mit der Umsetzung des Projekts. Im Frühjahr 1949 wurde der erste, acht Meter breite und 300 Meter lange Streifen westwärts des «Wächterhauses» (später abgerissen) bei der Nendler Rüfe angelegt. Im Herbst folgte der zweite, 600 Meter lange und 10 Meter breite Windschutzgürtel im Vaduzer Riet entlang des Scheidgrabens (Abb. 42 und 43).

Die Kosten der Pflanzenbeschaffung wie die Pflanzarbeiten gingen zu Lasten des Landes, der Boden war durch die Gemeinden zur Verfügung zu stellen. Pflanzgartenchef wurde David Schädler aus Triesenberg, verantwortlich für die Windschutzpflanzungen wurde der Eschner Erich Hoop. Ab 1949 entstanden wo immer möglich Windschutzstreifen im Liechtensteiner Talraum. Einen gesetzlichen Zwang dafür gab es nicht. Der Grossteil der

Abb. 42 und 43: Der Scheidgraben, die Grenze der historischen Herrschaft Schellenberg zur Grafschaft Vaduz 1944 (oben) und 1978 (unten). Fotos: Windschutzprojekt Tanner

Abb. 44: Blick von Planken in die wiederbegrünte Landschaft im Dreieck Schaan-Bendern-Nendeln.

Pflanzungen erfolgte im Rahmen von Drainageprojekten im Gebiet des Schaaner, Eschner und Gampriner Riets.

Die gesetzliche Grundlage für die Ausrichtung von Landessubventionen wurde mit Verordnung vom 23. August 1956 geschaffen. Eine weitere Verordnung vom 20. Dezember 1975 stellte klar, dass auch Windschutzanlagen und Ufergehölze als Wald im Sinne der Waldordnung gelten und somit dem Rodungsverbot unterstehen.

Bis Ende der 1960er-Jahre konzentrierten sich die Pflanzmassnahmen vor allem auf das Dreieck Schaan–Bendern–Nendeln (Abb. 44). Sie wurden in erster Linie entlang von Entwässerungsgräben und Wegen durchgeführt. In diesem Zeitraum wurden rund 900 000 Gehölze gesetzt, deren Pflege von einer staatlichen Unterhaltsequipe übernommen wurde – das entspricht durchschnittlich 40 000 Neupflanzungen pro Jahr.

Vom Windschutzstreifen zum Flurgehölz

1968 erhielt ich als Forstpraktikant den Auftrag, die bisher gepflanzten Windschutzstreifen aus einer ganzheitlichen Sicht zu überprüfen. Dabei profitierte ich von den Erkenntnissen von Dr. Wilfried Nägele (EAFV, später WSL). Er führte Versuche zur Abbremsung von starken Winden durch. Von ihm lernte ich, dass Windschutzstreifen noch durchblasbar gestaltet sein sollten, um den Wind zu filtern und nicht abzublocken. Eine Blockade erzeugt hinter dem Streifen Turbulenzen mit möglichen Schadfolgen für die landwirtschaftlichen Kulturen.

Auch mit dem Forstingenieur Jakob Kuster, Stadtforstmeister von St. Gallen, nahm ich Kontakt auf. Er hatte die ersten Windschutzstreifen in der St. Galler Melioration im Isenriet bei Altstätten geplant. Die Pappel wurde damals aus ökonomischen Gründen als Hauptbaumart bevorzugt, weil sie nach 25 Jahren geerntet werden konnte, so geschehen auch in Liechtenstein. Sie wurde aber wegen ihrer Dürrastigkeit und der Wurzelbrut von Seiten der Landwirtschaft nicht gerne gesehen und später nicht mehr berücksichtigt.

Ende Juni 1968 übergab ich dem damaligen Gemeindevorsteher Emanuel Vogt den ersten Rahmenplan für Flurgehölze in der Gemeinde Balzers. Darin wurde der Bestand aller Gehölze systematisch erfasst und durch gezielte Ergänzungsvorschläge erweitert. Neben der Windschutzfunktion rückten zunehmend auch ökologische Wechselwirkungen und landschaftsgestalterische Überlegungen in den Fokus. Aus diesem Grund sprachen wir fortan nicht mehr von Windschutzanlagen, sondern von Flurgehölzen.

Der Balzner Plan sah die Neuanlage von rund 6,2 Kilometern Gehölzstreifen mit einem Pflanzbedarf von etwa 100000 Gehölzen vor, deren Umsetzung innerhalb von zehn Jahren erfolgen sollte. Die Ergänzungen sollten standorttypisch erfolgen, mit einheimischen Baum- und Straucharten. Wo immer möglich, sollte eine schematische Anordnung vermieden werden – in Balzers war dies dank der Einbindung ehemaliger natürlicher Giessgänge auf überzeugende Weise realisierbar. Giessen waren im Alpenrheintal aufstossende Grundwasserquellen, die langsam abflossen.

Anfang Juli 1968 folgte der zweite Bepflanzungsplan für die nördlich angrenzende Gemeinde Triesen. Ab 1969 arbeitete ich als freierwerbender Forstingenieur für alle neun liechtensteinische Talgemeinden die Bepflanzungspläne aus. Der Letzte wurde im Dezember 1973 für Gamprin abgeliefert. Diese Planungsarbeiten fanden im Vorarlberger Rheintal ab 1974 ihre Fortsetzung.

Flurgehölz-Inventur im Liechtensteiner Rheintal

Nach der Ausarbeitung aller Flurgehölz-Rahmenpläne für die Liechtensteiner Talgemeinden zog ich 1974 eine Zwischenbilanz des seit 1949 Geschaffenen (Abb. 45, 46). Ich erfasste alle Gehölze im Liechtensteiner Rheintal, ob natürlich entstanden oder gepflanzt. Erhoben wurden Status, genauer Ort, allfälliges Jahr der Pflanzung, Grösse, Gehölzarten, Entwicklungsphase, Schlussgrad und nötige Pflegemassnahmen. Jedes Gehölz erhielt seinen Aufnahmebogen.

Die getätigten Bepflanzungen zwischen 1949 und 1974 waren rund 40 Kilometern lang, mit einer Gehölzfläche von 30,64 Hektaren. Weitere 32,84 Hektaren waren natürlich entstanden. Hinzu kamen rund 74 Hektaren Galeriewald entlang des Rheines. Damit umfasste der Bestockungsanteil im Liechtensteiner Rheintal insgesamt 137,5 Hektaren Gehölze, was 3,5 Prozent der Talebene beanspruchte. Die in den Flurgehölzplanungen ergänzenden Vorschläge sollten weitere 21 Hektaren beanspruchen.

Bis Ende der 1980er-Jahre waren rund 85 Prozent der Gesamtplanung erfüllt. Das Schliessen der letzten Lücken gestaltet sich wegen der benötigten Bodenbeschaffung als schwierig. An einigen Stellen ergaben sich «Düsenwirkungen» für den Wind wegen der offenen Stellen. Die letzten veröffentlichten Daten für Flurgehölze stammen aus dem Statistischen Jahrbuch 2000. Danach wurden seit 1948 über 1,3 Millionen Bäume und Sträucher gepflanzt.

Abb. 45: Luftaufnahme mit Blick auf Windschutzstreifen in der Talebene zwischen Schaan und Liechtensteiner Unterland – der Kornkammer Liechtensteins. Foto: Rainer Kühnis

Abb. 46: Die ersten anfangs des 20. Jahrhunderts gepflanzten Windschutzstreifen gegen den Föhn von der St. Luziensteig in Richtung Balzers. Foto: Hubert Wenzel

Eine Würdigung der Wiederbegrünung

In meiner Dissertation zum Landschaftswandel im Talraum des Fürstentums Liechtenstein habe ich 1986 einige Schlüsse und Bewertungen zu diesen Flurgehölzaktionen gezogen. Nochmals fast 40 Jahre später lässt sich dies wie folgt ergänzend zusammenfassen:

Vorbildliches Handeln in einer ökologischen Krise

Das Erkennen ökologischer Krisen gestaltet sich komplex, noch schwieriger ist es die Politik zum Handeln zu überzeugen. Zu Beginn des 20. Jahrhunderts hatte der Landwirtschaftliche Verein die nötigen Erkenntnisse, um vorbildlich erste Schritte einzuleiten. Eine neuerliche Sensibilisierung für die Notwendigkeit von Gehölzpflanzungen lieferten die lokalklimatischen Bedingungen in den 1940er-Jahren. Die 1944 erlassene Verordnung verlangte den Schutz jedes Baums und Strauchs unterhalb von Schaan. Das führte zu Umsetzungsschritten mit Windschutzpflanzungen. Die Umsetzung des Windschutzprojektes über die folgenden Jahrzehnte darf als «Leuchtturmprojekt» bezeichnet werden. Es ist eine Erfolgsgeschichte (Abb. 47).

Günstige organisatorische Rahmenbedingungen

Zwischen 1947 und 1984 investierte das Land Liechtenstein 1,37 Millionen Franken in diese Gehölzpflanzungen. Der Erfolg des Programmes zeichnete sich durch günstige Rahmenbedingungen aus. Das Land übernahm die Realisierung und Pflege. Für die Umsetzung war das Forstamt als Amtsstelle verantwortlich. Persönlichkeiten waren für den langfristigen Erfolg massgeblich. Hier seien der damalige Landesforstmeister Eugen Büh-

Abb. 47: Die Heckenlandschaft Wesa im Triesner Landschaftschutzgebiet bewirkt eine parkartige Landschaft, in der man sich wohl fühlt.

ler und seine Mitarbeiter David Schädler und Erich Hoop erwähnt, die beiden Letzteren erhielten vom Landesfürsten Franz Joseph II für diesen Einsatz das Ritterkreuz – ein fürstlicher Orden – für ihr langjähriges Wirken. Der Nachfolger von Eugen Bühler, Dr. Felix Näscher, verfolgte das Anliegen der Flurgehölzpflanzungen ebenso konsequent, im Feld war langjährig Markus Bernhard tätig.

Erste Pflanzungen im Zeichen des Windschutzes
Liechtenstein kennt jährlich rund 400 Stunden Föhn. Wir haben häufig auch Westwinde, der Nordwind ist die häufige Bise. Nach der Entleerung der Talebene von Baum und Strauch wurden negative Erfahrungen gemacht. Man entsann sich der Möglichkeiten starke Winde zu bremsen. In den ersten 20 Jahren wurde gepflanzt, wo sich Möglichkeiten ergaben. Dadurch sind Gehölzstaffelungen entstanden, die in einer ganzheitlichen Sicht, unter Berücksichtigung der biologischen Vielfalt und des Landschaftsbildes, wohl so nicht empfohlen worden wären. Die teils strengen schematischen Strukturen fanden ihre Begründung in den möglichen Ansatzpunkten für Pflanzungen entlang kanalisierter Entwässerungsgräben. Erst die späteren Pflanzaktionen erfolgten landschaftsgerechter.

Verbesserung der strukturellen Vielfalt
Im Dreieck Schaan-Nendeln-Bendern prägten einst markante Silberweiden (Felben) und Föhren als Einzelbäume die Landschaft. Bereits zu Beginn des 20. Jahrhunderts und wieder in den Flurgehölz-Rahmenplänen wurde angeregt, Einzelbäume, Baumgruppen, Gebüschgruppen und lockere Raine zu berücksichtigen, um den Schematismus durchgehender Windschutzstreifen etwas zu brechen und eine Vernetzung dieser Gehölze zu fördern. Mit den Gehölzstrukturen fördern wir die heckenbewohnende Vogelwelt. Neben Baum und Strauch gehören zur «ökologischen Infrastruktur» auch weitere Kleinstrukturen wie Ackerraine, versumpfte Senken, Streueteile und weitere Saumbiotope. Diese werden heute als Elemente des ökologischen Ausgleichs in der Landwirtschaft angesprochen und subventioniert.

Der aktuelle Stand
Im Jahr 2007 entwickelte das zuständige Amt ergänzend zu den «Windschutzpflanzungen» ein Konzept zur Erhaltung und Förderung von Einzelbäumen und Baumgruppen in der Talebene. Man erfasste alle Wald- und Obstbäume. Es konnten 1152 Einzelbäume festgestellt werden. 60 Prozent davon waren Obstbäume, 40 Prozent Waldbäume. Inzwischen sind alle Feldgehölze auf dem Geodatenportal des Landes erfasst.

Die Flurgehölzequipe nimmt Pflegeeingriffe vor und durchforstet wo nötig die Bestände. Die Pappeln und die meisten Nadelhölzer wurden inzwischen durch standortgerechte Holzarten ersetzt. Es wurden weitere Gehölz-Vernetzungen mit der Jägerschaft im Schaaner, Vaduzer und Eschner Riet durchgeführt. Damit dürften inzwischen 1,4 Millionen Bäume und Sträucher im Talraum Liechtensteins gepflanzt worden sein.

Vielversprechende Agroforstwirtschaft
Agroforstwirtschaft ist das bewusste Einbeziehen von Baum und Strauch in die Landwirtschaft. Es ist dies in unseren Breiten ein altbekanntes System. Es sei an die früheren Streuobstwiesen und lichten Weidewälder erinnert. Diese Formen der Agroforstwirtschaft gingen im Zuge der Intensivierung der Landwirtschaft in Vergessenheit, trotz ihrer Vorteile für den Wasserhaushalt, gegen Erosion, Degradation und für den Klimahaushalt.

In Studien wurde festgestellt, dass sich bei geeigneter Anwendung mit Agroforstwirtschaft landwirtschaftliche Mehrbeträge bis zu 30 Prozent erzielen lassen. Die Agroforstwirtschaft findet wieder zögerlich Beachtung, sogar im Rebbau *(www.agroforst.ch)*. Unsere Wiederbegrünung der liechtensteinischen Rheintalebene ist Teil der Agroforstwirtschaft. Der dafür benötigte Flächenbedarf von 3 Prozent in den landwirtschaftlichen Gunstlagen wird durch eine Ertragssteigerung in der Landwirtschaft mehr als kompensiert. Im Zeichen des Klimawandels dürfte die Bedeutung der Agroforstwirtschaft wachsen (Den Hond-Vaccaro *et al.* 2025).

Publikationen von Mario Broggi zum Thema «Wiederbegrünung der Liechtensteiner Rheintalebene»
Publikationsliste siehe Anhang (Stand Juli 2025)
Aktualisierte Publikationsliste: *www.mariobroggi.li/pub/wiederbegruenung*

2.6 «Rewilding» – ein teilweiser Rückzug aus alpinen Seitentälern?

Rewilding bezeichnet ein ökologisches Konzept, bei dem menschliche Eingriffe in einem bestimmten Gebiet bewusst zurückgenommen werden, um ursprüngliche Wildnis und natürliche ökologische Prozesse wiederherzustellen. Es hat kein definiertes Ziel oder Endstadium, sondern ist ganz im Sinne der natürlichen Dynamik ergebnisoffen. Der klassische Naturschutz zielt dagegen meist auf das Erhalten festgelegter Zustände – geprägt von einer idealisierten Sicht auf die Kulturlandschaft oder dem Schutz ausgewählter gefährdeter Arten.

Raum für Zufälle

Rewilding kann auf unterschiedlichen Wegen erfolgen. Oft ist es mit der Wiedereinführung sogenannter Schlüsselarten wie Bär, Luchs oder grossen Pflanzenfressern – etwa Wisente (Abb. 48), verwilderte Konikpferde oder robuste Heckrinder – verbunden. Solche Massnahmen werden vor allem in Gebieten umgesetzt, in denen eine grossflächige Renaturierung angestrebt wird. Dem Rewilding liegt eine gewisse Eigendynamik inne, die Raum für Zufälle lässt – Prozesse, die in stark regulierten Landschaften unterdrückt werden. Rewilding bietet ein enormes Potenzial zur Förderung der Biodiversität, wird jedoch kontrovers diskutiert.

Rewilding-Experimente begannen in Europa in den Niederlanden. Vor rund 30 Jahren startete das Gresmaas-Projekt, das die Maas auf einer Länge von 43 Kilometer zwischen Maastricht und Roostern wieder freier fliessen lässt. Ziel war es, das Hochwasserrisiko zu mindern und Lebensräume so zu gestalten, dass verschwundene Tier- und Pflanzenarten

Abb. 48: Zu einem intakten Ökosystem gehören alle Glieder, so die grossen Regulatoren wie Bär, Wolf und Luchs, aber auch Grossherbivoren. Das Bild zeigt einen Wisentbullen im Auswilderungsprojekt Thal (SO). Foto: Josef Senn

zurückkehren können. Heute kann sich die Natur auf 20000 Hektaren Land wieder frei entfalten. Auch an anderen Orten in den Niederlanden beweiden Grossherbivore grössere Flächen – und das in einem der am intensivsten genutzten Länder Europas. Wenn es dort gelingt, müsste Rewilding auch im Alpenbogen möglich sein.

Leere Räume im Alpenbogen

In den piemontesischen Südalpen nahe dem Lago Maggiore liegt der 15000 Hektaren grosse Nationalpark Val Grande (Abb. 49). Bis zum Zweiten Weltkrieg waren diese Steillagen besiedelt. Durch die Bombardements der deutschen Wehrmacht gegen die Partisanen wurde dieser Raum weitgehend entleert. Eine Rückkehr in die peripheren Lagen fand nicht mehr statt. 1992 wurde dieser Raum offiziell der freien Entwicklung überlassen. Auf Schritt und Tritt finden sich noch die Spuren der abgehenden Kulturlandschaft, die ich als «Machu-Picchu-Effekt» bezeichne: Hausruinen, befestigte Maultierpfade, Steinmauern. Das geht unter die Haut, berührt, erzeugt eine eigenartige Stimmung (Abb. 50).

Die Wiedereroberung durch Gehölze geht langsam vonstatten. Es beginnt mit Adlerfarnfluren, die die Wiederbewaldung verzögern (Abb. 51). Es folgt ein lockerer Birkenhain, durchsetzt mit Vogelbeeren. In den Steillagen bis 1000 Höhenmeter herrscht als Vegetationstyp der Stockausschlag-Kastanienwald vor. Er ist Zeuge der früheren Bewirtschaftung als Brennholzlieferant. Trifft man auf mächtige Kastanien, so ist dies ein sicherer Hinweis auf eine ehemalige Siedlung oder Einzelhöfe in der Nähe. Die Edelkastanie wurde als vielfältig nutzbares Nahrungsmittel verwendet. Bis zur Waldgrenze folgt schliesslich der Buchenwald.

Abb. 49: Im Nationalpark Val Grande im Piemont findet sich die grösste deklarierte Zielwildnis-Fläche im Alpenbogen.

Abb. 50: Die Ortschaften im Val Grande wurden am Ende des Zweiten Weltkrieges verlassen. Mit den Ruinen ergibt sich ein «Machu picchu-Effekt».

Abb. 51: Verlassene Flächen werden zuerst vom Adlerfarn besiedelt, es folgen die Pionierbaumarten Birke, Aspe und Vogelbeere.

Der Nationalpark Val Grande ist ein spannendes Experiment für Rewilding. Doch sind wir auch bereit, Flächen auf der Alpennordseite aus der Nutzung zu entlassen? Ist diese Idee gesellschaftlich überhaupt tragfähig?

Der Klimawandel als Beschleuniger

Manche gute Idee kommt angeblich nicht zur richtigen Zeit und wird abgelehnt – dabei scheint es den richtigen Zeitpunkt kaum zu geben. Hinzu kommen die vielen Partikularinteressen, die Veränderungen zusätzlich erschweren. Meiner Meinung nach kommt Vor-, Nach- und Querdenken zu kurz – gerade beim Rewilding. Visionäre als «Entdecker» sind gegenüber den Konservierern in der Minderheit. Querdenken ist nach der Covid-19-Pandemie als Begriff sowieso verpönt. Dennoch meine ich, dass eine Gesamtschau, konzeptionelles Denken und Strategien auch über politische Mandatszeiten hinaus überlebenswichtig sind.

Wir erleben zurzeit Naturereignisse, wie man sie in dieser Dichte noch nie gesehen hat (Abb. 52). Die Rhône bei Sierre führte 2024 die höchste je gemessene Wassermenge. Bereits im Jahr 2000 war es zu Dammbrüchen gekommen, die als Jahrhunderthochwasser zu werten waren. Im bündnerischen Misox haben Geröllawinen Häuser zerstört, die Autobahn A 13 wurde auf 200 Meter Länge entlang der Moesa weggerissen. Auch im Berner Oberland rumpelte es mit Murgängen gewaltig, ebenso im Maggiatal und in des-

Abb. 52: Die Naturereignisse in den Berglagen nehmen zu, ein Rückzug aus den bisherigen Nutzungen sollte fallweise kein Tabu sein. Es braucht keine menschliche Nutzung bis in den hintersten Winkel.

sen Seitental Val Bavona. Die Häufigkeit der Extremereignisse nimmt ganz offensichtlich zu. Je stärker sich der Klimawandel bemerkbar macht, desto mehr stellt sich die Frage, wo ein Schutz noch sinnvoll ist.

Noch können wir die Schäden bezahlen. Aber irgendwann wird es auch um Kosten-Nutzen-Abwägungen gehen. Ziehen wir dann die nötigen Schlüsse? Oder verdrängen wir das Problem? Es geht um sensible Fragen, Identität versus Ökonomie, Freiheit des Einzelnen gegen Kosten für die Allgemeinheit. Die Frage nach einer Umsiedlung besitzt besondere politische Sprengkraft – sie ist für jeden Betroffenen eine schwere Entscheidung, genauso der Subventionsabbau für bestimmte Räume. Der Kanton Graubünden identifizierte 22 Gemeinden, die langfristig wenig Überlebenschancen haben. Deshalb prüfte er den «koordinierten Rückzug» aus diesen Gebieten. Das Thema ist ein heisses Eisen und wurde in Graubünden wieder fallen gelassen. Ein Daseinsrecht zu negieren ist nicht zielführend. Wie aber kann man ein Umdenken erreichen und Akzeptanz für alternative Wege schaffen?

Die «alpine Brache» schlecht kommuniziert

Im Jahre 2006 leistete sich das ETH Studio Basel, das 2018 aufgelöst wurde, im Rahmen einer Studie zur «städtebaulichen Zukunft der Schweiz» einen Tabubruch. Es schlug mit Kartendarstellung vor, strukturschwache Täler als «alpine Brache» verganden zu lassen, das heisst dort nicht mehr zu investieren und auf Subventionen zu verzichten. Es wurde argumentiert, dass das «Ländliche» heute eine fixe Idee sei und die reale Welt anders aussehe. Diese Aussage löste eine Welle der Empörung in den Berggebieten aus. Leider fehlte dem Tabubruch damals eine begleitende Kommunikation (Abb. 53). Mit dem Klimawandel kommt die Idee jetzt wieder mit voller Wucht auf den Tisch.

Betrachten wir die wenig bis gar nicht besiedelten alpinen (Seiten)Täler. Warum kann man dort den Gedanken einer «alpinen Brache» oder allenfalls einer sehr extensiven Nutzung als «wilde Weiden» nicht zulassen? Der Natur ihren Lauf zu lassen, fällt uns schwer. Bewusstes Nicht-Handeln, also gezielte Nutzungsaufgabe, stösst oft auf Misstrauen – und solange das so bleibt, bleibt «Wildnis als Ziel» lediglich ein unbeabsichtigtes Nebenprodukt wirtschaftlicher Zwänge, ohne eigenen Wert.

Zwangssituationen sind bereits Realität (Moos *et al.* 2019). Die Natur gibt bereits den Takt an: Jedes Jahr wachsen in der Schweiz 5400 Hektaren offenes Grünland zu, was der Fläche des Bielersees entspricht. Es wäre Zeit, sich dieser Realität zu stellen. Eine freie Vegetations-Sukzession ist nicht nur schlecht, obwohl das vielfach angenommen wird. Es hält sich das Dogma, dass der Schutzwald einer Pflege bedarf. Es gälte auch anzuerkennen, dass Weiden oberhalb der Waldgrenze nicht verwalden können. Sie würden der «wilden» Tierwelt ohne Konkurrenz durch das Vieh zur Verfügung stehen.

Rewilding als Gewinn

Wieso also nicht eine zukunftsfähige, qualitativ hochstehende Alpwirtschaft auf die bestgeeigneten Lagen konzentrieren, ergänzt durch «wilde Weiden» für Robustrinder, und den Rest der Natur überlassen? Wir müssen nicht den letzten Fleck Erde beanspruchen. Das bisher übliche Abwehrdispositiv ist keine Lösung. Der Graubündner Siedlungsbericht aus dem Jahr 2007 formulierte es wie folgt: «Gebiete, welche nicht mehr bewirtschaftet werden und auch keine Schutzfunktion für den Siedlungsraum erfüllen, sind gezielt der Natur zurückzugeben». Ein geordneter Rückzug mit Massnahmen zur Milderung negativer Begleiterscheinungen ist also angesagt.

Inserat

Der Berg ruft.
4MOTION by

Donnerstag, 16. Dezember 2004 Fr. 1.80

Blick

Die Tageszeitung der Schweiz.

MiLLiONEN LOS

4 Audi Avan
zu gewinne
Seite 1

Die Wirtschaft provoziert:

Lasst die Heidi-Schweiz sterben!

rentiert

rentiert nicht

Nur die grossen Städte und Agglomerationen rentieren (rot). Den Rest der Schweiz will die Wirtschaft sterben lassen.

FOTO SWITZERLAND TOURISM

Post weg. Militär weg. Dorflädeli weg. Die Land-Schweiz leidet. Ohne Ausgleich, ohne Subventionen geht sie kaputt. Der Wirtschaft ist dies egal. Sie fordert jetzt: Lasst die unrentable Heidi-Schweiz sterben! SEITEN 2 BIS 5

Flugi-
Crash
Zuger
Millionä
getötet
Seite

Gotthelf-T
schlägt
‹MusicStar
Seiten 8/9

Das Gotthelf
Quiz Seite 3

AZ 4800 Zofingen | Nr. 294 | 44. Jahrg

AUSLANDPREISE: Euro 2.–; C£ 1.–;
TRL 4 000 000; HUF 400
REDAKTION: 01 259 62 62 ABOS: 062 746 43 4
FAX: 01 259 66 65 INTERNET: http://www.blic

Inserat

Weil Optima jeden Monat automatisch
zu Ihren Gunsten abrechnet.

Abb. 53: Alpine Brachen sind in den Medien zusehends im Gespräch.

Das Rewilding zuzulassen, wie wir es in den Kernzonen der Nationalpärke kennen, müsste auch nicht zum Nulltarif erfolgen. Vielmehr sollten Rewilding-Zonen gewinnbringend in eine Regionalplanung einbezogen werden. Die Schweiz erkauft sich beispielsweise ihre Klimaneutralität mit CO_2-Zertifikaten im Ausland. Man kann dies als modernen Ablasshandel bezeichnen. Wie wäre es, wenn man im eigenen Land nicht mehr genutzte Wälder in den Seitentälern als CO_2-Senken ausweisen und abgelten würde? So wird der Malus zum Bonus, was eine Anerkennung von Zielwildnis erleichtern könnte. Und was ist mit einer Nutzung für den naturnahen Tourismus, das könnte auch gewinnbringend sein.

Es ist meine Vision, dass man sich mit klaren Fakten und Zielen der Realität stellt und den entsprechenden Dialog aufnimmt. Das bisherige Tabu des geordneten Rückzugs aus gewissen Lagen gehört wieder auf den Tisch (Abb. 54). Dabei geht es keineswegs darum, die Rechte der Bergbevölkerung zu missachten und Naturschutzgebiete auf ihre Kosten zu betreiben. Ich weiss, man kann rasch ins offene Messer von gewissen Bergpolitikern laufen, die ständig die lokale Selbstbestimmung im Berggebiet durch das städtische «Unterland» bedroht sehen. Es geht mir aber um eine Fortentwicklung und Anpassung an Gegebenheiten, die sowieso ablaufen. Ein «weiter wie bisher» ist keine Option. Es braucht einen Dialog. Man muss einander gut zuhören, um neue Wege zu beschreiten!

Noch ist die Bereitschaft in der Schweiz für diesen Dialog nicht ausgeprägt. In Liechtenstein ist man da weiter. Bereits im Europäischen Naturschutzjahr 1970 wurde angeregt, das Saminatal als grossflächiges Schutzgebiet auszuweisen (Abb. 55). Es folgten mehrere Vorstösse für eine Unterschutzstellung. Inzwischen ist zumindest die bewaldete Fläche als Waldreservat ausgewiesen, und es gibt Bemühungen für ein umfassendes

Abb. 54: Das Onsernonetal im Tessin. Auf der Südabdachung sind weite Gebiete nicht mehr genutzt und können als Zielwildnis angesprochen werden.

Abb. 55: Das wilde Saminatal in Liechtenstein ohne Zivilisationseinflüsse.

Abb. 56: Die Triesenberger Alp Garselli: Soll sie als «wilde Weide» mit Robustrindern oder als Zielwildnis ausgeschieden werden?

Rewilding *(www.saminastiftung.li)*. Die ehemaligen Alpen Zigerberg und Plankner Garselli sind bereits seit langem verlassen, im Triesenberger Garselli werden noch 40 Rinder gealpt (Abb. 56) (siehe Kap. 2.4). Diese Alp wird nur über einen Viehtriebweg von der Alp Bargella bestossen. Seit einigen Jahren wird der ganze Naturraum grenzüberschreitend mit Vorarlberg im Samina- und Galinatal naturkundlich erforscht. 2022 wurde dazu eine Naturmonographie veröffentlicht. Die Projektierung für die Einrichtung eines grenzüberschreitenden Wildnisgebietes mit Vorarlberg ist eingeleitet. Eine IUCN-Anerkennung wird wie für die zwei bestehenden österreichischen Wildnisgebiete angestrebt. Das Wildnisgebiet Dürrenstein-Lassingtal (Niederösterreich-Steiermark) dient hier als Vorbild.

Publikationen von Mario Broggi zum Thema Rewilding
Publikationsliste siehe Anhang (Stand Juli 2025)
Aktualisierte Publikationsliste: *www.mariobroggi.li/pub/rewilding*

2.7 Wir benötigen mehr Grossschutzgebiete

Vor meiner Haustüre liegt wie erwähnt das zivilisatorisch kaum belastete Saminatal. Bereits im Europäischen Naturschutzjahr 1970 wurde dafür ein Nationalpark angeregt (Bühler 1970), später ein alpines Grossschutzgebiet und heute hoffen wir auf ein Wildnisgebiet. Auch nach 50 Jahren hat das wunderbare Tal noch immer keinen ganzheitlichen Schutzstatus. Vielleicht erlebe ich die Schutzlegung aber noch.

Grossschutzgebiete als Leidenschaft

Schutzgebiete mit ihren natürlichen oder naturnahen Lebensräumen sind ein Ort der Demut und Einsicht, dass die Erde nicht der Menschheit alleine gehört. Der naturethische Imperativ ist elementare Grundlage des Naturschutzes und seine oberste Richtschnur. Auf einer solchen Basis der Erkenntnis müsste sich ein mehrheitsfähiges öffentliches Interesse bilden und stabilisieren. Doch so weit sind wir noch nicht.

Vor allem die Ausweisung von grossen Schutzgebieten lag mir schon immer am Herzen. In den 1970er- und 1980er-Jahren engagierte ich mich in der Föderation der Natur- und Nationalparks Europas, heute Europarc (Abb. 57). Parallel dazu bestand eine aktive Mitwirkung in der Kommission für Schutzgebiete der Internationalen Naturschutzunion (IUCN). Für den Europarat war ich 20 Jahre Gutachter für sein Europadiplom für Schutzgebiete. In der Funktion als Präsident der Internationalen Alpenschutzkommission CIPRA (1983–1992) lag der Fokus auf der Förderung alpiner Schutzgebiete. Im Rahmen der Tätigkeit an der Europäischen Akademie in Bozen im Bereich «Alpine Umwelt» entstand gemeinsam mit zwei Kollegen 1999 eine Buchveröffentlichung zu den Grossschutzgebieten im Alpenbogen. Eine Nachprüfung dieses Schutzgebietsnetzes hinsichtlich bestehender Lücken erfolgte 2017 in der Fachzeitschrift «Natur und Landschaft».

Abb. 57: Rumänien beherbergt mit 500 000 Hektaren die meisten Urwälder Europas.

Das «30x30»-Ziel

Die Klimakonvention hat eine kleine Schwester. Sie ist weniger bekannt, aber für den Erhalt der natürlichen Lebensgrundlagen bedeutsam: die UN-Konvention für biologische Vielfalt (Convention on Biological Diversity – CBD). Der Verlust der biologischen Vielfalt wirkt sich für die Menschheit bedrohlich aus, da sich ökologische Kippeffekte als nicht mehr steuerbar erweisen könnten. Eine ausgestorbene Art ist unwiederbringlich verloren, und diese Gefährdung besteht zurzeit für eine Million Arten. Das scheint noch zu wenig erkannt. Man bedient sich dem Bild, dass die Windschutzscheiben und Abblendlichter am Auto heute viel weniger von Insekten verklebt seien als früher.

Die CBD wurde wie die Klimakonvention an der UNO-Konferenz für Umwelt und Entwicklung in Rio de Janeiro 1992 verabschiedet und von 196 Staaten unterzeichnet und ratifiziert. Die zehnte nachfolgende Vertragsstaatenkonferenz 2010 in Nagoya in der japanischen Präfektur Aichi hat 20 «Aichiziele» bezeichnet und sah eine Zielerreichung für Schutzgebiete von mindestens 17 Prozent der Landfläche bis 2020 vor. Keines dieser 20 Ziele wurde erreicht.

An der späteren Konferenz 2021 in Kunming (China) bzw. 2022 im kanadischen Montreal wurde das Schutzgebietsziel aufgrund neuerer wissenschaftlicher Erkenntnisse auf 30 Prozent der Landes- und Meeresflächen erhöht, umzusetzen bis 2030. Aus den Zahlen ergab sich die Beschwörungsformel «30x30». Die Flächen sollen den Erhalt und die Förderung der Biodiversität als Priorität enthalten, was derzeit wohl nirgends gewährleistet ist. Damit Ziele nicht bloss Ziele bleiben, müssen die Fortschritte auch messbar gestaltet werden. Da stellt sich die Frage, was als Schutzgebiet gilt, welches für das 30-Prozent-Ziel anerkannt werden kann?

Verwirrende Schutzgebietskategorien

Zurzeit gelten weltweit 17 Prozent der Landfläche als geschützt, bei den Meeren sind es 8 Prozent. Doch was bedeutet «Schutz»? Man darf voraussetzen, dass anrechenbare Schutzgebiete etwas mit dem Erhalt der biologischen Vielfalt zu tun haben sollten. Das ist aber nicht immer gewährleistet. So weist etwa Deutschland 37 Prozent des Staatsgebietes als Schutzgebiete aus, allerdings sind 28 Prozent davon Landschaftsschutzgebiete und Naturpärke, wo Auflagen für den Erhalt der Biodiversität meist fehlen. Nur 0,6 Prozent der Fläche Deutschlands sind Räume mit freier Naturentwicklung, die den strengsten Schutz beinhalten. Auch in der österreichischen Naturschutzstrategie werden 29 Prozent Schutzgebiete genannt, aber nur 1,7 Prozent sind streng geschützt.

Eine Arbeitsgruppe der ALPARC – das Netzwerk alpiner Schutzgebiete im Rahmen der Alpenkonvention – beschäftigte sich jüngst mit grossflächigen Schutzgebieten. Der Abschlussbericht «Alpine Parks 2030» wurde im Juni 2023 veröffentlicht. Daraus ist zu entnehmen, dass nur 0,4 Prozent des Alpenkonventionsperimeters einem strengen Schutz unterstellt sind. Es handelt sich meist um die Kernzonen der Nationalparks. Für die heutigen Schutzgebiete im Alpenbogen wird festgehalten, dass sie zu klein, zu hoch liegen und nicht ausreichend vernetzt sind. Rechnet man grosszügiger sind 10 Prozent des Alpenbogens Schutzgebiete mit Biodiversitätsbezug.

Betrachten wir die Schweiz (vgl. Tester 2025). Auch dort werden die Schutzgebiets-Ausweisungen bezüglich ihrem Biodiversitätsbezug unterschiedlich bewertet. Gemäss der Europäischen Umweltagentur sind 6,6 Prozent, nach OECD 10 Prozent und laut Bundesamt für Umwelt 13,4 Prozent für den Biodiversitätsschutz ausgewiesen. Der Bund berücksichtigt mit seinen erwähnten 13,4 Prozent auch Flächen in der Landwirtschaft, die über keinen rechtlichen Schutz verfügen. Hinzugezählt werden zudem Jagdbanngebiete, also Ruhegebiete für das Schalenwild mit keinem weiteren Bezug zur Biodiversität.

Die streng geschützten Biotope von nationaler Bedeutung machen in der Schweiz 2,2 Prozent des Staatsgebietes aus, sie sind häufig isoliert, nicht ausreichend miteinander vernetzt und verlieren laufend an ökologischer Qualität (Bundesamt für Umwelt 2024). Drei Viertel der als national prioritär zu schützenden Arten finden sich ausserhalb der nationalen Schutzgebiete. Das sind markante Ungereimtheiten. Zur Vernetzung soll neben einer weiteren Schutzgebietsausweitung der Aufbau einer «ökologischen Infrastruktur» geschehen, um den Erhalt der Biodiversität zu sichern.

Bisherige Instrumente reichen nicht

Wie kommen wir in der Schweiz so jemals zur Ausweisung von 30 Prozent Schutzgebietsfläche, und dies ohne «Greenwashing»? Für das ambitiöse 30x30-Ziel haben wir noch wenig konkrete Vorstellungen, wie wir es jemals erreichen sollen. Es fehlt an Ideen und Konzepten. Und es fehlen Grossschutzgebiete. Für dieses Manko sind mehrere Gründe massgeblich.

Ein Grund liegt darin, dass die Transferzahlungen in den ländlichen Räumen im Vergleich zu anderen Staaten hoch sind. Mittel fliessen also auch ohne Schutzgebiete in den Alpenraum. Hohe Subventionen in der Landwirtschaft verzögern eine allfällige Nutzungsaufgabe. Gleichzeitig bieten die 26 Kantone im Vergleich zum grösseren Alpennachbarn Österreich mit seinen neun Bundesländern weniger Raum für grösserflächige Überlegungen. Ein ausgeprägter Föderalismus und eine starke Gemeindeautonomie mit Abwehrreflex gegen «Bundesbern» tragen ebenso zur geringen Zahl von Grossschutzgebieten bei. Die Schweiz zehrt noch immer von der ersten Nationalpark-Ausweisung im Alpenbogen im Jahr 1914. Es blieb seither beim einzigen Nationalpark im Engadin, während Österreich deren sechs ausweist.

An Bemühungen fehlte es nicht: Die schweizerische Naturschutzorganisation Pro Natura startete im Jahr 2000 die Initiative «Gründen wir einen Nationalpark» und stellte für einen zweiten Park ein Startkapital von einer Million Franken bereit. Die Idee wurde im Tessin mit der Kandidatur «Locarnese» aufgenommen (Abb. 58). Ich nahm Einsitz in die Begleitkommission. Dieses Anliegen wurde trotz intensiver Kommunikation und vielen Vorarbeiten im Jahr 2018 in einer Volksabstimmung in den tangierten Gemeinden abgelehnt. Das gleiche Schicksal traf das Projekt «Adula» 2016 in den Kantonen Graubünden und Tessin.

Im Falle des Locarnese betrug die Planungsphase 15 Jahre, wobei die mit dem Park vertrauten Gemeinderäte aller acht involvierten Gemeinden den Park befürworteten, ebenso der Kanton Tessin. Es war gar eine Ausweitung des Parkes nach Italien vorgesehen, um die Kernzone zu vergrössern. Sechs der acht Gemeinden lehnten das Anliegen dann aber knapp ab.

Warum ein Nein? Die Ungleichheiten zwischen Stadt und Land glätten sich mit der Zeit im Zeichen der Globalisierung. Ungleichheiten können sich aber auch fallweise wieder verstärken. Bei der geplanten Einrichtung neuer Nationalpärke ergab sich ein solcher Graben, wie wir ihn heute auch in der Wolfsdebatte kennen. In ländlichen Kreisen herrscht ein grosses Misstrauen, dass ihre Lebensbedingungen nicht gebührend berücksichtigt werden. Die Menschen sehen ihre Interessen nicht ausreichend gewahrt. Jede Einschränkung von Aktivitäten wird als Beitrag zur Errichtung von «Indianerreservaten» gedeutet, wo die Einheimischen nichts zu sagen haben. Stimmung lässt sich leichter mit einem NEIN machen.

Die Hilfe zur Selbsthilfe kann auch zu spät kommen. Verbliebene Talbewohner in Abwanderungsgebieten wollen in einer gewissen Agonie in Ruhe gelassen werden. Es profitieren zu wenige von solchen Vorhaben. In den konkreten Schweizer Fällen ist auch festzuhalten, dass man der tangierten Bevölkerung gar nichts für die Ausweisung von Kernzonen mit freier Naturentwicklung angeboten hat, zum Beispiel die Möglichkeit, die CO_2-Senken der Wälder abzugelten. Auch nicht verständlich ist, dass man zwar Pachtzinsen im einzigen Nationalpark mit eigener Gesetzgebung bezahlt, für die Kernzone weiterer Nationalpärke aber nichts vorgesehen hatte. Damit schuf man zwei Nationalpark-Kategorien. Mit einem solchen Malus lassen sich Neugründungen von Grossschutzgebieten schlecht verkaufen. Neue Kandidaturen für Nationalpärke gibt es in der Schweiz nicht, was zu neuen Überlegungen führen muss.

Das 2007 in Kraft getretene revidierte Natur- und Heimatschutzgesetz erhielt neu drei Parkkategorien: National-, Naturerlebnispärke und regionale Naturpärke. Damit wurden neue Hoffnungen für mehr Grossschutzgebiete geweckt. Erfolgreich war die Parkkategorie «Regionaler Naturpark». Inzwischen wurden 17 solche Naturpärke ausgewiesen und vom Bund anerkannt. Der Bund nimmt aber auf eine repräsentative räumliche Verteilung keinen Einfluss. Irritierend ist die häufig bei der Gründung zu hörende Aussage, dass nicht mehr Naturschutz betrieben werden müsse als schon vorhanden sei. Stattdessen wird das Marketing für den Tourismus in den Vordergrund gestellt. Auch in den umgebenden Ländern scheint der Hauptzweck solcher Pärke die Förderung einer naturnahen Erholung zu sein. Ein Mehrwert für die biologische Vielfalt wird nicht verlangt.

Inzwischen wurden auch zwei kleinere Naturerlebnispärke bei Zürich und Lausanne eingerichtet. Man kann sie als «Mini-Nationalpärke» vor den Türen der Agglomerationen bezeichnen. Ihre Kernzone wird der freien Entwicklung überlassen, dient also dem Rewil-

Abb. 58: Onsernonetal – das Locarnese im Tessin war ein Kandidat für den zweiten schweizerischen Nationalpark, was durch örtliche Volksabstimmungen verwehrt wurde.

ding. Das sind wertvolle Schutzgebiete für die Biodiversität und für die Kommunikation über biologische Vielfalt. Beide Naturerlebnispärke umfassen Waldgebiete. Viele andere Lebensräume sind aber in Schutzgebieten untervertreten, beispielsweise die Gewässer.

Ganz generell liegen viele der 13 Nationalpärke im Alpenbogen nicht dort, wo die Biodiversität sie braucht, sondern wo ihre Errichtung möglich war. Die bisherigen Kernzonen liegen also meist dort, wo die Nutzungskonflikte am geringsten sind. Das sind im Hochgebirge die vegetationslosen Flächen oberhalb der Waldgrenze, was meist ab etwa 2000 m ü. M. liegt. Sie machen mehr als ein Drittel der geschützten Flächen aus. Defizite zeigen sich bei der Ausweisung von Wäldern, naturnahen Fliessgewässern und Seen. Biogeographisch betrachtet befinden sich grössere Schutzgebiets-Lücken am Ost- und Westalpenrand sowie am Fuss der Südalpen.

Das Nationalparkprojekt Locarnese war diesbezüglich gut durchdacht, weil es Lebensräume von einem insubrischen See auf 200 m ü. M. bis über die Waldgrenze zum Wandfluhhorn auf 2864 m ü. M. einbezogen hätte. Ich trauere diesem Park noch immer hinterher. Die Wiederbelebung des Vorhabens ist beim gegebenen Frust der damals Beteiligten kaum möglich.

Pärke der Zukunft

Mit dem Begriff der Grossschutzgebiete werden Erholungsorte und regionale Wertschöpfung verbunden. Grossschutzgebiete, heute meist als Nationalpärke ausgewiesen, sind die Flaggschiffe des Naturschutzes, aber zugleich auch komplexe sozio-ökonomische und ökologische Gebilde, deren Faktoren einem steten Wandel unterworfen sind.

Drei Begriffe spielen nach neueren Erkenntnissen bei der Errichtung von Schutzgebieten eine wichtige Rolle: Nachhaltigkeit, Good Governance (gute Regierungsführung) mit Einbezug der örtlichen Bevölkerung und Benefit Sharing (gerechte Aufteilung der Vorteile, die sich aus der Nutzung ergeben). Ein ergänzender innovativer Ansatz sind die UNESCO-Biosphärenreservate, die in Österreich Biosphärenpärke oder in der Schweiz einfach Biosphäre heissen, um den Begriff Reservate zu vermeiden. Sie bilden Lernorte. Deren Schutzanteil ist allerdings mit minimal 3 Prozent auszuweisender Kernzone tief, aber dem Nachhaltigkeitsgedanken wird prominent Platz eingeräumt, wobei auch hier «Greenwashing» nicht auszuschliessen ist. Diese Tastversuche sind interessant, und es gilt sie weiterzuentwickeln. Ich meine unsere bisherigen Schutzgebietskategorien sind traditionell zu statisch ausgestaltet.

Betrachten wir die neuere Parkentwicklung so fällt auf, dass diese – ausser die beiden Naturerlebnispärke in der Schweiz – in den peripheren Lagen errichtet wurden. Dies vor allem unter dem Blickwinkel der Regionalwirtschaft und weniger vom Naturschutz geprägt. In der Schweiz ist der einzige bestehende Nationalpark zudem atypisch. Er ist nach den Kategorien der Internationalen Naturschutzunion IUCN gar kein Nationalpark, sondern ein streng geschütztes, der Wissenschaft dienendes Reservat. Er wurde einst mit Impulsen aus städtischen Kreisen in einem ausgeplünderten alpinen Waldgebiet eingerichtet. Eine für Nationalpärke vorgesehene Umgebungszone kam wegen des Widerstandes tangierter Gemeinden nicht zustande. Das weist auf Akzeptanzprobleme hin – trotz hundertjährigem Bestand.

Dabei wird die regionale Wertschöpfung durch den Engadiner Nationalpark auf rund 20 Millionen Franken geschätzt, was 240 Vollzeitstellen entspricht. Diese regionale Wertschöpfung ist also nicht zu unterschätzen. Hinzu kommen die Erfahrungen mit den zwei in Volksabstimmungen verworfenen Nationalpark-Kandidaturen. Welche Lehren für künftige Grossschutzgebiete können aus all dem abgeleitet werden?

Einbettung in regionalwirtschaftliche Betrachtungen

Der Planungsperimeter sollte bei künftigen Betrachtungen nicht zu eng gefasst werden, um allfällige regionalwirtschaftliche Betrachtungen ausserhalb der Kernzone und damit auch ausserhalb des Parkes zu berücksichtigen. Zu regionalen Entwicklungskonzepten gehören eigenständige Handlungsansätze mit vielschichtigen Differenzierungen zur Verbesserung der Lebensbedingungen für Menschen mit dem Ziel der Belebung dörflicher Strukturen. Es sollen dies Orte für Experimente mit Einbezug gemeinschaftlicher, kultureller, gesellschaftlicher Dimension sein. Regionale Identität und die Attraktivität der Parkgebiete mit ihren naturrelevanten Entwicklungen sollten zusammen förderlich wirken. Eine Synergie von Naturwerten und Regionalentwicklung ist also wünschbar. Erst wenn wir Angebote für Entwicklung unterbreiten können, akzeptiert die Bevölkerung auch Restriktionen.

Der intensive Dialog mit der einheimischen Bevölkerung ist unabdingbar. Die lokalen Exponentinnen und Exponenten stellen bei Parkideen zwar die Vorteile einer ökonomischen Regionalentwicklung in den Vordergrund. Die bisherig vorgesehenen Abgeltungen sind aber eher rudimentär, wenn überhaupt existent. Die lokalen Kreise betrachten die lokalen Natur- und Landschaftswerte als Selbstverständlichkeit, die weit Hergereisten sehen eher die Naturwerte.

Der reine Bottom-up-Prozess aufgrund der schweizerischen Erfahrungen ist zu hinterfragen. Neben einer Nationalpark-Diskussion sind auch weitere Schutzinstrumente in der Raumplanung in Betracht zu ziehen. Dazu gehören im Alpenbogen die «Ruhegebiete» wie sie im Kanton Glarus (Meier 2019) oder im österreichischen Tirol eingesetzt wurden. Eine ähnliche Stossrichtung verfolgt der seit 1972 eingeführte «Alpenplan» in Bayern mit drei Zonen. Die Idee der Ausweisung von «weissen Zonen» in Vorarlberg, das sind Gebiete mit keinen oder sehr wenigen Erschliessungen, sind als ergänzende raumplanerische Überlegungen ebenfalls wertvoll.

Vom Malus zu Bonus

Ein Nationalpark besitzt verschiedene Zonen. Die Kernzone sollte nach IUCN-Vorgabe drei Viertel der Parkfläche umfassen und die Umgebungszonen dürfen dem Schutzgegenstand nicht widersprechen. Sie dienen häufig dem Kulturlandschaftsschutz. In künftigen Pärken sollte die Kernzone dort liegen, wo die Hotspots der Biodiversität liegen. In vielen Fällen ist ein Rewilding angesagt (siehe auch Kap. 2.6). Ähnlich wie bei der Autoversicherung nach einem Unfall wird eine Kernzone als ein Malus mit zahlreichen Nutzungsverboten empfunden. Für Parkgründungen braucht es daher einen Bonus, um die örtliche Akzeptanz zu erreichen. Der Nutzungsverzicht in der Kernzone muss abgegolten werden.

Wir kennen diesen Bonus in der Schweiz mit dem «Wasserzins» bei der Wasserkraftnutzung. In der schweizerischen Gesetzgebung des Natur- und Heimatschutzes ist ein Bonus für die Kernzone in weiteren Nationalparken allerdings nicht vorgesehen. Das ist zu korrigieren. Auch der bereits erwähnte alleinige Bottom-up-Ansatz für die Errichtung von Nationalpärken ist nicht zielführend. Selbstverständlich ist ein Mitspracherecht der Einheimischen hoch zu bewerten. In starken Abwanderungsgebieten ist es aber nicht angemessen, dass wenige verbliebene Stimmbürgerinnen und Stimmbürgers allein über ein nationales Projekt entscheiden können. Der nationale Aspekt muss seine Berücksichtigung bei der Mitbestimmung finden.

Im Alpenbogen gibt es noch wertvolle und kaum berührte Flächen (Abb. 59, 60). So wird etwa das Wildnispotenzial in der Schweiz mit 17 Prozent der Landesfläche bezeichnet (Moos *et al.* 2019). Die Bedeutung von Wildnis für die Erhaltung der biologischen

Abb. 59: Wilde Naturlandschaft im Sarganserland – heute UNESCO-Welterbe Tektonik Arena Sardona.

Abb. 60: Eine der schönsten Revitalisierungsprojekte am Inn bei Celerina wäre als Naturerlebnispark von nationaler Bedeutung in diesem Tourismus-Hotspot geeignet.

Vielfalt wird spät wahrgenommen. Es fehlt noch an Kommunikation über die Bedeutung von Wildnis und Rewilding. Auch für auszuweisende Wildnisgebiete sind entsprechende Abgeltungen vorzusehen.

Neue Schutzgüter

Neue Schutzgüter können zur Weiterentwicklung bisheriger Schutzformen führen. Dazu gehören die Ressource Wasser (Wasserschloss Alpen) und Massnahmen gegen die zunehmende Lärm- und Lichtbelastung, also der Schutz von Stille und Dunkelheit. Unsere Landschaften sind grossflächig ausgeleuchtet, der Sternenhimmel ist meist eine blasse Kopie. Man spricht dann von Lichtverschmutzung. Es gibt kaum nachtdunkle Wälder mehr (Kienast 2019). Lichtschutzgebiete wären eine Antwort darauf. Das Deutsche Biosphärenreservat «Rhön» oder der Regionale Naturpark «Gantrisch» bei Bern haben sich der Thematik angenommen und werden als «Sternenpärke» bezeichnet.

Ähnliches gilt für die Stille. Die Welt ist laut, mit Strassenlärm und ratternden Zügen. Lärm gilt als gesundheitsschädlich. Ich entsinne mich diesbezüglich eines eigenen Erlebnisses. Zu Beginn der 1970er-Jahre erforschte ich den Naturraum des Unteren Saminatales in Liechtenstein. Es gibt dort eine kleine Jagdhütte hinter dem Massiv der Drei Schwestern. Mit meinem Freund und Grafiker Louis Jäger verbrachte ich dort einige Tage abseits der Zivilisation. Doch irgend etwas war anders, irgendwie fremd. Ich wusste lange nicht, was diesen Eindruck vermittelte. Spät viel es mir wie Schuppen von den Augen: Es gab keinen zivilisatorischen Lärm, nur das Rauschen des Baches und Vogelgezwitscher.

Die Grossschutzgebiete sollten sich solcher Themen annehmen. Weitere mögliche thematische Schutzgebiete sind Geopärke oder Ramsar-Objekte für den Schutz ziehender Arten.

«Wir»-Pärke

Gibt es weitere kraftvolle Instrumente zur Aktivierung und Unterstützung von Pärken in ökonomisch peripheren Wirtschaftsräumen? Das wären ja zugleich Räume, wo die Zukunft im Sinn von Pilotprojekten gedacht werden kann. Es braucht neue Ideen. Ein möglicher Pfad führt vorerst weg von der «hohen Politik» mit ihren meist bürokratischen Rahmenbedingungen auf eine konkrete Projektebene. Einfach etwas versuchen, der Weg ist das Ziel, einfach etwas beginnen mit offenem Ende, egal wie das Ding später einmal heissen könnte. Man finde eine entsprechende Talschaft, eine Talgemeinschaft und beginne mit ersten Ideen und dem Dialog mit der Bevölkerung, auf dass etwas Neues entstehen und erblühen kann.

Beispiele gibt es bereits, so im Landschaftspark Logarska dolina im Logartal, inmitten der Steiner Alpen im Norden Sloweniens (Abb. 61). Die Bevölkerung hat mit einer gemeinnützigen Gesellschaft die Entwicklungsziele selbst in die Hand genommen. Erst später erfolgte eine Einstufung in bestehende Pärkekategorien. Alle erzielten Mittel fliessen in eine nachhaltige Regionalentwicklung und den Naturschutz.

Wildnis und Innovationsgebiete

Nochmals zurück an den Anfang. Auf der Montrealer Biodiversitätskonferenz im Dezember 2022 wurde das 30x30-Ziel für Schutzgebiete festgeschrieben. Dafür fehlen allerdings gemeinsame Standards, eine Verbindlichkeit und die Möglichkeit von Sanktionen bei Nichterfüllung. Es ist absehbar, dass dieses ambitiöse Ziel wie auch die früheren Ziele

Abb. 61: Ein «Wir-Park», errichtet von der örtlichen Bevölkerung in Logarska dolina in Slowenien.

nicht erreicht wird. Die Gefahr für «Greenwashing» ist gross. Es wäre ein grosser Gewinn, wenn 10 Prozent mit einem strengen Schutz und 20 Prozent mit einer förderlichen Behandlung der Biodiversität erreicht werden könnten. Insbesondere der «Zehnte» für die Natur, im historischen Sinn des Wortes, wäre ein wichtiges Zwischenziel (die Bundesrepublik Deutschland versucht es in ihrer Biodiversitätsstrategie mit nur 2 % und verharrt derzeit bei dürftigen 0,6 %). Neue Forschungsergebnisse widersprechen der These, dass lieber kleine, fragmentierte Gebiete geschützt werden sollen, anstatt ein Grosses. Damit wird die Bedeutung grossflächiger, miteinander verbundener Lebensräume unterstrichen (Gonçalves 2025).

Die restlichen 70 Prozent der Landesfläche dürfen dabei nicht vergessen gehen; auch dort braucht es Anreize und Vorgaben für eine biodiversitätsfreundliche Bewirtschaftung, was man gerne als nachhaltig bezeichnet. Und zwar als Querschnittsaufgabe über alle Politikbereiche. Dafür müssen Gesetze biodiversitätsfreundlicher ausgestattet sein, biodiversitätsschädliche Subventionen abgebaut werden.

Es wäre sinnvoll, die Gesamtheit der Schutzgebiete als Kollektiv zu betrachten und als grosse vernetzte Kulturleistung synergetisch wirken zu lassen. Ich wünschte mir eine Kompensationsbemühung der Nationen als Ganzes gegen Ausbeutung und Zerstörung der Naturräume. Also eine Art von Wiedergutmachung für die Eingriffe, die unser luxuriöses Leben erst möglich machten, aber die Natur tief verletzten. Es sollte auch ein Versuch sein, der Natur wieder mehr Spielraum zu lassen. Der Eigenwert in der Biosphäre ist anzuerkennen. Es soll auch ein ästhetischer Genuss sein an der Formenvielfalt der Natur mit Blumen, Tieren, Wasser, Steinen, Stille und Sternen teilzunehmen, der menschlichen Seele oder Psyche Ausgleich zu ermöglichen. Das ermöglicht allenfalls ganzheitliche, ökologische Zusammenhänge intuitiv zu erkennen.

Publikationen von Mario Broggi zum Thema Grossschutzgebiete
Publikationsliste siehe Anhang (Stand Juli 2025)
Aktualisierte Publikationsliste: *www.mariobroggi.li/pub/schutzgebiete*

2.8 Biodiversität stärker ins Rampenlicht rücken

> «Man schützt nur, was man kennt, man liebt nur, was man kennt.»
>
> Albert Einstein

Die Ablehnung der schweizerischen Biodiversitätsinitiative «Für die Zukunft unserer Natur und Landschaft» mit fast zwei Drittel Nein-Stimmen am 22. September 2024 traf mich bis ins Mark. Die Initiative wurde als extrem und wirkungslos bezeichnet. Skepsis herrschte auch darüber, ob es mehr Geld und Raum für die Natur braucht. Man tue doch schon einiges und verwies auf die Wiederansiedlung des Bartgeiers und des Steinbocks.

Eine wichtige Rolle spielte die Behauptung, man wolle der Landwirtschaft 30 Prozent ihres Kulturlandes wegnehmen – was der Initiativtext aber gar nicht hergab. Nach Meinung des Schweizer Bauernverbandspräsidenten fliegen zudem noch immer Schmetterlinge herum. Ein vom Bauernverband in Auftrag gegebenes Thesenpapier kam sogar zum Schluss, dass die Biodiversitätskrise herbeigeredet werde. Man sei auf dem Weg der Besserung, man tue schon viel. Ich habe einen Grossteil meines Lebens damit verbracht, Biodiversität zu untersuchen, und muss einem solch unwissenschaftlichen Befund entschieden widersprechen.

Das Thesenpapier, verfasst von einem einzigen Biologen, fand grosse mediale Beachtung. Weniger Beachtung fand eine vehemente Entgegnung von 400 wissenschaftlich tätigen Ökologinnen und Ökologen. In der renommierten Neuen Zürcher Zeitung hat man die Aussagen von drei Biodiversitätsforschern im Titel und Lead eines Artikels so gedreht, wie es nicht ihren Aussagen entsprach, d. h. sie gaben vermeintlich dem Bauernverband Recht. Ist eine solche Manipulation journalistische Freiheit? Das kann wohl einer journalistischen Sorgfaltspflicht nicht entsprechen. Ich habe mein jahrzehntelang gehaltenes NZZ-Abonnement gekündigt.

Bäuerliche Kreise argumentierten mit Slogans wie «Tschüss Schweizer Lebensmittelproduktion». Nahrungsmittel wurden in einer Plakatschlacht gegen biologische Vielfalt ausgespielt, und dies orchestriert vom obersten Verbandslandwirt, noch dazu einem Biobauern. Das war der Moment einer gewissen Sprachlosigkeit für mich als Naturwissenschaftler. Was passiert hier? Es stellen sich dabei aber auch Fragen an uns selbst: Wie ist ein solches vernichtendes Abstimmungsergebnis möglich? Was läuft schief? Und was muss jetzt getan werden?

Grosse historische Verluste

In meinen mehr als 50 Berufsjahren habe ich viele Veränderungen in der Landschaft gesehen. Meist waren es unerfreuliche Entwicklungen. Dabei darf nicht vergessen gehen, dass ein erster massiver Verlust an biologischer Vielfalt bereits viel früher stattgefunden hatte. Mitte des 19. Jahrhunderts wurde damit begonnen, die Flüsse zu verbauen und zu begradigen, um Landwirtschaftsland und Siedlungsraum zu gewinnen (Abb. 62). Die flankierenden Auen gehören zu den artenreichsten Lebensgemeinschaften auf unserem Planeten. Es sind die «Regenwälder» unserer Breiten. Etwa zwei Drittel aller Lebensgemeinschaften Mitteleuropas kommen in Auen vor. Seit 1850 haben wir 90 Prozent dieser Feuchtgebietsflächen verloren. Dies kommt einer vollständigen Zerstörung recht nahe, wird in ihrer Tragweite in den Naturschutzdiskussionen aber wenig zur Kenntnis genommen.

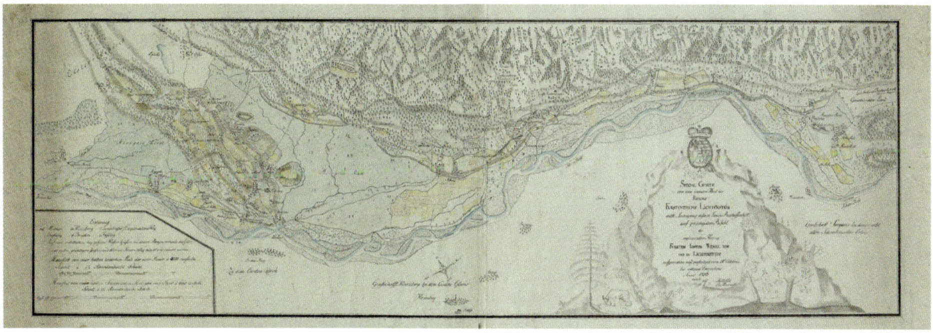

Abb. 62: Die Koleffelkarte des 18. Jahrhundert zeigt die früheren Naturwerte. In der liechtensteinischen Talebene sind 97 Prozent der Feuchtgebiete verloren gegangen. Bildquelle: Liechtensteinisches Landesmuseum

Es folgte die Anbauschlacht während des Zweiten Weltkrieges, der viele Auen zum Opfer fielen. Die Folgen der zweiten Anbauschlacht in der Landwirtschaft der 1960er- und 1970er-Jahre mit massivem Einsatz von Dünger und Pestiziden habe ich selbst miterlebt. Ich sah, wie die bunten Farbtupfer in den Wiesen langsam verschwanden und sich ein dunkles Einheitsgrün breitmachte. Ich weiss genau, wo einst noch zahlreiche Tier- und Pflanzenarten in ihren natürlichen Lebensräumen anzutreffen waren – und wo sie heute verschwunden sind. Solche Veränderungen sind schwarz auf weiss dokumentiert: in den Roten Listen der gefährdeten und seltenen Tier- und Pflanzenarten, in denen diese akribisch nach Gefährdungskategorien eingestuft sind. An einer schweizerischen und an drei liechtensteinischen Roten Listen habe ich selbst mitgearbeitet.

Fakten alleine reichen nicht

Wir Ökologen vermitteln naturwissenschaftliche Erkenntnisse – meist mit Zahlen gespickt. Wir versuchen dies faktenorientiert und möglichst emotionslos zu transportieren. Das Bedürfnis, eine Verbindung mit anderen Lebensformen einzugehen, die Biophilie, betonen wir eher verschämt. Sie wird in einer monetären Welt teils lächerlich gemacht. Ich entsinne mich noch der Debatte rund um die geplanten Rheinkraftwerke, wo man das dortige Vorkommen der Flussregenpfeifer, einer gefährdeten Vogelart der Kiesbänke, gegen die Kilowattstunden ausspielte. Wegen einem «Piepmatz», also einem kleinen Vögelchen, sollte die nötige Energiebeschaffung behindert werden, meinten die Kraftwerksbefürworter. Das Projekt scheiterte schliesslich nicht an dieser Vogelart, sondern an einer Kosten-Nutzen-Abwägung . Und was tut die Wissenschaft? Sie schreibt weiter an den Verlustbilanzen in Form der Roten Listen der gefährdeten Arten (Abb. 63).

Bereits 1987 hat Pro Natura in ihrem Buch «Schmetterlinge und ihre Lebensräume» aufgezeigt, dass heute verglichen mit der Zeit nach dem Zweiten Weltkrieg nur noch wenige Prozente an Tagfaltern fliegen (Schweizerischer Bund für Naturschutz 1987). Das war eine deutliche Bankrotterklärung – aber ohne grösseres Echo. Mehr Aufmerksamkeit erhielt der Film von Markus Imhoof «More than honey» aus dem Jahr 2012. Darin war zu sehen, wie chinesische Landwirte ihre Obstbäume mangels Bienen selbst bestäuben müssen. Berechnungen zeigten, dass es 500 Milliarden Dollar pro Jahr kosten würde, wenn alleine die Kakaoplantagen der Welt in Zukunft von Hand bestäubt werden müssten. Der «Living Planet Report 2024» kommt zum Schluss, dass die durchschnittliche Grösse der Tierpopulationen zwischen 1970 und 2020 um 73 Prozent zurückgegangen

Abb. 63: Wir Ökologen veröffentlichen mit Zahlen und Fakten gespickte Erkenntnisse, aber ohne grösseres Echo.

Abb. 64: Naturwissenschaftler sind wohl nicht die besten Kommunikatoren.

ist (WWF 2024). Zahlen, Zahlen, Zahlen. Mit diesen Zahlen stumpfen wir die Menschen ab. Es ist zwar offensichtlich: Wir zerstören, was uns am Leben erhält. Doch obwohl wir vor ökologischen Kipppunkten warnen, gelingt es uns mit inflatorischen wissensbasierten Berichten nicht, bei der Politik und der breiten Bevölkerung drastische Handlungen auszulösen. Wir haben offensichtlich ein Kommunikationsproblem (Abb. 64). Oder ist der spürbare Leidensdruck noch zu gering?

Natur bereitet Freude

Aus wissenschaftlicher Sicht ist unbestritten: Wir brauchen mehr hochwertige Lebensräume wie Feuchtgebiete und Trockenwiesen – und diese müssen besser miteinander vernetzt sein. Der Handlungsbedarf ist gross und dringend. Ich sehe jedoch, dass auch noch so viele Zahlen uns nicht wirklich weiterbringen.

Darum verlasse ich hier die naturkundliche Ebene. Biodiversität ist ein abstrakter Begriff, und ihr Verlust findet für die meisten Leute leise, im Verborgenen und auch geruchlos statt. Das macht es schwer, die Menschen für das Thema zu gewinnen. Die erwähnte Volkabstimmung macht es deutlich, dass wir den Austausch mit der Bevölkerung weiter ausbauen müssen. Es braucht einen erweiterten Dialog zwischen Wissenschaft und Politik, Landnutzern und der breiten Bevölkerung.

Die Biodiversität, etwas weniger abstrakt die biologische Vielfalt, muss berühren. Diese Emotionalität hat zu wenig Eingang in die Wissenschaft gefunden. Forschende informieren seit Jahrzehnten «knochentrocken» über Zustand und Entwicklung der Biodiversität.

Abb. 65: «Heimetli» im Toggenburg – Landschaft mit Anwesen, Lindenbaum und Säntis im Hintergrund berührt.

Abb. 66: Die Suche nach neuen Wegen in der Kommunikation in der «Supergut-Kampagne» in Liechtenstein.

Doch Menschen sind eher bereit zu schützen, was sie kennen, was sie verzaubert, was sie lieben. Dieses Prinzip wird im Naturschutz noch viel zu wenig beachtet. Emotionen können motivieren, sie können zum Handeln einladen. Die Botschaft lautet: Natur tut uns gut, bereitet Freude. Die Menschen müssen Natur wieder in ihrem Herzen tragen – und aus diesem Herzen heraus handeln (Abb. 65).

Neue Wege der Kommunikation

Alleine können die Naturschutzverantwortlichen diese Vision nicht umsetzen. Es braucht echtes Marketing. Das heisst: von denen lernen, die ihre Produkte sehr viel besser vermarkten als der Naturschutz.

In Industriekreisen berichtete ich von den Kommunikationsproblemen mit der Biodiversität und fand offene Ohren bei der Hilti-Familienstiftung in Schaan (Fürstentum Liechtenstein). Die Firma Hilti AG ist in der Befestigungstechnik tätig und hat weltweit über 30000 Angestellte. Sie muss am Markt erfolgreich sein. Die Hilti-Family Foundation Liechtenstein war bereit, der Biodiversität im Rahmen einer Kampagne im Fürstentum Liechtenstein eine Stimme zu geben. Ein Fachgremium begleitet die Aktivitäten. Die 2023 gestartete Initiative nennt sich «Supergut.li – Biologische Vielfalt sorgt für uns, sorgen wir für sie». Auf Plakaten, Inseraten, in Kurzvideos, auf Social-Media-Kanälen und auf einer Webseite wird der Artenschwund, Neophyten oder Bodenversiegelung einfach und nutzerorientiert erklärt. Auch Influencerinnen und Influencer wirken mit. Ziel ist es, die Bevölkerung zu sensibilisieren, das Thema positiv zu besetzen, weniger mit Schuldgefühlen zu arbeiten und die Menschen schliesslich zum Handeln anzuregen (Abb. 66).

Liechtenstein ist klein und überschaubar und wie schon einmal erwähnt als Modell geeignet. Es bleibt zu hoffen, dass andere Länder die Kampagne nachahmen. Das Thema wurde ganz anders angepackt als bisher. Die Aussagen sind überraschend frisch. Sogar für die Wissenschaft hat sich eine neue Welt geöffnet. In einem «Escape Room» in Schaan hat man das Thema auch für Schulen aufbereitet. 2025 wurden die Aktivitäten in alle Gemeinden getragen. Das Leuchtturmprojekt gibt uns neue Hoffnung – Hoffnung darauf, dass wir den Umgang mit unserer Natur überdenken und die drängenden Herausforderungen endlich mit frischem Mut und wirksameren Ansätzen angehen. Es zeigt, dass Veränderung möglich ist, wenn Vision, Emotion, Wissen und Engagement zusammenkommen. Und genau das brauchen wir jetzt mehr denn je.

Publikationen von Mario Broggi zum Thema Biodiversität
Publikationsliste siehe Anhang (Stand Juli 2025)
Aktualisierte Publikationsliste: *www.mariobroggi.li/pub/biodiversitaet*

2.9 Die Umweltmustergemeinde Mäder (Vorarlberg)

Manchmal hilft im Natur- und Landschaftsschutz ein Top-down-Ansatz: In Vorarlberg löste beispielsweise das Landschaftsschutzgesetz aus dem Jahr 1973 wichtige Entwicklungen aus. Die neu eingerichtete Landesstelle für Natur- und Landschaftsschutz fragte mittels Umfrage bei den Gemeinden nach, wo frühere Schäden an der Umwelt saniert werden müssten. Die Gemeinde Mäder meldete die Abholzung der ehemaligen Rheinauen und die dadurch erhöhte Anfälligkeit für Stürme als Landschaftsschaden an. In den 1950er-Jahren wurde dort ein 20 Hektaren grosser Galeriewald gerodet. Es kam in der Folge zu Gebäudeschäden durch starke Winde – zu spät wurde der Wert der einstigen Gehölze erkannt (Abb. 67). Neben dem Windschutz stand auch eine Verschönerung des Landschaftsbildes durch Baum und Strauch zur Diskussion.

Die zuständige Landesstelle war bereit, die Gemeinde bei der Behebung des Schadens zu unterstützen, verlangte aber eine Gesamtplanung. Solche ganzheitlichen Überlegungen gab es bereits als Planungskonzept im Fürstentum Liechtenstein (siehe Kap. 2.5). Davon hatte die Vorarlberger Verwaltung Wind bekommen, und im Jahre 1973 erhielt ich die entsprechende Anfrage von den Gemeinden Mäder und Altach, Rahmenpläne für Flurgehölze zu erstellen.

Abb. 67: Ein durch Sturm abgedecktes Wohnhaus in Mäder in den 1960er-Jahren. Foto: Archiv Gemeinde Mäder

Ein Flurgehölz-Rahmenplan für Mäder

Die Gemeinde Mäder ist nur 3,39 km^2 gross und liegt am Alpenrhein auf 414 m ü. M. Immer wieder mussten die Bewohnerinnen und Bewohner in den vergangenen Jahrhunderten Fluten abwehren. Lebten hier in den 1970er-Jahren knapp 2000 Einwohner, so sind es heute über 4000. Mäder ist die siebtkleinste Gemeinde des Bundeslandes Vorarlberg, hat aber die grösste Einwohnerdichte. In der Zeit der Flurgehölz-Rahmenplanung hiess der Bürgermeister Albert Giesinger (Abb. 68), und sein Gemeindesekretär war Adolf Vallaster. Mit ihnen beiden und später den nachfolgenden Bürgermeistern Hildebert Ender und Rainer Siegele entwickelten sich stete und enge grünplanerische Kontakte. Dem langjährigen Gemeindesekretär war die Begrünung der Talebene ein grosses Anliegen, welches er persönlich intensiv betreute.

Abb. 68: Der Start der Flurgehölzplanung erfolgte unter Albert Giesinger, Bürgermeister 1950–1978.

Abb. 69: Hinweisschild Volksmarsch für 10 Jahre Flurgehölze Mäder.

Im Frühling 1974 besuchten die Mäderer Gemeindevertreter und weitere Interessierte die bestehenden Umsetzungen in Liechtenstein, worauf ich den Auftrag für das Planungswerk erhielt. Das war die Geburtsstunde des ersten Flurgehölz-Rahmenplanes in Vorarlberg. Mäder präsentierte sich damals als weitgehend baumlose Ebene. Flankiert von der südlichen Erhebung des Inselbergs Kumma bildete sich ein Windkanal mit Düsenwirkung entlang des Alpenrheins. Der erstellte Plan sah einen Pflanzenbedarf von 80000 bis 90000 Gehölzen vor. Bei einem jährlichen Kostenaufwand von rund 60000 Schilling sollten diese vorgeschlagenen Pflanzungen innert zehn Jahren realisiert werden.

Der Landbedarf betrug rund 2 Prozent der Bodenoberfläche. Ziel war es, ein parkartiges Bild zu schaffen, ohne der Landwirtschaft und der Weiterentwicklung der Gemeinde hinderlich zu sein. Neben der Berücksichtigung von Querriegeln (West-Ost) galt es, den Koblacher Kanal und den Brilgraben zu bepflanzen. Dagegen opponierten die damaligen Wasserbaubehörden, die keine Gehölze an Fliessgewässern dulden wollten. Sie sahen darin eine Behinderung des Wasserabflusses. Durch die Beschattung der Wasserflächen war aber das Gegenteil der Fall, weil der Wasserpflanzenwuchs eingedämmt wurde. Dank der Zuständigkeit der Gemeinden waren die vorgeschlagenen Pflanzungen trotz Widerstand der Behörden möglich. In Exkursionen in Liechtenstein konnte gezeigt werden, wie die Unterhaltskosten weniger ins Gewicht fallen.

Im Rahmen der Flurgehölzplanung fand auch die biologische Vielfalt Beachtung. So hat man beispielsweise einen Baggersee im Nordwesten der Gemeinde renaturiert, er wurde 1976 zum ersten Vorarlberger Landschaftsschutzgebiet erklärt. Die damals geplanten Pflanzungen sind heute weitgehend realisiert. Allein zwischen 1974 und 1984 konnten 60000 Bäume und Sträucher auf 14500 Laufmetern gesetzt werden.

Hinter dieser Erfolgsbilanz steckt zähe Kleinarbeit und der stete Wille der Gemeindeverwaltung das Grünkonzept zu verwirklichen. Mäder wurde so in Vorarlberg zum Synonym für erfolgreiche grünplanerische Tätigkeiten. Nach zehn Jahren Flurgehölze-Aktivitäten wanderten am 26.Oktober 1984 rund 250 Teilnehmende trotz schlechtem Wetter auf dem neu eingerichteten Flurgehölz-Lehrpfad, um dieses Jubiläum zu feiern (Abb. 69). Man fühlt sich heute in dieser Gegend im wahrsten Sinne des Wortes wieder «be-hag-lich». Bei der Fahrt vom Grenzübergang Kriessern (SG) nach Mäder fällt der parkartige Aspekt wohltuend auf.

Ein nachfolgender Grünordnungsplan

Der Titel mag irreführend sein, weil gerade übertriebener Ordnungssinn ein Feind des naturnahen Grüns ist. Mit diesem neuen Planungsinstrument erfolgte eine wirkungsvolle Durchgrünung des Siedlungsraumes. Es war die Absicht, den Bewohnerinnen und Bewohnern einen gesunden und lebenswerten Lebensraum mit viel Natur zu bieten. Das Planungsinstrument richtete sich an Behörden, Architekten, Strassenplanerinnen, Wasserbauer, aber auch an Hausbauerinnen und Konsumenten des Wohn- und Erholungsraumes. Eine Verstärkung der Lebensqualität mit Nutzung des Fahrrades stand im Fokus dieser Planung.

Herzstück des Grünordnungsplans ist die Grün- und Erholungsanlage Brühl (Abb. 70). Weitsichtig inmitten der Siedlung platzierte man diese «grüne Lunge». Eine Oppositionspartei bezeichnete dies damals als Fehlinvestition, wörtlich mit der Bezeichnung als «Millionenloch». Neben der parkartigen Gestaltung gab es Kinderspielplätze und Sportmöglichen für Jugendliche mit einem Mehrzweck-Hartplatz. Gleichzeitig sicherte man eines

Abb. 70: Orientierungstafel während der Bauphase für die Grün- und Erholungsanlage Brühl.

Abb. 71: Hochstämmige Obstbäume prägten den Siedlungsraum von Mäder.

der letzten Vorkommen der Sibirischen Schwertlilie ganz in der Nähe der Erholungsanlage: Die Gemeinde erwarb die als Bauland ausgewiesene Parzelle und sicherte sie als Streueland mit Erhalt der Sibirischen Schwertlilie.

Der Grünordnungsplan berücksichtigte auch ein Fuss- und Radwegnetz und schlug verkehrsberuhigende Massnahmen vor. Er bezeichnete die kulturellen Werte und die Naturdenkmäler. Parallel dazu wurde eine aktive Bodenpolitik betrieben, was den ortsgestalterischen Anliegen zugutekam.

Die hochstämmigen Obsthaine, die sogenannten Bongert, sind eines der prägenden Grünelemente innerhalb des Siedlungsraumes (Abb. 71). Mäder ist traditionell mit den Produkten Most und Obstler verbunden. Baumpatenschaften halfen dabei, die Obsthaine weiterzuentwickeln (Abb. 72). Vorteilhaft für Mäder war auch, dass die ehemaligen, jetzt ausgetrockneten Entwässerungsgräben im Siedlungsbiet teils ausparzelliert erhalten geblieben sind und heute der Durchgrünung dienen können.

Wichtig sind auch naturnahe Umgebungsgestaltungen der Wohnhäuser (Abb. 73). Die Gemeinde stellte eine unentgeltliche Beratung hierfür zur Verfügung. Anstelle aufwändiger Bepflanzungspläne für Einzelobjekte wurden jeweils in Form von Sprechstunden die wichtigsten Grünfragen diskutiert und die Lösungen direkt vor Ort in Skizzen aufgezeichnet. Das minimierte den Aufwand beträchtlich.

Abb. 72: Baumpatenschaften für hochstämmige Obstbäume.

Abb. 73: Das Gemeindeamt mit seinen «grünen Wänden».

Weitere Umweltaktivitäten

Die Gemeinde Mäder galt als eine der meistverschuldeten österreichischen Gemeinden, weil sie eine aktive Bodenpolitik betrieben hatte. Wo sich Möglichkeiten des Bodenerwerbes ergaben, griff die Gemeinde zu. Das erleichterte später raumplanerische Massnahmen beträchtlich. Schulden sind eben nicht einfach nur Schulden.

1992 wurde im Gemeinde-Entwicklungsplan festgelegt, dass Mäder eine «Umwelt-Mustergemeinde» werden soll. Der langjährige Bürgermeisters Rainer Siegele förderte Energiesparmassnahmen in der Gemeinde, sei dies mit dem Beitritt zum «Klimabündnis» oder zu den «e5Gemeinden» für das Energiesparen. Die Gemeinde ist auch Teil des Netzwerkes der Alpengemeinden, der «Allianz in den Alpen», die vom Mäderer Bürgermeister in den Jahren 1999–2012 präsidiert wurde. Die im Jahre 1998 eingeweihte ÖKO-Hauptschule rundet das Ganze ab. Für ihre Solarausstattung wurde eine Genossenschaft gegründet, die jährlich ein Sommerfest durchführt. Mäder erhielt einige Auszeichnungen, so den European Energy Award und viele mehr.

Grüner Fortschritt und bleibender Eindruck

Die Umfahrungsstrasse von Mäder ist eine wichtige Verbindung zwischen den beiden Autobahnen im Alpenrheintal. Deren Benutzung erinnert mich bei jeder Fahrt an die Begrünungsaktionen in Mäder. Die Bäume sind heute gross, die Flurgehölze reich entwickelt, dies auch als Hinweis, dass man älter geworden ist. Anlässlich einer Kutschenfahrt am 31. Juli 2018 durch die Gemeinde durften wir mit dem Bürgermeister und dem ehe-

Abb. 74: Die rekultivierte Sandgrube 1982.

maligen Gemeindesekretär die Grünausstattung bewundern, die renaturierte Sandgrube (Abb. 74) und die Erholungsanlage Brühl besichtigen. Das heutige Erscheinungsbild erfreut, und Mäder bleibt in guter Erinnerung. Hier konnte im Kleinen viel Positives in guter vertrauensvoller Kooperation bewirkt werden.

Publikationen von Mario Broggi zum Thema Mäder
Publikationsliste siehe Anhang (Stand Juli 2025)
Aktualisierte Publikationsliste: *www.mariobroggi.li/pub/maeder*

3 Wasser als Lebensgrundlage für Mensch und Natur

3.1 Wasser – Quelle des Lebens

Wasser fesselt auf geheimnisvolle Weise, ist ein Faszinosum. Eine Quelle oder ein Wasserfall ist ein landschaftlicher Höhepunkt. Wasser scheint unerschöpflich, frei verfügbar und in unseren Breiten im Überfluss vorhanden. Ich ging in meiner Jugend zum naturnahen Dorfbach in Allschwil (BL), um dort Forellen von Hand in ihren Uferunterständen zu fangen, um sie umgehend wieder freizulassen. Man konnte mit ihnen eine Beziehung aufbauen.

Über ein Drittel der Regenmenge fliesst über Bäche und Flüsse dem Meer zu; ein Achtel versickert ins Grundwasser, die Hälfte verdunstet. Durch Jahrtausende bahnten sich die Fliessgewässer ihren Lauf selbst durch die Landschaft. Das fein verästelte Netz aus Bächen und Flüssen im Wasserschloss Schweiz wurde aber seit dem 19. Jahrhundert stark degradiert (Abb. 75). Die Hochwasser wurden mit Hilfe hoher Dämme eingeschränkt, das Hinterland entwässert, um Kulturland zu gewinnen. Die Fliessgewässer

Abb. 75: Die Trilogie eines Fliessgewässers: Von Naturnähe über Kanalisierung zur Verrohrung (Schams, Val Schons, GR).

Abb. 76: Der Alpenrhein im Bereich St. Gallen-Liechtenstein ist durchgängig in einem Wuhr von mehr als zehn Meter Höhe eingedämmt.

Abb. 77: Der Alpenrhein als «Wasser-Autobahn» in einer Zwangsjacke.

wurden kanalisiert und kleinere Bäche verrohrt, um den Ansprüchen der intensiven Landwirtschaft gerecht zu werden. Im Siedlungsgebiet wurden die meisten Bäche eingedolt, die früheren Dorfbäche, an denen einst Mühlen standen, sind weitgehend verschwunden. Vorbildlich werden sie beispielsweise in der Stadt Zürich wieder ans Tageslicht geholt.

Der «harte» Wasserbau der letzten zwei Jahrhunderte hinterliess kanalartige Strukturen, häufig mit durchgehendem Trapezprofil, befestigter Sohle und Uferschutz aus Beton oder schwerem, eng gefügtem Blocksatz, ohne Platz und ohne morphologische Vielfalt (Abb. 76, 77). Die reiche Biomasse der Wassertiere aus Fischen, Krebsen, Muscheln und vielen Kleintieren verabschiedete sich. Die Gewässer und das mit ihnen vernetzte Umland gehören zu den grössten Verlierern der biologischen Vielfalt. Mehr als 90 Prozent aller Auen in Mitteleuropa gelten als zerstört, die verbliebenen Reste sind häufig nicht mehr überschwemmbar und damit gar keine Auen mehr, sondern Galeriewälder entlang der Fliessgewässer.

Wasserfälle mit Sprühzonen-Vegetation

Ich beschäftigte mich beruflich schon früh mit der Wasserkraftnutzung, die als «sauber, einheimisch und erneuerbar» gilt, wobei die Kehrseite der Medaille, die sinkende Landschaftsqualität, dabei ausgeblendet wird. Die Wasserkraftnutzung unterbricht das Kontinuum der Fliessgewässer. Wasser wird ab- und umgeleitet und irgendwo wieder mit Schwall und Sunk in Form eines täglichen Katastrophenfalles für viele Lebewesen hochwasserartig zurückgegeben (mehr dazu in Kap. 3.2). Bei der Überprüfung der Umweltverträglichkeit solcher Nutzungen bin ich auf die landschaftsprägenden Wasserfälle gestossen. Nur wenig ist bekannt, dass rund zwei Drittel der Schweizer Wasserfälle durch die Wasserkraftnutzung beeinträchtigt oder gar verschwunden sind (Schwick und Spichtig 2012).

An der Bergflanke der Gauschla, im Bereich Palfries im St. Galler Seeztal, fliessen zwei Bäche mit Wasserfällen, der Hager- und der Ragnazbach, die nicht beeinträchtigt sind. An diesen Wasserfällen konnte ich das Phänomen der Sprühzonenvegetation beobachten (Abb. 78). Ich bat den Botaniker Dr. h.c. Heinrich Seitter aus Sargans, diese genauer unter die Lupe zu nehmen.

Das fallende und zerstäubende Wasser bildet eine Sprühzone mit besonderer Lebensgemeinschaft. Dank der permanent hohen Luftfeuchtigkeit können Grün- und Blaualgen, Schleimpilze und einige Flechtenarten leben. Nahe der Prallzone finden sich gewisse Moosarten, noch weiter weg feuchtigkeitsliebende Gefässpflanzen. Die Wasserentnahme oberhalb der Wasserfälle beeinträchtigt diese Lebensgemeinschaften, es wird «ruhig», allenfalls fliesst noch dürftiges Restwasser.

In unserer Berichterstattung zur Wasserrechtsrevision des Jahres 1982 haben wir dann diesen Lebensraumtyp erstmals beschrieben. Viele Jahre später war es möglich, Professor Bruno Baur von der Universität Basel für das Thema zu interessieren. Die Ergebnisse wurden 2015 in der Bristolreihe im Haupt Verlag dokumentiert und bilden das Standardwerk zum Leben am Wasserfall (Rodewald *et al.* 2015).

Gewässerinventar für Liechtenstein

1983/84 fand die Europaratskampagne «Schützt unsere Ufer und Küsten» statt. Das Fürstentum Liechtenstein nahm an der Kampagne teil und konzentrierte sich auf die Bäche. Mein Büro wurde beauftragt, den ökologischen und landschaftlichen Wert der Fliessgewässer (ohne Rhein) im Talraum zu beurteilen. Wir erfassten knapp 220 Kilometer Bäche, in der Regel unterhalb von 700 m ü. M. Von diesen Gewässern waren rund 31 Kilometer eingedolt (verrohrt), 61 Prozent der Fliessgewässer waren teilweise verbaut, 13 Prozent total (Abb. 79).

Abb. 78: Sprühzonenvegetation an den Wasserfällen im Seeztal (SG).

Die 12 Prozent unverbaute Bäche verliefen zur Hälfte im Wald. Auf dem Talboden fanden wir gerade einmal ein Teilstück von 340 Metern, welches als natürlich anzusprechen war.

Die Grundwasserabsenkungen durch starke Kiesentnahmen im Alpenrhein bewirkten in der Zeit von 1953–72, dass nur etwas mehr als die Hälfte aller Fliessgewässer eine ganzjährige Wasserführung besass. Die Entnahme des «grauen Goldes» im Ausmass von etwa 15 Millionen m^3 entwickelte eine Eigendynamik. Am 14. August 1970 stürzte der Pfeiler der Brücke von Schaan nach Buchs durch Unterspülung ein. Danach wurden die Kiesentnahmen aus dem Rhein eingestellt.

Mit den Grundwasserabsenkungen haben wir nicht nur unzählige kleine Stillgewässer verloren, sondern auch den Lebensraumtyp des Giessens (Abb. 80). Dabei handelt es sich um Grundwasserquellbäche in Auenlandschaften, die langsam abfliessen. Sie trockneten alle im Verlauf der 1950/60er-Jahre aus. Diese ungünstige Beurteilung des Zustandes des Jahres 1984 war die Grundlage für Schutz-, Verbesserungs- und Entwicklungskonzeptionen.

Abb. 79: Der Spiersbach bei Bangs (Vorarlberg) im üblichen Trapezprofil.

Abb. 80: Das frühere Giessgangsystem im Sarganserland bildet sich noch heute in den flankierenden Gehölzen ab. Foto: Matthias Huss

Weiher braucht das Land

Die Wiederbelebung des Rheintalbodens mit Wasser konzentrierte sich zunächst auf den Bau von Weihern. Im St. Katharinenbrunnen in Balzers findet sich – wie der Flurname besagt – eine Quelle direkt am Hangfuss. Sie spendet ganzjährig Wasser und mündet später in den Liechtensteiner Binnenkanal. Das einst feuchte Gelände war ab den 1940er-Jahren eine Baudeponie, bis 1970 befand sich hier ein Fussballplatz. Nach dessen Verlegung wurde der Platz für neue Ideen frei.

In Abstimmung mit dem damaligen Vorsteher Emanuel Vogt bewilligte der Gemeinderat während den Diskussionen zur Ortsplanung die Installierung einer Natur- und Erholungszone im St. Katharinenbrunnen. Mein Büro erhielt den Auftrag zur Projektierung. Im Frühling 1972 wurden Bodensondierungen auf dem ehemaligen Sportplatzgelände vorgenommen. Unter der ein Meter dicken Aufschüttung fand sich ein Schwemmboden mit Tonschichten. Das war für einen Weiherboden ohne Abdichtung günstig. Es folgten bald die Ausbaggerungen für zwei Weiher, verbunden mit einer Zuleitung aus der erwähnten Quelle. Die Einweihung am 1. Juli 1973 markierte das erste realisierte Projekt dieser Art in weitem Umkreis.

Die Anlage entwickelte sich prächtig und ist ein wichtiger Stützpunkt für die Amphibienfauna mit Grasfrosch, Erdkröte und Bergmolch (Abb. 81). Zur gleichen Zeit entstand in Balzers die Idee eines Seeleins im Junkerriet unterhalb der Balzner Burg Gutenberg, inspiriert von der Spiegelung der Burg Werdenberg im dortigen See nahe Buchs (SG). Das Junkerriet war während des Zweiten Weltkrieges entwässert und zuvor ein Streueried mit einem Massenbestand der Sibirischen Schwertlilie. Die Idee eines kleinen Stillgewässers wurde im Zweiten Europäischen Naturschutzjahr 1995 wieder aufgegriffen und 2003 als Weiher realisiert. Eine Ausweitung zu einem Seelein wäre nach wie vor erstrebenswert.

Auch in Vaduz entwickelten sich Überlegungen im Haberfeld eine Natur- und Erholungsanlage als «Grüne Lunge» zwischen Alpenrhein und Vaduzer Wald einzurichten. Der Ornithologische Verein Vaduz, der Vaduzer Verkehrsverein und der Silberne Bruch (Orden für den Schutz von Wald, Wild und Flur und Förderung von weidgerechtem Jagen, Landesgruppe Liechtenstein) reichten 1972 einen entsprechenden Antrag an den Gemeinderat und fanden dort Gehör. Auch hier haben wir zwei Weiher geplant, der eine in einem zugänglichen Parkteil und der zweite als Überlauf in einem nicht zugänglichen Naturteil.

Die Anlage wurde 1973 gebaut und am 29. August 1974 im Beisein des Fürsten- und Erbprinzenpaares feierlich eingeweiht. 2003 und 2004 folgte die Revitalisierung des benachbarten Giessens, wodurch ein attraktives Ensemble als «Central Park» für Vaduz entstand. Stehende Wasserflächen wurden auch in den Naturschutzgebieten Schwabbrünnen-Äscher (1981) und Ruggeller Riet (1982) errichtet.

Erste Revitalisierungen von Fliessgewässern

Ab den 1980er-Jahren mehrten sich die Stimmen, den «harten» Wasserbau bei den Fliessgewässern stellenweise wieder rückgängig zu machen. Die Fliessgewässer brauchen dafür mehr Platz. Dem Kanton Zürich kam mit seinem Wiederbelebungsprogramm des Jahres 1989 eine Vorreiterrolle für die Revitalisierung der Fliessgewässer zu. Treibende Kraft war Christian Göldi, Leiter der Abteilung Gewässerunterhalt. Bereits 1983/84 wurde der Althoosbach in Zürich-Affoltern wiederbelebt. Es folgte ein Stadtzürcher Bachkonzept, geleitet von Fritz Conradin. Das Revitalisierungsprogramm funktioniert weiterhin.
Zur Unterstützung dieser Bestrebungen durfte ich 1985 für die Baudirektion des Kantons Zürich eine Schrift «Mehr Natur in Siedlung und Landschaft» mit dem Schwerpunkt

Abb. 81: Weiheranlage St. Katharinenbrunnen im Balzers (FL).

Fliessgewässer-Revitalisierung erstellen. Diese Publikation fand breites Interesse und wurde sogar in Japan übernommen und in japanisch veröffentlicht, weil dort ein starkes Interesse an der Revitalisierungs-Idee bestand.

Der Bund folgte 1991 mit dem Gesetz über den Schutz der Gewässer. Um die stark beeinträchtigten Fliessgewässer wieder zu beleben, verlangt das Gewässerschutzgesetz, dass rund ein Viertel der Gewässer innerhalb dieses Jahrhunderts revitalisiert werden. Ebenso sollen die negativen ökologisch Auswirkungen der Wasserkraft bis 2030 zumindest teilweise behoben werden. Das ist für die Wiederbelebung der Fliessgewässer ein Jahrhundertwerk.

Eine Wiederbewässerung der Giessen

35 Kilometer Bachläufe waren im Talgebiet Liechtensteins durch die Grundwasserabsenkungen aufgrund der Kiesentnahmen im Rhein ausgetrocknet. Eine markante Wiederanhebung des Grundwasserspiegels ist nicht mehr möglich, weil die Kellergeschosse der Neubauten tangiert würden. 1986 hauchte man den ehemaligen Giessen von Balzers auf einer Länge von acht Kilometern wieder Leben ein, indem Rheinwasser zugeführt wurde.

Der Lebensraum der «Giessen» wurde für das benachbarte Sarganserland einschlägig in allen Facetten beschrieben (Stiftung Rheinau-Giessen 2024) (Abb. 80). Normalerweise sind Giessen Grundwasseraufstösse, die bei Balzers bis in die 1960er-Jahre aktiv waren. Das Grundwasser trat in reichlicher Menge aus den Rheinschottern und war kristallklar, nährstoffarm und gesättigt mit gelöstem Sauerstoff und weitgehend frei von Schadstoffen. Die Giessen sind durch die Wiederbewässerung mit Rheinwasser nicht gleichwertig ersetzt. Aber sie sind nun Lebensraum für Forelle und Groppe, die vom Binnenkanal her einwandern können. Ebenso hat sich der Biber an einigen Orten durch Aufstauung seinen Lebensraum geschaffen, von dem auch weitere Tier- und Pflanzenarten profitieren.

Fliessgewässer-Revitalisierungen in Liechtenstein

Auf der Grundlage der Europarats-Kampagne und dem ökologischen Gewässerinventar wurden erste Wiederbelebungen angedacht. Im Vordergrund der Abklärungen stand der vor dem Zweiten Weltkrieg errichtete Liechtensteiner Binnenkanal. Er ist mit einem durchgängigen Trapezprofil ausgestattet – eben ein Kanal. 1984 fanden erste Abklärungen unterhalb von Ruggell statt, an denen wir mitbeteiligt waren. Die Revitalisierung umfasste 1600 Laufmeter, umgesetzt in den Jahren 1989/90, 1992/93 und 2008/09. Im Jahre 2000 wurde zudem der steile Absturz von fast fünf Metern zum Alpenrhein entfernt und die Fliessgewässer damit in ihrem Kontinuum vernetzt (Abb. 82). Mit diesen Massnahmen waren Überschwemmungen des Galeriewaldes zwischen Kanal und Rheindamm wieder möglich, was zur Bildung einer echten Aue führte. Das gleichzeitig aufgegleiste Biomonitoring dokumentierte mit Untersuchungen zu Fisch- und Vogelvorkommen die grossen Erfolge.

Diese Wiederbelebung bildet heute das Modell für grössere Wiederbelebungen am Alpenrhein. Die Bodensee-Seeforelle und der Eisvogel sind hier die Flaggschiff-Arten. An drei Stellen im Liechtensteiner Binnenkanal folgten weitere Revitalisierungen. Im Haberfeld in Vaduz wurde der «Giessen» – bzw. die Wasserrückgabe des Saminakraftwerkes – auf einzelnen Abschnitten ebenso wiederbelebt (Abb. 83). Zusammen mit der Natur- und Erholungsanlage Haberfeld bildet dies eine attraktive «grüne Lunge» für Vaduz. Es bleibt aber noch viel zu tun. Wünschbar wäre es, wenn man auch die vielen verrohrten Dorfbäche wieder offen gestalten könnte.

Abb. 82: Der Mündungsbereich des Liechtensteiner Binnenkanals bei Ruggell ist revitalisiert und der benachbarte Galeriewald kann teilweise wieder überflutet werden.

Abb. 83: Die Natur- und Erholungsanlage Haberfeld – der «Centralpark» von Vaduz.

Letzte naturnahe Alpenflüsse

Während meiner Präsidentschaft bei der Internationalen Alpenschutzkommission gewann das Thema alpine Flüsse an Bedeutung. Wir widmeten ihnen 1990 die Jahresfachtagung «Leben für unsere Alpenflüsse» in Martuljek (Slowenien). Dafür liessen wir Recherchen durchführen. Wir beauftragten das Internationale Zentrum für Alpine Umwelt ICALPE in Chambéry (Savoyen) eine grobe Analyse zum ökologischen Zustand der Flüsse im Alpenbogen durchzuführen (Martinet und Dubost 1992).

Das im Jahre 1992 veröffentlichte Ergebnis war trostlos: Mehr als 90 Prozent aller untersuchten Flussabschnitte der grösseren Alpenflüsse waren nicht mehr in einem naturnahen Zustand, waren verschmutzt oder aber in ihrem Kontinuum unterbrochen (Abb. 84). Muhar *et al.* (2019) widmeten den Flüssen des Alpenbogens eine detailliertere Übersicht. Auf den Alpenrhein wird noch gesondert eingetreten.

Renaturierung oder Revitalisierung?

Die CIPRA lud 1991 rund ein Dutzend Fachleute aus den Alpenstaaten zu einem ECOFLOOD-Workshop in Steg (Liechtenstein) ein. Sie sollten uns Begriffe zum Thema definieren und die Parameter zur Bewertung von alpinen Fliessgewässern entwerfen, damit wir alpenweit vergleichbar arbeiten. Wir verstanden unter «Revitalisierung» oder deutsch «Wiederbelebung» Massnahmen im und am Gewässer und eventuell in seinem Einzugsbereich, die das Gewässer mindestens hinsichtlich eines Parameters und wenigstens abschnittsweise wieder in einen naturnäheren Zustand versetzen. Unter «Renaturierungen» verstanden wir dagegen Massnahmen, die ganze Fliessgewässer hinsichtlich aller Parameter mittelfristig wieder in einen natürlichen Zustand versetzen und die natürliche Fliessgewässerdynamik wieder herstellen. Eine Renaturierung wird nur mehr an

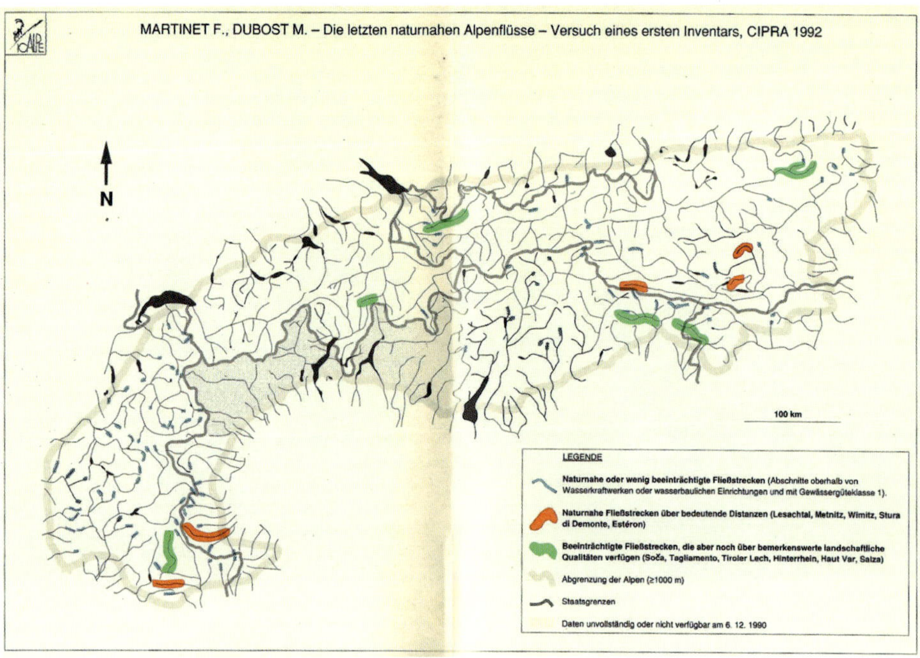

Abb. 84: Ökologischer Zustand der Flüsse im Alpenbogen (Martinet und Dubost 1992).

wenigen Orten möglich werden. Darum wäre der Begriff der Revitalisierung hier angebracht. Obwohl sauber fachlich unterschieden, werden heute die beiden Begriffe vermischt und nicht getrennt. In der Schweiz wurde unter dem Begriff «Ökomorphologie» eine Methode zur Untersuchung und Beurteilung der Fliessgewässer entwickelt, die in der ganzen Schweiz angewendet werden soll (Bundesamt für Umwelt 1998).

Die nötigen Stossrichtungen für naturnahe Gewässer

Die Wiederbelebung der Gewässer ist eine Jahrhundertaufgabe. Es kann sich nur um eine Teil-Wiedergutmachung handeln; eine Renaturierung aller Gewässer im ursprünglichen Ausmass ist nicht möglich. Die Verluste an biologischer Vielfalt der letzten beiden Jahrhunderte sind unermesslich. Für die anzustrebende Wiederbelebung gilt es Folgendes zu beachten:

- Der Bestand an noch bestehenden natürlichen und naturnahen Gewässern ist zu sichern, dies umfasst auch ihre jeweilige Dynamik.
- Es braucht eine strategische Planung, die jene Fliessgewässer bezeichnet, die für Natur und Landschaft prioritär für Revitalisierungen sind. Die Praxis zeigt, dass dies öfters vernachlässigt wird. Wiederbelebungen sind nicht isoliert zu sehen, es wird zu wenig auf Vernetzungen geachtet.
- Jede Wiederbelebung braucht Raum – mit einigen Störsteinen im Fliessgewässerbett und filigraner Uferbehandlung im Bachbett ist es nicht getan. Mit Vorteil sind abgetrennte naturnahe Lebensräume wie auch Bestockungen wieder an den Fluss anzugliedern (Abb. 85).
- Wiederbelebungen entsprechen nicht selten dem Gestaltungswillen des Menschen und nicht der Natur. Bei einigen getätigten Revitalisierungen findet man Ähnlichkeiten mit japanischen Ziergärten. Der Mensch definiert die endgültige Gestaltung und lässt der Natur wenig Chancen zu ihrer Entwicklung. So wird mit grossen Blöcken gearbeitet, wie sie in einem Bachunterlauf von Natur aus nicht vorkommen. Die Natur wäre ein guter Lehrmeister, wenn man die Landschaftswerdung berücksichtigt.
- Bei Revitalisierungen ist auch den angrenzenden Räumen Beachtung zu schenken. Der Freizeitdruck ist einzugrenzen.
- Es ist auf Durchlässigkeit im Kontinuum zu achten, Hindernisse sind wo immer möglich zu entfernen, prioritär gilt dies an Verzweigungen der Haupt- zu den Nebengewässern.
- Jedes Revitalisierungsprojekt ist mit einer Erfolgskontrolle im Sinne des Biomonitorings zu begleiten.

Publikationen von Mario Broggi zum Thema «Wasser – Quelle des Lebens»
Publikationsliste siehe Anhang (Stand Juli 2025)
Aktualisierte Publikationsliste: *www.mariobroggi.li/pub/wasser*

Abb. 85: Wiederbelebter Giessen im Ortsbereich von Vaduz.

3.2 Die Wasserkraftnutzung in den Alpen – die Zitrone ist ausgepresst

Die Alpen sind das «Wasserschloss» Europas. Die grossen Flüsse Rhein, Rhône, Drau, Durance, Inn und Po entspringen alle im Alpenbogen. Die alpinen Gewässer faszinieren in ihrem Widerspruch – hier das Leben Spendende, dort das Leben Bedrohende.

Ich verbinde mit dem Begriff «Wasser» den ungebändigten Wasserfall (Abb. 86, 87), aber auch einen Alpbrunnen mit kühlem Nass. Wasser ist Quelle der Inspiration. Die Umschreibung des Geräusches von Wasser besitzt in allen Sprachen ein reiches Vokabularium, z. B. tosend, tobend, brausend, spritzend, rauschend, sprudelnd, schäumend, strömend, quirlend, wirbelnd, plätschernd, rieselnd, murmelnd und viele mehr. Wir wissen heute auch, dass jedes Fliessgewässer seine «Klanglandschaft» (Sound of rivers) mit eigener akustischer Ausprägung besitzt. Dies haben Untersuchungen des Gewässerökologen Professor Klement Tockner gezeigt. Und doch wird den Fliessgewässern viel zu wenig Aufmerksamkeit geschenkt.

Flüsse und Bäche bilden im Alpenraum für Mensch, Tier und Pflanze ein flächendeckendes und zusammenhängendes ökologisches Netzwerk. Mit ihrer Eindämmung und Fragmentierung ab Mitte des 19. Jahrhunderts begann die «Vereinfachung» der vorher vielfältigen Formen und Strukturen. Die Degradierung wurde bis in die neueste Zeit fortgesetzt und führte zu einer fast flächendeckenden naturräumlichen Banalisierung. Mit der intensiven Wasserkraftnutzung wurde dieser Trend noch verstärkt. Die Naturressource Wasser wird im Alpenbogen fast vollständig zur Energiegewinnung genutzt. Ein nachhaltiger, zukunftsgerichteter Umgang mit Wasser ist dringend notwendig und überlebenswichtig.

Abb. 86: Die Alpen sind das Wasserschloss Europas.

Es gibt allerdings – kaum erklärbar – für das Wasser kein Protokoll im Vertragswerk der Alpenkonvention. Seit 2020 existiert immerhin eine ministerielle Deklaration «zur integrierten und nachhaltigen Wasserwirtschaft in den Alpen». Die Vertragsparteien verpflichten sich darin, die letzten natürlichen Flussläufe unter gebührender Berücksichtigung der Rolle, die ihnen bei der notwendigen Aufrechterhaltung einer guten Wasserqualität und -menge in diesen sensiblen Berggebieten zukommt, zu schützen. Die Deklaration entfaltet jedoch bis heute kaum Wirkung.

Abb. 87: Rund zwei Drittel aller schweizerischer Wasserfälle sind durch die Wasserkraftnutzung zerstört oder beeinträchtigt. Der Foroglio-Wasserfall im Val Bavona hat überlebt.

Wasserkraft ist erneuerbar, Landschaft nicht

Die Wasserkraftnutzung wird mit der Trilogie «sauber, einheimisch und erneuerbar» bedacht. Das stimmt, ist aber nur die eine Seite der Medaille. Wie wir noch sehen werden, ist die Wasserkraftnutzung in der Schweiz und damit ihr Einfluss auf die Landschaftsqualität sehr weit fortgeschritten. Mit dem Ausstieg aus fossilen Energieträgern rückt sie nochmals stärker in den Fokus. Es geht dabei um grosse Investitionen, insbesondere im Verbund mit Speicherseen, um Arbeitsplätze, Steuereinnahmen und einen jährlichen Wasserzins – zumindest in der Schweiz. Es handelt sich dabei um beachtliche Summen, die an den Hoheitskanton und allenfalls weiter an die Gemeinden fliessen.

Während die Wasserkraft erneuerbar ist, wird Landschaft verbraucht. Wir haben die hydrologischen Einzugsgebiete im Alpenraum durch grossflächige Wasserab- und -umleitungen «gezähmt» beziehungsweise Gebirgsbäche entleert, was zu trockenen Geröllbetten führte. 60 bis 70 Prozent der Wasserfälle wurden degradiert oder sind verschwunden (siehe Kap. 3.1). Mehr als 95 Prozent des Wasserkraftpotenzials gilt bereits als genutzt (Abb. 88). Die Zitrone ist praktisch ausgepresst (Schwick und Spichtig 2012).

Auf der einen Seite steht der ökonomisch klar definierte Nutzen, ausgedrückt in Kilowattstunden und Franken. Auf der anderen Seite entstehen viele ökologisch nachteilige und schleichende Langfristschäden. Wo bleibt eine Güterabwägung zwischen den monetären Einnahmen und dem Wert der intakten Landschaft? Es fehlen auch Überlegungen zum Grenznutzen. Ab wann beginnt die Übernutzung, die dem Ganzen mehr schadet als nutzt? Bei den gegebenen ökonomischen Asymmetrien ist es schwer, den Ausbau zu

Abb. 88: Ein letzter, wenig berührter Fluss im italienischen Friaul – der Tagliamento – dient uns als Referenz in der Ökosystem-Forschung zu Fliessgewässern.

stoppen oder stellenweise sogar wieder rückgängig zu machen. Jeder Tropfen, der nicht durch eine Turbine fliesst, gilt als nicht «veredelt». Es scheint mir, dass die Summe der Partikularinteressen stärker wirkt als die Verantwortung gegenüber dem Gemeinwohl.

Wasserkraftnutzung in der Schweiz

Wo stehen wir mit der Wasserkraftnutzung in der Schweiz? Im Jahr 2024 existierten rund 700 Wasserkraftwerke grösser als 300 Kilowatt mit rund 1400 Wasserentnahmestellen. Dazu kommen nochmals 1000 Kleinkraftwerke. Allein in den Schweizer Alpen gibt es rund 200 Stauwehre mit ebenso vielen Stauseen. Die 1700 Kraftwerke produzieren rund 60 Prozent des Strombedarfs der Schweiz. Der Wasserzins für die Konzessionen der Wasserkraftnutzung beläuft sich auf über eine halbe Milliarde Franken. Rund die Hälfte davon fliesst in die Kantone Graubünden und Wallis.

Im Kanton Graubünden stammen rund 15 Prozent der Steuereinnahmen aus der Wasserkraft. Die Wasserzinsen werden dort zwischen dem Kanton und den Gemeinden aufgeteilt. Es gibt viele Gemeinden, deren Steuereinnahmen durch Wasserkraft grösser sind als die sonstigen regulären Einnahmen, wobei sie Teile davon in den innerkantonalen Finanzausgleich abgeben. In anderen Kantonen gibt es keinen Wasserzins für die Gemeinden. Der Wasserzins wird mit jedem Kubikmeter turbinierten Wasser zur wahren Geldquelle. Der Natur bleibt ein kläglicher Rest, der auch genau so genannt wird: Restwasser.

Bächen und Flüssen fehlt das Wasser

Der ständige Wechsel von Hoch- und Niederwasser, von Erosion und Ablagerungen ist charakteristisch für Fliessgewässer. Ein Staudamm oder Wehr macht aus dem dynamischen Lebensraum ein statisches, monotones Gebilde. Die Barrieren zerstören das Fliessgewässer-Kontinuum, die Wasserqualität und der Sauerstoffgehalt sinken, und der Fluss gräbt sich flussabwärts tiefer ein, weil die Sedimente zurückgehalten werden (Abb. 89, 90, 91). In der Folge sinkt der Grundwasserspiegel und Gebiete trocknen aus. Hinzu kommen die ökologisch negativen Auswirkungen von Sunk bei Entnahme und Schwall bei der Rückgabe. Dies alles hat man massiv unterschätzt. Erst spät waren die ökologischen Auswirkungen Gegenstand von Forschungsprojekten.

Ich habe mich in meinem Berufsleben über Jahrzehnte mit Fliessgewässern beschäftigt, vor allem auch mit dem Alpenrhein vor meiner Haustüre. Mit dem Volksentscheid im Jahre 1975 wurde ein neuer Artikel in die schweizerische Bundesverfassung aufgenommen: Artikel 24 überträgt dem Bund die Aufgabe, auf dem Weg der Gesetzgebung Bestimmungen zum Schutz der ober- und unterirdischen Gewässer gegen Verunreinigungen und zur Sicherung angemessener Restwassermengen zu erlassen. Dafür wurde 1977 eine Arbeitsgruppe «Restwasser» ins Leben gerufen, die das Thema angehen sollte. Als Modell galt der Hinterrhein.

Unser Ökobüro wurde vom Bund beauftragt, die Aspekte des Natur- und Landschaftsschutzes zu behandeln. Wir trugen das Wissen zum Ökosystem alpines Fliessgewässer und dessen Bedeutung in der alpinen Natur- und Erholungslandschaft zusammen. Die Auswirkungen eines Wasserentzuges durch Kraftwerksnutzung analysierten wir anhand des zugewiesenen Testbeispiels und leiteten daraus Handlungsanleitungen ab. Die Arbeitsgruppe «Restwasser» legte mit Hilfe einer Formel und unter Berücksichtigung der Geologie (Kalk oder kristalliner Untergrund) einen sogenannten Alarmgrenzwert für die Restwassermenge fest, der unter keinen Umständen unterschritten werden sollte, weil das Ökosystem sonst schwere Schäden davontragen würde.

Abb. 89: Die Wasserkraftnutzung trennt das Kontinuum des Fliessgewässers auf und leitet das Wasser häufig in einen Stausee, wo es später über eine Druckleitung abgearbeitet wird.

Das Gesetz sieht eigentlich vor, dass nach Analyse der jeweiligen naturräumlichen Ausgangslage in einem mehrstufigen Verfahren die benötigte Restwassermenge zu definieren ist. Dieses mehrstufige und an den Standort angepasste Verfahren wurde leider nur selten verfügt. Meist blieb es bei der Berücksichtigung des Alarmgrenzwertes. Einige damals festgelegte Verpflichtungen wurden mit Änderungen des Gewässerschutzgesetzes im Jahr 2011 abgebaut: So konnte auf eine Restwasserdotation in Bächen über 1500 m ü. M. verzichtet werden. Zu geringe Restwassermengen führen zur mangelnden Vernetzung der Fliessgewässer, bringen zu geringe Wassertiefen und Fliessgeschwindigkeiten und können die Temperaturverhältnisse im Gewässer verändern (EAWAG 2011).

Die Verwendung des Alarmgrenzwertes gilt heute in den Augen der Politik als normal, obwohl er das absolut unterste Limite des Zumutbaren für die Lebewesen am und im Gewässer darstellt und das geänderte Gewässerschutzgesetz 2011 festlegte, dass Fliessgewässer naturnaher werden müssen. Die Änderung war eine Folge des indirekten Gegenvorschlags zur Volksinitiative «Lebendiges Wasser», die daraufhin zurückgezogen wurde.

Aufgeschreckt vom Angriffskrieg Russlands auf die Ukraine und der damit drohenden Gasversorgungskrise begann 2022 im Parlament eine Diskussion um den beschleunigten Ausbau der erneuerbaren Stromproduktion (sog. Mantelerlass). Teil davon war die gezielte Deregulierung der Gewässer-, Natur- und Heimatschutzgesetzgebung. Im Laufe der Debatte und im anschliessenden Referendumskampf bis zur nationalen Volksabstimmung im Juni 2024 setzten sich die Interessen der Wasserkraftbetreiber durch. Gefordert war zu Beginn die Aussetzung erhöhter Restwasserbestimmungen gemäss Art. 29 des Gewässerschutzgesetzes bis Ende 2035. Festgelegt wurde schliesslich, dass Schweizer Gewässer mit zurzeit erhöhten, ökologisch begründeten Restwassermengen bei «drohender Mangellage» durch einen Bundesratsbeschluss «befristet» auf den Alarmgrenzwert – das Minimal-Restwasser gemäss Art. 31 GSchG – gesetzt werden können.

Abb. 90: Auch die Seitengewässer werden in den Stausee geführt, wie dieser Bach am Medelser-Rhein, der zum Stausee am Lukmanier rückgeleitet wird.

Abb. 91: Gefasster Stockbärgabach in Vals (GR) ohne Restwasser. Foto: Christian Göldi

Zahlreiche ökologische Schäden durch Wasserkraftnutzung

Die Nutzung der Wasserkraft hat vielfältige Folgen für die Gewässerökosysteme. Talsperren und Wehre unterbrechen den Fluss im Längskontinuum, und die Lebensräume verinseln, was insbesondere für Arten, die in ihrem Lebenszyklus Wanderungen durchführen, hochproblematisch ist. Arten, die auf strömendes Wasser angewiesen sind, verlieren in den Stauräumen ihren Lebensraum. Die Aufwärtswanderung der Fische wird zwar teils mit Fischaufstiegshilfen ermöglicht, für die Abwanderung bestehen hingegen keine Abstiegshilfen – und sie endet in den Turbinen häufig tödlich.

Vor allem die Auswirkungen von Schwall und Sunk wurden ökologisch unterschätzt. Rund 2300 km der Schweizer Fliessgewässer sind unterhalb von Kraftwerken durch künstliche und schwallartige Abflussschwankungen beeinflusst. Tiere und Pflanzen driften mit dem unnatürlichen, täglich rasch anschwellenden Wasser ab und stranden beim Abflussrückgang, dem Sunk. Die Fischbrut und Jungfische leiden besonders unter Schwall-Sunk, ebenso die Fischnährtiere am Fliessgewässerboden. Die Wasserwechselzonen veröden, weil sie keine geeigneten Lebensbedingungen mehr bieten. Auch die Verstopfung der Flusssohle mit Feinmaterial wird gefördert. Die Spülung von Speicherseen kann Fische und Kleinorganismen beeinträchtigen.

Das Ausmass all dieser Schädigungen haben wir in Vorarlberg in einem interdisziplinären Team mit der Universität für Bodenkultur in Wien an der Bregenzer Ach anfangs der 1980er-Jahre eruiert und erstmals wissenschaftlich mit den Auswirkungen auf die wirbellosen Tiere am Gewässerboden behandelt (Jungwirth *et al.* 2003). Die zahlreichen Wasserfassungen mit Überleitungen in Stauseen führen zu vielen Restwasserstrecken und damit zur Trockenlegung von Gewässerabschnitten. Diese hätten in der Schweiz bis 2012 gemäss Gewässerschutzgesetz 1991 saniert werden sollen. Die Umsetzung erfolgt sehr zögerlich und nicht innerhalb der festgelegten Fristen. Noch trifft man vielerorts trockene Bachabschnitte ohne Restwasserdotation. Dementsprechend weist die Süsswasserfauna der Schweiz einen fünffach höheren Artenrückgang auf als terrestrische Lebensräume.

Der «Blaue Bericht»

Bei vielen anstehenden Projekten, ob bewilligt oder noch nicht bewilligt, ergaben sich im Verlauf der 1980er-Jahre grundsätzliche Meinungsverschiedenheiten über die Realisierungswürdigkeit aus der Sicht des Natur- und Landschaftsschutzes. Einige Projekte waren bereits bewilligt, wurden aber aus ökonomischen Gründen nicht realisiert. Für das Projekt Lago Bianco am Berninapass gilt dies beispielsweise bis heute. Das führte anfangs der 1980er-Jahre auf Bundesebene zur Überlegung, 40 Projekte aus der Sicht des Natur- und Heimatschutzes zu beurteilen und damit Konflikte sichtbar zu machen. Diese Abklärungen wurden von meinem Büro durchgeführt. Eine Arbeitsgruppe aus Vertreterinnen und Vertreter von Bundesämtern sowie der Schweizerischen Stiftung für Landschaftsschutz begleitete die Untersuchungen.

Der Expertenbericht beschränkte sich auf die Beurteilung des Natur- und Heimatschutzes. Die Auswertung der Daten, die vom Bundesamt für Wasserwirtschaft zur Verfügung gestellt worden waren, erfolgte nach einheitlichen Kriterien. Die Mehrheit der Projekte war älteren Datums und oftmals nicht ausreichend dokumentiert. Eine Begehung aller Standorte liess dennoch eine generelle Beurteilung aus landschaftlicher Sicht zu.

Rund die Hälfte der Projekte entfielen auf Kategorien, die mit den Anliegen des Natur- und Heimschutzes nicht in Übereinstimmung gebracht werden konnten. Diese grosse Zahl verwunderte nicht, denn die wirtschaftlich interessanten Projekte waren meist schon realisiert worden. Zur Prüfung standen vor allem Projekte, deren Verwirklichung mit star-

Abb. 92: Im «Blauen Bericht» haben wir 40 Wasserkraftwerksprojekte auf ihre Landschaftsverträglichkeit überprüft.

ken Eingriffen und erhöhten Nutzungskonflikten behaftet und allenfalls ökonomisch nicht interessant waren. Unter diesen Projekten befanden sich die Landschaften der Greina, Curciusa und Frisal (alle Kanton Graubünden), die Koblenzer Stromschnellen am Hochrhein, Val Réchy im Wallis, Kraftwerksketten an der Rhône und am Alpenrhein sowie dort ein zusätzliches Ausleitwerk Felsberg-Mastrils am letzten naturnahen Alpenrheinabschnitt.

Der sogenannt «Blaue Bericht» – der Umschlag hatte die entsprechende Farbe – diente mit seinen Checklisten als Arbeitsinstrument für weitere Beurteilungen von Wasserkraftwerksprojekten und wurde danach noch jahrzehntelang zitiert (Abb. 92). Diese Studie kam aber in Kreisen der Energie- und Bauwirtschaft sowie in der Politik gar nicht gut an. Entsprechend wurde ich als «Feind» der Wasserkraftnutzug tituliert. Ohne grösseres geografisches Netzwerk hätte mein Ökobüro wirtschaftlich nicht überlebt. Meine damalige Präsidentschaft bei der Internationalen Alpenschutzkommission (CIPRA) mit der anstehenden Alpenkonvention verstärkte diese Ressentiments in den Alpenkantonen.

Wasserkraftnutzung bis zum letzten Tropfen?

Auch vor meiner Haustüre gab es Wasserkraftwerksprojekte. Es sollten gemäss einem Konzessionsgesuch des Jahres 1981 fünf Stauwehre im Bereich Liechtenstein-Werdenberg in den Alpenrhein eingebaut werden. Dafür war eine Umweltverträglichkeitsprüfung zu erstellen. Man kam an der Mitwirkung meines Ökobüros nicht vorbei, da ich viele Daten zum Alpenrhein erarbeitet hatte. Die Umweltverträglichkeitsprüfung fiel negativ aus, und das Projekt wurde 1991 abgelehnt.

Das Schwall- und Sunk-Problem begleitet uns am Alpenrhein aber weiterhin aufgrund der flussaufwärts liegenden Kraftwerke. In fischökologischen Gutachten der Universität für Bodenkultur in Wien wurde die Fisch-Biomasse 2005 gerade einmal mit 7 kg pro ha eruiert. Ein normaler Fischbestand würde das Zwanzigfache betragen (Eberstaller *et al.* 1997, Internationale Regierungskommission 2007). Die weitere Debatte führte zu einem Revitalisierungsprojekt am Alpenrhein (vgl. Kap. 3.3), das inzwischen in Teilen in der Projektierungsphase steckt. Dabei wird auch immer wieder eine Wasserkraftnutzung ins Spiel gebracht.

Ein Salto rückwärts im Umweltrecht

Mit dem zwischenzeitlich über eine Volksabstimmung entschiedenen Atomausstieg, der aus Klimagründen angesagten Reduktion fossiler Energie und dem Angriffskrieg Russlands auf die Ukraine wird neuerlich ein weiterer Ausbau der Wasserkraftnutzung diskutiert und in der angesagten Energiewende inkl. Energiegesetz verankert. Es werden weitere «Kompromisse» zwischen Schutz und Nutzung verlangt. Der Ausbau der Wasserkraft soll zur Energiewende beitragen. Die ausgepresste Zitrone soll nochmals ausgepresst werden – und dies entgegen dem ökologischen Erkenntnisgewinn der letzten Jahrzehnte. Den Hemmschuh sieht das Amt für Energie BFE bei Ökologie, Raumplanung und Verbandsklage der Umweltverbände. Wir erleben derzeit einen Salto rückwärts bei der Umweltgesetzgebung. Die Bundesverfassung und die Gesetze werden willentlich verletzt. Dem Gewässerschutzgesetz aus dem Jahr 1991 steht nun das Energiegesetz 2018 gegenüber, welches die Nutzung erneuerbarer Energie verlangt und eine Schwächung des Naturschutzes mit sich bringt, weil der Naturvorrang in Landschaften von nationaler Bedeutung mit der Energienutzung gleichgestellt wird. An einem sogenannten «runden Tisch» mit Energie- und Umweltkreisen wurden 16 Wasserkraftprojekte für den Ausbau in diesem Sinne akzeptiert. Doch auch hier müsste eine genaue umweltrechtliche Prüfung und die gebotene Interessenabwägung vorgenommen werden.

Im Zuge der Deregulierungsdiskussion in den Jahren 2022/23 wurde jedoch im oben erwähnten «Mantelerlass» festgehalten, dass diese Projekte nationalen Vorrang gegenüber anderen Interessen haben. Damit wird eine bundesrechtlich vorgeschriebene, unvoreingenommene Interessenabwägung ausgeschlossen. Hat der Bund dazu überhaupt die Planungskompetenz? Meiner Meinung nach wurden die beteiligten Umweltorganisationen über den Tisch gezogen. Sie standen als titulierte Nein-Sager unter massivem Druck. Dem haben sie nachgegeben – ganz im Gegensatz zu einem sehr ähnlichen politischen Streit, der nach der Annahme des revidierten Gewässerschutzgesetzes 1991 ausgefochten wurde.

Unter der Ägide von Bundesrat Adolf Ogi sollten sich die Fischerei-, Landesplanungs- und Umweltorganisationen und der Verband Schweizerischer Elektrizitätsunternehmen auf eine Auswahl zu bevorzugender Wasserkraftwerksbauten einigen. Die Umweltseite brach jedoch nicht ein. Man einigte sich 1995 auf einen projektbezogenen Konfliktlösungsdialog, der die Spreu vom Weizen trennen sollte. Ziel war die beschleunigte Verwirklichung wenig problematischer Werke. In einem solchen Vorgehen konnte beispielsweise am Berninapass eine einvernehmliche Lösung zum Ausbau der Kraftwerke Brusio gefunden werden.

Heute stehen neben den erwähnten 16 Projekten weitere zur Diskussion, und gleichzeitig wird das Verbandsklagerecht angegriffen. Der Totalausbau der Wasserkraft wird zur ökologischen Katastrophe, obwohl es stromwirtschaftlich eine Sackgasse ist. Die zusätzlichen Stromproduktionsmengen sind vernachlässigbar, die zusätzlichen Pumpspeicherseen dienen vorab dem lukrativen Stromimport-/Exportgeschäft mit den Industrieregionen rund um die Alpen.

Die erwähnten Arbeiten zur Beurteilung von Wasserkraftwerksprojekten aus der Sicht des Natur- und Heimatschutzes waren in meinem beruflichen Leben Meilensteine. Für einige Zeit waren wir Mitwirkende bei der Beurteilung von Wasserkraftwerksprojekten in der Schweiz, Liechtenstein. Österreich und Italien. Wir standen selbst in Namibia für eine Umweltverträglichkeitsprüfung am Kunene im Gespräch, die geplanten Arbeiten wurde dann politisch abgewürgt.

Postulate zum Thema Wasserkraft

Ich meine, Natur und Landschaft haben in der Schweiz ihren Obulus für die Wasserkraftnutzung geleistet, und der Grenznutzen ist überschritten. Es können aus den bisherigen Erfahrungen aber einige Schlüsse für anderswo gezogen werden. Der Ausbau der Wasserkraft verlagert sich mit tausenden von Projekten in den Balkan. Auch dort wird es um den Erhalt der noch wenig beeinträchtigten Fliessgewässer gehen. Die Schutz- und Nutzungseignungen für die Wasserkraftnutzung sind in den jeweiligen Gebietseinheiten planerisch festzulegen. Diese Abklärungen müssen auf wissenschaftlich fundierten Kriterien basieren, die diesen Namen auch verdienen. Das führt letztlich auch zur Feststellung von hydrologischen Einzugsgebieten ohne Wasserkraftnutzung.

Jedes Grossprojekt darf nicht für sich alleine betrachtet werden. Ohne grossräumige Steuerung geht es nicht. Die Problemlösung darf nicht durch Partikularinteressen mit Finanzkraft und politischen Verbindungen geschehen. Eine alpenweit abgesprochene Bewirtschaftung und Projektierung der Pumpspeicherkapazitäten wäre ein Muss im heutzutage engmaschigen europäischen Stromverbund. Das würde auch riesige Fehlinvestitionen in einzelnen Stromgesellschaften vermeiden. Dabei sollten auch Gedanken Platz haben, dass Berge, Wälder und Fliessgewässer ein prominentes Daseinsrecht erhalten sollen. Wir brauchen Platz für die Natur, sonst wird die ganze Welt käuflich und geht letztlich kaputt. Der Eigenwert der Natur ist mehr als ihr augenblicklicher Nutzwert.

Publikationen von Mario Broggi zum Thema Wasserkraft
Publikationsliste siehe Anhang (Stand Juli 2025)
Aktualisierte Publikationsliste: *www.mariobroggi.li/pub/wasserkraft*

3.3 Die Wiederbelebung des Alpenrheins – eine 40-jährige Wunschvorstellung

Wenn wir heute über eine Wiederbelebung des Alpenrheins nachdenken, ist es entscheidend, sich ein Bild davon zu machen, wie die Landschaft einst ausgesehen hat. Im Spätsommer des Jahres 1818 begab sich der damals 20-jährige Johann Heinrich Schilbach auf eine mehrwöchige Studienreise durch die Schweiz. Aus dieser Zeit ist im Stadtmuseum Darmstadt ein bemerkenswertes Skizzenbuch erhalten – 22 Blätter mit Ansichten aus dem Rheintal und vom Bodensee, datiert zwischen dem 11. August und dem 6. September 1818 (Abb. 93). Alle Zeichnungen sind beschriftet, sodass wir nicht nur wissen, was Schilbach festgehalten hat, sondern auch, wann und wo.

Das Skizzenbuch wurde 1984 in einer Faksimile-Ausgabe veröffentlicht und stellt ein eindrucksvolles Dokument einer vergangenen Landschaft dar. Beim Betrachten der Zeichnungen wird deutlich, wie tiefgreifend der zivilisatorische Eingriff die Tallandschaft seitdem auf erschreckende Weise entstellt hat. Diese Entwicklung wird in einem begleitenden Vergleichswerk anhand von Gegenüberstellungen mit dem Landschaftszustand von 1984 verdeutlicht.

Schilbach wanderte im Werdenbergischen über Sennwald nach Azmoos und weiter nach Sargans. Immer wieder eröffnet er dem Betrachter den Blick auf den Verlauf des Rheins. Durch seine Augen sehen wir ein breites, ungebändigtes Flussbett, das sich in zahlreichen Windungen durch das Tal zwischen den Gebirgsausläufern schlängelt.

Abb. 93: «Ansicht von dem linken Rheinufer bey Atsmos, nach dem Falknisz oder Spitzberg bey Balzers im Fürstenthum Lichtenstein». Heinrich Schilbach, 30. August 1818. Quelle: Stadtmuseum Darmstadt

> «Eine Landschaft behauptet sich in dem Masse, als ein geistiger Anspruch auf eine gewisse Landschaftskultur geweckt wird. Fehlen die Visionen, fehlt die Inspiration, dann können ganze Berge aus unbedeutenden Gründen geschliffen werden.»
>
> Hansjörg Quaderer, Künstler aus Liechtenstein

Mit grosser Sorgfalt hält Schilbach topografische, morphologische und atmosphärische Gegebenheiten fest – so, wie sie ihm auf seiner Wanderung begegneten. Seine Zeichnungen gleichen in ihrer Genauigkeit naturgetreuen Aufnahmen und erinnern in ihrer dokumentarischen Qualität an frühe Fotografien (Stadtmuseum Darmstadt, 1984).

Die Eindämmung des Rheins

Als Alpenrhein wird der Abschnitt vom Zusammenfluss des Vorder- mit dem Hinterrhein bei Reichenau bis zur Mündung in den Bodensee bezeichnet. Heute dürften hier gegen 500000 Menschen leben. Jahrhunderte kämpfte die Talgemeinschaft um ihre Existenz gegen den «Wildbach» Alpenrhein. Er nahm pendelnd einen breiten Raum des Tales ein. Die Prallhänge beidseits des heutigen Rheins zeugen noch von dieser natürlichen Dynamik

Am 28. September 1868 stand fast das gesamte Rheintal von Sevelen bis zum Bodensee unter Wasser. In der Not versuchte man, sich abschnittsweise mit provisorischen Wuhren gegen die Fluten zu schützen – wobei man sich dabei nicht selten gegenseitig das Wasser zuschob.

Der Rhein beanspruchte anfangs des 19. Jahrhunderts mehrere hundert Meter Breite und wurde durch weitere Binnengewässer begleitet. Zwischen 1861 und 1881 wurde ein gerades Flussbett gebaut. Die flankierenden Dämme mussten später sukzessive erhöht werden. Die Liechtensteiner waren bei der Dammerhöhung im Rückstand, und der Fluss durchbrach letztmals am 25. September 1927 oberhalb der Eisenbahnbrücke Schaan-Buchs den Damm und flutete ins rechtsseitige Liechtensteiner Unterland (Abb. 94).

Im Bereich des durchgängigen Hochwuhrs bis zur Illmündung ist heute die Rheinsohle nur noch rund 100 Meter breit. Weiter flussabwärts stehen dem Fluss nur 60 bis 70 Meter zur Verfügung. Der Fluss kann dort aber beidseits in ein Vorland überschwappen, das 260 Meter breit ist und mit einem zweiten Damm abgeschlossen wird.

Dieser Rheinabschnitt war Gegenstand mehrerer Staatsverträge zwischen Österreich und der Schweiz. Mit zwei Durchstichen von Rheinschlingen wurde er nachträglich um zehn Kilometer Länge verkürzt, damit sich ein besserer Abfluss ergeben sollte. Das ist im Deltabereich bis heute nicht ausreichend gewährleistet.

Heute ist der Alpenrhein mit Ausnahme bei Mastrils im Bündnerland (Abb. 95) durchgängig kanalisiert und entspricht einer «Wasser-Autobahn». Ausser bei Mastrils gibt es im Alpenrhein auch keine intakten Auen mehr – diese sind in der zweiten Hälfte des 19. Jahrhundert eliminiert worden. Damit ist der biologisch vielfältigste Lebensraum unserer Breiten am Alpenrhein zerstört worden. Wo es hinter den Rheindämmen noch Wald gibt, ist dieser mangels Überschwemmungsmöglichkeit keine Aue mehr.

Im Rhein bilden sich bei Nieder- bis Mittelwasserführung bis zur Illmündung Kiesbänke (Abb. 96). Auf ihnen brütet der Flussregenpfeifer als stark gefährdete Art (Abb. 97), ebenso können sich stellenweise der Sanddorn und die Deutsche Tamariske als gefährdete

Abb. 94: Bruch des Rheindamms bei Schaan 1927: der Fluss überschwemmte und verwüstete die Talebene auf einer Länge von 15 Kilometern. Foto: Landesarchiv Liechtenstein

Abb. 95: Die Mastrilser Auen – der letzte Auwaldrest am Alpenrhein. Foto: Rainer Kühnis

Abb. 96: Bei Nieder- und Mittelwasserführung des Alpenrheins bilden sich Kiesbänke, an denen sich Gehölze ansetzen können.

Abb. 97: Der stark gefährdete Flussregenpfeifer brütet mit 30 Brutpaaren auf den Kiesinseln des Alpenrheins, der hier das wichtigste Brutgebiet der Schweiz bildet. Foto: Rainer Kühnis

Abb. 98: Die Deutsche Tamariske – ein stark gefährdetes Pioniergehölz der Wildflüsse. In Liechtenstein durch den Wasserbau wieder eliminiert.

Pflanzenarten festsetzen (Abb. 98), falls man dies wasserbaulich erlaubt. Der Alpenrhein gibt vor allem in seinem unteren Abschnitt wegen mangelnder Hochwassersicherheit Anlass zur Sorge. Mehr als 100 Jahre nach der massiven Rheineindämmung wurde erkannt, dass man dem Fluss zu wenig Raum gewährt hat.

Erste Idee zur Rheinausweitung

Jede Veränderung beginnt damit, dass bestimmte Menschen etwas wollen, an die Machbarkeit von Veränderungen glauben und ihre Ideen leben. Damit die Idee aber Realität wird, muss sie als Welle auf die ganze Bevölkerung und schliesslich auf die Politik überschwappen. Dies kann dauern. Die erste Idee für eine Rhein-Wiederbelebung stammt vom Bauingenieur ETH Franco Schlegel aus Wangs (SG). Er legte sie in einer Arbeit am Institut für Orts-, Regional- und Landesplanung an der ETH Zürich vor (Schlegel 1983). Der Fluss sollte wieder zu einer zentralen Lebensader der Landschaft gestaltet werden.

Nach Meinung Schlegels ist es die Aufgabe unserer Generationen, das Rheinkorrektionswerk weiterzuentwickeln und die Rheinlandschaft zu einer dynamischen Lebensader zu gestalten. Neben Ausweitungen am Rheinbett sollten auch die beiden Rheinschleifen bei Diepoldsau und der Alte Rhein bei St. Margrethen in das Revitalisierungsprojekt einbezogen werden. Mit Dammverschiebungen könnten dem Fluss 115 Hektaren Land zur Verfügung gestellt werden – unter weitgehender Schonung des Kulturlandes. Die Fläche bezieht die Galeriewälder entlang des Rheines ein.

Franco Schlegel berechnete, dass die jährlichen Erstellungskosten gleich hoch seien wie der Bau von fünf Kilometer Autobahn. Um seine Ideen zu visualisieren und zu kommu-

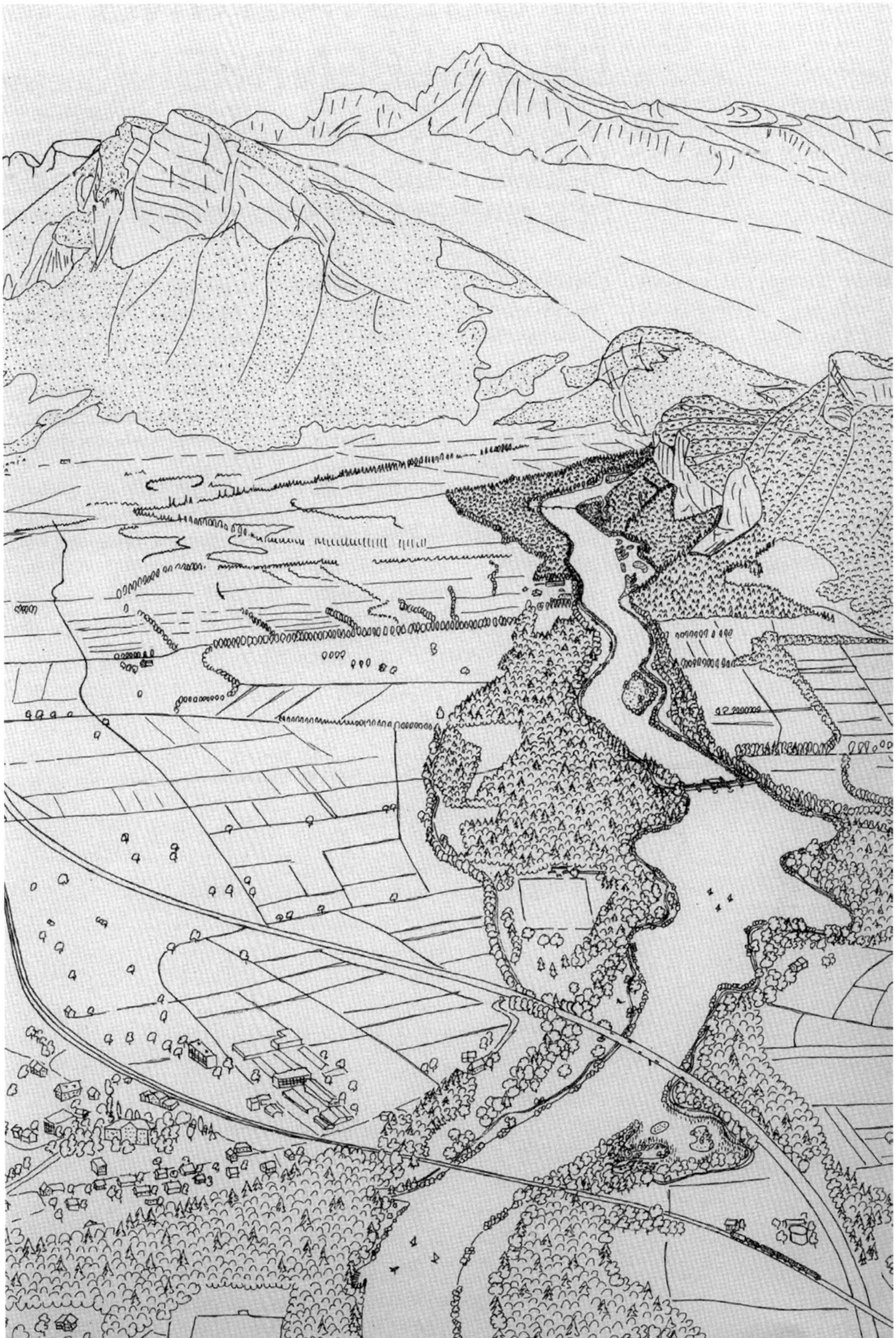

Abb. 99: Vom Bäderort Bad Ragaz im Vordergrund fliesst der Alpenrhein als grosszügiger Gestalter seines Tales gegen die mächtige Berggestalt des Gonzen, die den Fluss durch die Engnis am Schollberg nach Nordosten zwingt. Zeichnung: Franco Schlegel

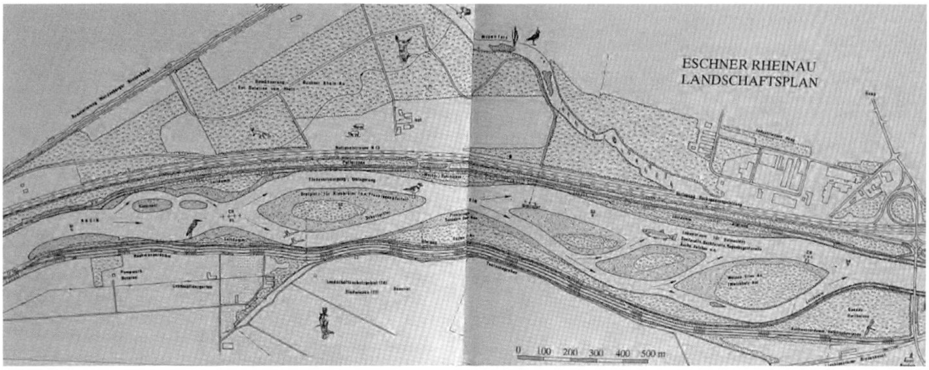

Abb. 100: Landschaftsplan der Eschner Rheinau gemäss dem Vorschlag von Franco Schlegel. Zeichnung: Franco Schlegel

nizieren, fertigte er in den Folgejahren perspektivische Zeichnungen für einzelne Flussabschnitte an. Ebenso erstellte er mit Akribie Gestaltungsskizzen für einige Stellen wie der Eschner Au, im Erholungsraum von Vaduz oder die Ausweitung zwischen Kriessern (SG) und Mäder (Vorarlberg) (Abb. 99, 100).

Die Ideen von Franco Schlegel fanden in den regionalen Umweltkreisen Anklang und wurden seither immer wieder aufgegriffen. Weniger Anklang fand seine Arbeit vorerst an der ETH Zürich, wo ein Wasserbauprofessor meinte, eine solche Studie sei als Wunschtraum zulässig, aber nicht als Vorschlag für eine Realisierung. Oder sei dies gar als Scherz zu verstehen? So könne die Landesplanung in Verruf kommen.

Am 22.Oktober 1985 lud die Liechtensteinische Gesellschaft für Umweltschutz (LGU) zu einer öffentlichen Podiumsdiskussion mit dem Ideengestalter ein. Es folgten viele weitere Veranstaltungen für das Anliegen, so zwischen 2014 bis 2023 mit neun Rheinfesten, aber auch Schriften wie «Neues Leben für den Alpenrhein?» der Botanisch-Zoologischen Gesellschaft Liechtenstein-Sargans-Werdenberg im Jahre 1995.

Wertvolle Impulse rund um die Neugestaltung des Alpenrheins wurden mit dem «Gewässer- und fischökologischen Konzept Alpenrhein» geschaffen, das die Abteilung für Hydrobiologie, Fischereiwirtschaft und Aquakultur der Universität für Bodenkultur in Wien ausarbeitete und darin 20 Ausweitungen vorschlug (Eberstaller *et al.* 1997). Dieses Institut hatte bereits einiges an Kenntnis über den Alpenrhein durch die Mitwirkung in der Umweltverträglichkeitsprüfung der Rheinkraftwerke Ende der 1980er-Jahre geschaffen. Die gewässerökologische Studie wurde zur zentralen Arbeitsbasis für künftige Revitalisierungsüberlegungen. Mit der Gründung der «Internationalen Regierungskommission Alpenrhein» im Jahre 1995 standen geeignete Instrumente für eine grenzüberschreitende Gestaltung des Alpenrheins zur Verfügung.

Entwicklungskonzept Alpenrhein

Im Jahre 1995 kamen die Regierungen der Kantone St. Gallen und Graubünden, des Fürstentums Liechtenstein und Vorarlberg überein, eine Koordinationsgruppe «Alpenrhein» (IRKA) unter der Leitung der Internationalen Rheinkommission (IRR) einzurichten. Es sollten Lösungsansätze für offene Fragen aufgenommen werden. Im Dezember 1998 verankerten die vier Regierungen ihr Ziel der Zusammenarbeit mit einer Kooperationsvereinbarung. Es folgten mehrere Studien. Mit dem Entwicklungskonzept «Zukunft Alpenrhein» wurde eine gemeinsame Initiative der IRKA und der IRR zur nachhaltigen Entwicklung am Alpenrhein festgelegt (IRKA und IRR 2005). In dieser Initiative arbeiten die vier Regierungen und die zuständigen Bundesstellen in Bern und Wien zusammen. Die IRKA gibt halbjährlich eine Alpenrheinzeitung heraus.

Das Entwicklungskonzept ist ein schutzwasserwirtschaftlich motiviertes Projekt. Parallel dazu sollen aber auch wesentliche Verbesserungen im Bereich Grundwasser, Ökologie und Naherholungswert angestrebt werden. Man hat festgestellt, dass zur Behebung der flussbaulichen und ökologischen Defizite am Alpenrhein mehr Raum erforderlich ist. Als ein Massnahmentyp sind Aufweitungen vorzusehen, die den Eintiefungsprozessen entgegenwirken und die Abflusskapazitäten steigern. Für die Vernetzung der Aufweitungen sollten die naturnah gestalteten Abschnitte nicht weiter als drei bis vier Kilometer Entfernung voneinander liegen. Es wird auch eine Passierbarkeit mit den Seitengewässern gewünscht.

Die Grundlage für weitere Schritte bildete ein Basis-Monitoring, welches 2007 vorgelegt wurde (Internationale Regierungskommission 2007). Es folgte eine regelmässige Überprüfung der Fischfauna. Für Österreich gilt zudem die EU-Wasserrahmenrichtlinie, die vorschreibt, dass alle Flüsse bis 2015 wieder in einen ökologisch guten Zustand zu bringen sei, was im Falle des Alpenrheins für Österreich als EU-Mitglied nicht erreicht wurde. Die Bestandesaufnahmen der Fische der Jahre 2005, 2013 und 2019 zeigten im Gegenteil eine weitere Verschlechterung an.

Der Raumbedarf ist wie in anderen Fällen auch am Alpenrhein umstritten. Man ist mit Bauten und Anlagen dem Fluss generell sehr nahegerückt. Beim offenen Kulturland wehren sich landwirtschaftliche Kreise, aber auch Gemeinden, die für ihre Grundwasserpumpwerke im Nahbereich des Rheines Bedenken anmelden. Als Diskussionsgrundlage für den umstrittenen Raumbedarf für einen wiederbelebten Rhein gaben verschiedene Umweltverbände bei der Flussbau AG in Zürich eine Studie in Auftrag (Flussbau AG 2020). Der Fachbericht beschäftigt sich mit dem früheren und heutigen Zustand. Die gewünschten minimalen Gewässerräume variieren zwischen 123 Meter bei Reichenau und 500 Meter bei Fläsch-Trübbach, wobei auch die Möglichkeiten für Auenwaldbildungen in Abhängigkeit von den Sohlenbreiten untersucht wurden. Unter 200 bis 250 Meter Breite ist eine Auenwaldbildung nicht möglich.

Rhein-Erholung und Sicherheit

Aufgrund der unterschiedlichen Rheindammprofile mit einem Hochwuhr bis zur Einmündung vor der Ill und einem Doppelprofil weiter flussabwärts existieren zwei unterschiedliche Abschnitte für die Rheinrevitalisierung. Mit dem integralen Projekt RHESI zwischen der Schweiz (St. Gallen) und Österreich (Vorarlberg) soll der Hochwasserschutz im Rheintal ab der Ill-Einmündung bis zum Delta, also auf 26 km, verbessert werden. Die Hochwassersicherheit soll von einem 100-jährlichen zu einem 300-jährlichen Ereignis erhöht werden. Bei einer allfälligen Überschwemmung wurden Schadensfolgen von 13 Milliarden Franken berechnet. Die Baukosten für die nächsten 20 Jahre sollen sich auf etwas über 2 Milliarden Franken belaufen. Der Rhein soll als Lebensraum für Mensch und Natur aufgewertet werden, wobei einige Kompromisse in der Planung eingegangen wurden.

Auch in diesem Abschnitt sollen verschiedene Aufweitungen umgesetzt werden. Die Grösste soll im Bereich Koblach erfolgen. Im März 2024 gab es Anhörungen. Mit der Unterzeichnung des 4. Staatsvertrages am 17. Mai 2024 zwischen Österreich und der Schweiz, 130 Jahre nach Beginn der Verbauungen, kam dieses Vorhaben ins Rollen. Am 3. Juli 2024 wurde das Projekt im österreichischen Nationalrat genehmigt, in der Schweiz am 26. September 2024. Baubeginn dürfte frühestens im Jahr 2028 sein.

Zustände wie an der Rhône im Wallis gilt es am Alpenrhein zu vermeiden. Dort wurde von bäuerlichen Kreisen nachträglich der Landverlust als zu hoch beurteilt, man solle die 3. Rhônekorrektion redimensionieren. Die Walliser Staatsregierung gab nach, worauf es zur Sistierung des bereits bewilligten und finanzierten Projekts kam. Im Juni 2024 traten im Wallis zwei Hochwasserereignisse ein, wobei dasjenige vom 29./30. Juni 2024 erheblichen Schaden verursachte. Die Fachwelt schüttelte den Kopf ob des dortigen Verhaltens, der Katzenjammer war gross, eine parlamentarische Untersuchungskommission machte sich auf die Suche nach den Schuldigen.

Geplante Ausweitungen im Bereich Liechtenstein-St. Gallen

Vier der im gewässer- und fischökologischen Gutachten genannten möglichen 20 Ausweitungen betreffen den Bereich Liechtenstein–St. Gallen, liegen also im Hochwuhrbereich oberhalb der Illeinmündung. Die vier Ausweitungen sind im liechtensteinischen Landesrichtplan zur Kenntnis genommen. Es gilt die Landschaft neu zu organisieren (Abb. 101). Wir brauchen nicht nur eine Repetition von Kiesinseln im Rhein, sondern auch «produktivere» Bereiche wie Stillwasser und naturnahe Mündungsbereiche, um die aquatische Vielfalt zu erhöhen und zonale Übergänge zu Auen zu schaffen.

Noch weiter oben haben die Gemeinden Bad Ragaz und Maienfeld die Zeichen der Zeit erkannt. Sie wollen auf einer Strecke von 3,3 km umsetzen, was laut Umfragen schon längst im Alpenrheintal mehrheitsfähig ist. Dieses 73 Millionen-Projekt soll gegen Ende 2027 starten. Der Landbedarf wird mit 45 Hektaren auf der Ragazer Seite und 26 Hektaren auf der Maienfelder Seite beziffert. Mit der maximal möglichen Flussbettbreite von 237 Metern wird der Sprung des Gerinnes mit alternierenden Kiesbänken zur Weichholzaue erwartet. Diese Aufweitung umfasst auch eine Aue von nationaler Bedeutung, die so wieder reaktiviert werden kann. Es ist anzunehmen, dass die Rheinaufweitung bei Maienfeld-Bad Ragaz die erste grössere ihrer Art am Alpenrhein sein wird.

Nachfolgend zwischen Vilters-Wangs und Trübbach könnte der Alpenrhein ebenfalls auf einer Länge von rund 6 Kilometern vor allem linksufrig auf bis 250 Meter verbreitert werden. Die Aufweitung auf der Sarganser Seite kann weitgehend ohne Landwirtschaftsland auskommen. Der Sarganser Gemeinderat steht seit Jahren einstimmig hinter dem Vorhaben. Eine Machbarkeitsstudie liegt ebenfalls vor. Die Gemeinden Sargans (SG), Balzers (FL) und Fläsch (GR) sind in einem gemeinsamen Schreiben an die Behörden gelangt und forderten weitere Schritte. Die betroffenen Regierungen meinten, dass das Projekt vorerst nicht realisiert werden könne, weil keine Kapazitäten vorhanden seien. Es ist offensichtlich, dass das grosse Projekt RHESI weiter flussabwärts Kräfte bindet. Die hier zu erwartende zeitliche Verzögerung ist bei den günstigen Rahmenbedingungen für eine Ausweitung umso weniger nachzuvollziehen.

Zäher gestalten sich die vier Ausweitungen auf der gemeinsamen Strecke Liechtenstein-Werdenberg (St. Gallen). Die Aufweitung bei Balzers-Trübbach soll nach Meinung der Liechtensteinischen Gesellschaft für Umweltschutz (LGU), dargestellt in den Neujahrsblättern 2017 der Gemeinde Balzers, weitgehend ohne Agrarland möglich sein, weil Reste der Galeriewälder integriert werden können (Schlegel und Gstöhl 2016) (Abb. 102). Diese Aufweitung sorgt «in der Perlenschnur» für die notwendige Kontinuität in der Abfolge. Die nachfolgende Aufweitung bei Sevelen-Vaduz könnte der Erholungsnutzung dienen. Die betroffene Landeigentümerin, die Bürgergenossenschaft Vaduz, sieht die Ausweitung kritisch, was einem zügigen Vorangehen nicht förderlich ist. Für die Naturanliegen ist die nachfolgende Aufweitung unterhalb von Schaan bis in den Bereich von Bendern auf der rechten Rheinseite besonders wichtig. Es ist dies einer der wenigen Kernräume für die Naturentwicklung. Er liegt im regional bedeutsamen Wildtierkorridor vom Toggenburg zum Drei-Schwestern-Massiv. Hier wird bald eine Ökobrücke über die Nationalstrasse A 13 erstellt, die am Rhein seine hindernisfreie Fortsetzung finden sollte.

Die Initiative «Werkstatt Faire Zukunft» hat sich mit dieser Ausweitung intensiver beschäftigt und konkrete Vorschläge für deren Ausgestaltung vorgelegt. Die Behörden

Abb. 101: Visualisierung der Frutz-Einmündung bei Koblach (Vorarlberg) in den Alpenrhein a) heute und b) nach der Rheinausweitung. Fotos: Internationale Rheinregulierung IRR

Abb. 102: Blick vom Regitzer Spitz (1125 m ü. M.) ob Fläsch (GR) mit Blick auf das Sarganserland mit den alten bestockten Giessgängen. Der Galeriewald entlang des linken Rheinufers kann hier in die Rheinausweitung eingebracht werden.

zögern, die hier mögliche Ausweitung an die Hand zu nehmen und möchten sich mit einer kleineren Variante begnügen. Der früheste Baubeginn wird mit 2031 angegeben. Damit wird aus ökologischer Sicht die geeignetste Lösung vermasselt. Hier wünschte ich mir «die Taube auf dem Dach anstelle des Spatzes in der Hand» als kleine Lösung. Es wird eine Jahrhundertchance verspielt.

Die «Werkstatt Faire Zukunft»

Die bereits erwähnte «Werkstatt Faire Zukunft» entstand 2012 auf Initiative von Dr. Peter Goop, Rechtsanwalt und Philanthrop aus Vaduz (*fairezukunft.org*). Sie verstand sich als ein Gefäss, das sich mit den Fragen eines enkeltauglichen und klimaverträglichen Lebensstiles beschäftigt. Sie konzentrierte ihre Aktivitäten auf das Vorhaben der Rheinausweitung. Die «Werkstatt Faire Zukunft» bestand aus der Troika Dr. Peter Goop, dem Geschäftsführer Andreas Götz aus Sevelen und mir. Wir setzten uns intensiv für eine erste Rheinausweitung im Abschnitt Schaan-Bendern mit Positionspapieren und Vorschlägen für Lösungsansätze ein. Die Werkstatt unterstützte ihrerseits die internationale Plattform «Lebendiger Alpenrhein», die ab 2012 als Vereinigung der Natur- und Umweltinstitutionen von Vorarlberg, St. Gallen, Graubünden und Liechtenstein aktiv ist (*lebendigerrhein.org*).

Bereits in einer Umfrage des Jahres 2011 wurde festgestellt, dass 81 Prozent der Bewohner des Alpenrheintals die Bemühungen am Alpenrhein unterstützen. Dies wurde in einer weiteren Umfrage im Jahr 2016 bestätigt, die von der «Werkstatt Faire Zukunft» initiiert wurde. Für die Kommunikation mit der breiten Bevölkerung haben wir neue Kommunikationswege gesucht, so mit einem Kurzvideo mit Drohnenaufnahmen im Jahr 2016. Vier Jahre später führten wir mit weiteren regionalen Institutionen ein Filmfestival «Flüsse» durch. 2022 stellten Christian Göldi, ein Pionier des naturnahen Wasserbaues, und ich die 40-jährigen Bemühungen zur Revitalisierung des Alpenrheins in einem Beitrag in den

«Werdenberger Geschichten» zusammen. Es ist eine wahre Via dolorosa. Der Initiative «Werkstatt Faire Zukunft» kam mit ihrer Kommunikationskampagne eine wichtige Rolle zu – ohne sie wäre wohl das Anliegen für Rheinausweitungen noch weiter zurückgestellt worden.

Die «Rhyfäschte» als Promotoren

Als Ausdruck für die Verbundenheit mit dem Fluss veranstalteten wir alljährlich ein Rheinfest. Es sollte Ausdruck eines wachsenden zivilgesellschaftlichen Interesses der Bevölkerung am Rhein sein. Die Rheinfeste der Jahre 1986 bis 1992 galten dem Kampf gegen das Projekt der Rheinkraftwerke (Abb. 103). Das erste Rheinfest am 21. August 1986 wurde von der Liechtensteinischen Gesellschaft für Umweltschutz (LGU) gemeinsam mit der «Vereinigung zum Schutz des Rheines», dem Pontonier-Fahrverein Buchs, den ornithologischen und botanischen Vereinen und den Fischereivereinen aus Liechtenstein und Werdenberg durchgeführt. Ziel war es, den naturkundlichen Wert sowie den Erholungswert des Rheins einem breiten Publikum näher zu bringen. Dafür wurden Informationsstände aufgebaut und ein Festbetrieb organisiert.

In den folgenden Jahren setzten wir verschiedene Mottos, so am 23. August 1987 «Kunst am Strom» mit Teilnahme von mehr als 50 Kunstschaffenden aus der Region (Abb. 104, 105). Am 18. August 1991 gaben wir uns mit dem Thema «Unser Rhein als Erholungsraum» ein Stelldichein. Das letzte «Rhy-Fäscht» vom 30. August 1992 der ersten Periode war ein fröhlicher Anlass mit Clowns, Pantomimen, Jongleuren und mit

Abb.103: Am Alpenrhein sollten fünf Staustufen installiert werden, wogegen sich Widerstand bildete. Mit «Rhyfäschte» wurden die Argumente dagegen dargelegt. Das Projekt bestand die Umweltverträglichkeitsprüfung nicht.

Abb. 104: Rhyfäscht – ein Ereignis für Kinder. Foto: ImageDifferent, Andreas Butz

Geschichten aus dem Märchenland. Mit dem inzwischen eingetretenen Verzicht auf die Rheinkraftwerke wurden diese Rheinfeste eingestellt.

2014 wurden sie aus Anlass des «World Fish Migration Day» wieder aufgenommen und setzten sich während neun Anlässen für die Wiederbelebung des Alpenrheins ein. Für das Volksfest wählten wir den Standort beim Kletterfelsen am Rheindamm in Balzers. Dort wurde am Ende des Rheindamms jeweils ein Festzelt aufgestellt und durch verschiedene Informationsstände ergänzt. Für die Kinder gab es verschiedene Aktivitäten wie Ponyreiten, Klettern, Steine schleifen, Kanufahren oder Rheinholzen (Abb. 106), für die Erwachsenen Kurzreferate zur Thematik mit Fachleuten und Ehrengästen aus der Politik.

Die Federführung bei der Durchführung lag bei der «Werkstatt Faire Zukunft» in Zusammenarbeit mit weiteren Institutionen. Mit der letztmaligen Durchführung des «Rhyfäschtes» am 24. 9. 2023 stellte die «Werkstatt Faire Zukunft» ihre langjährigen Bemühungen zu den Rheinaufweitungen ein. Damit verbunden ist die Meinung, dass nun die Sensibilisierung der Bevölkerung für das Anliegen der Rheinaufweitung ausreichend vorliege. Es war dies eine intensive und aufwendige Tätigkeit zur Promotion dieses Anliegens.

Ausblick auf den Rhein der Zukunft

Neben der Klimakrise haben wir uns mit der Biodiversitätskrise auseinanderzusetzen. Beide Krisen müssen gemeinsam behandelt werden. Die Gewässer sind offensichtlich die grössten Verliererinnen in beiden Umweltkrisen. Die Zusammenhänge sind vielschichtig, und wir tun uns mit der Kommunikation komplexer Fragen schwer. Es muss oberste Priorität haben, die letzten naturnahen Flüsse im Alpenraum langfristig zu erhalten. Wir brau-

Abb. 105: Der Künstler Friedensreich Hundertwasser (1928–2000) setzt sich für das Wasser ein.

Abb. 106: Wasser und Kinder gehören zusammen. Foto: ImageDifferent, Andreas Butz

Abb. 107: Es braucht etwas mehr Raum und der Alpenrhein kann als Natur- und Erholungsort dienen.

Abb. 108: Flusskraftwerk Reichenau/GR. Foto: Werkstatt Faire Zukunft

chen sie als Referenzsystem, um zu verstehen, wie diese naturnahen Ökosysteme funktionieren. Die begangenen Fehler sind durch Wiederbelebungen der Flüsse zu kompensieren (Abb. 107). Dafür braucht es eine mutige Politik, die sich nicht aus der Verantwortung stiehlt.

Vor 40 Jahren wurde eine Wiederbelebung des Alpenrheins erstmals propagiert. Wenn alles klappt, werden wir in wenigen Jahren erste «Muster» erhalten. Und hätte ich hierzu noch einen weiteren Wunsch frei, so wünschte ich mir, dass die einzige Staustufe zur Energiegewinnung im Alpenrhein bei Domat-Ems entfernt wird und so das Kontinuum im Fluss wieder hergestellt würde (Abb. 108). Die Forderung eines Abbruches einer Kraftwerk-Staustufe klingt visionär bis utopisch, wurde aber zahlreich in den USA und auch schon an der Loire in Frankreich für eine freie Lachswanderung praktiziert. Man spricht von «De-Damming». Unser «Lachs» heisst Bodensee-Seeforelle – und würde die Unterstützung verdienen.

Publikationen von Mario Broggi zum Thema «Wiederbelebung des Alpenrheins»
Publikationsliste siehe Anhang (Stand Juli 2025)
Aktualisierte Publikationsliste: *www.mariobroggi.li/pub/alpenrhein*

3.4 Frust und Freude im Flachmoor Ruggeller Riet

Im Bangser Zipfel nördlich von Ruggell im Liechtensteiner Rheintal befand sich in den 1960er-Jahren ein noch kompaktes Streueland auf wechselfeuchten mineralischen Böden unmittelbar an der österreichischen Landesgrenze. Hier wuchsen grosse Bestände der Sibirischen Schwertlilie und der Sumpfgladiole (siehe Kap. 5.2). Bedingt durch die Kiesentnahmen im Alpenrhein sank die Rheinsohle ab den 1950er-Jahren um 5 Meter. Dadurch sank auch das Grundwasser. Diese Entwicklung erlaubte eine Intensivierung der Landwirtschaft ohne aktive Entwässerungen. Bis in die frühen 1980er-Jahre wurden hier die einst vielfältigen Iriswiesen weitgehend umgepflügt. Schutzbestrebungen für den Bangser Zipfel waren ungehört verhallt.

In direkter Nachbarschaft im Osten lag das noch weitgehend intakte Flachmoor Ruggeller Riet (Gemeinden Ruggell und Schellenberg) (Abb. 109). Noch als Forstpraktikant unterbreitete ich 1968 der staatlichen Naturschutzkommission Vorschläge zur Erhaltung dieser Riedflächen. Diese präzisierte ich 1970 nach meiner Rückkehr nach Liechtenstein.

Abb. 109: Luftbild aus den 1970er-Jahren mit dem Grenzbereich Ruggeller Riet zu Vorarlberg (links). Braun die Streuewiesen; Striche deuten ehemalige Wasserläufe an. ©swisstopo

Gründung einer Botanisch-Zoologischen Gesellschaft

In diese Zeit fiel das Europäische Naturschutzjahr, das der Europarat 1970 ausgerufen hatte. Es war die wohl erfolgreichste Naturschutzkampagne der letzten Jahrzehnte in Europa. Auch Liechtenstein beteiligte sich daran, obwohl das Land damals weder Mitglied noch Beobachter beim Europarat war. Mit der etwas holprigen Bezeichnung «Aktionskomitee zur Aktivierung des Natur- und Umweltschutzes» wurde mit allen zielverwandten Organisationen eine Institution für die Durchführung dieser Kampagne eingerichtet, deren Geschäftsführer ich wurde.

Ein «Kind» des Naturschutzjahres 1970 wurde der regionale Naturforschende Verein, den wir Botanisch-Zoologische Gesellschaft Liechtenstein-Sarganserland-Werdenberg (BZG) benannten, um den grenzüberschreitenden Charakter zu betonen. Fernab der Universitätsstädte galt das Gebiet beiderseits des Rheins lange Zeit als ein «weisser Fleck» auf der naturkundlichen Landkarte. Bei ihrer Gründung am 31. Mai 1970 unter freiem Himmel im Ruggeller Riet setzte sich die BZG die Erforschung dieser Region als ihr erstes und vordringlichstes Ziel.

Bereits im Gründungsjahr erstellte der regionale Botaniker Heinrich Seitter aus Sargans eine erste Florenliste für das Gebiet. Ende 1970 konnte jedem liechtensteinischen Haushalt die Naturschutzschrift «Mensch – Natur und Landschaft» abgegeben werden, in der u.a. auf die Bedeutung des Ruggeller Riets aufmerksam gemacht wurde.

Der Ruf als Hort einer bemerkenswerten Pflanzenwelt drang bald über die Landesgrenzen hinaus. Wir baten 1971 Professor Dr. Frank Klötzli vom Geobotanischen Institut der ETH Zürich, uns in einem Gutachten die internationale Bedeutung zu bestätigen. Er kam ob der angetroffenen botanischen Artenvielfalt ins Schwärmen. Auch der WWF-International bestätigte 1976 die überregionale Bedeutung. Mit Unterstützung des WWFs erstellte ich den ersten Pflegeplan.

Vorstösse für eine Unterschutzstellung

Ab 1971 wurden die Schutzbemühungen intensiviert. Ich informierte und dokumentierte die beiden tangierten Hoheitsgemeinden Ruggell und Schellenberg über die Schutzinhalte. Am 13. Januar 1972 bildetet sich offiziell unter der Federführung der BZG ein Aktionskomitee mit dem Motto «Rettet das Ruggeller Riet» im Landesmuseum mit allen zielverwandten Organisationen. Wir schrieben die 256 betroffenen Grundeigentümer an und unterbreiteten ihnen das Schutzanliegen. Am 30. Mai 1972 fand ein Orientierungsabend in Ruggell statt, an dem die BZG-Vorstandsmitglieder mit Hilfe einer vierstrahligen Diaschau die Bedeutung des Lebensraumes Ruggeller Riet erläuterten. Es ergab sich anschliessend eine lebhafte Diskussion mit einer positiven Grundstimmung, aber auch kritischen Voten einiger Landwirte. Wir waren damals froh, mit unserem BZG-Vorstandmitglied Frater Dr. Ingbert Ganss, Rektor des Liechtensteinischen Gymnasiums, einen Geistlichen unter uns zu haben, der mit seiner Autorität beruhigend auf die Gemüter einwirkte. Mir reichte es nachfolgend zur Ehre, als einer der Initianten der Unterschutzstellung als Fasnachtssujet für den Ruggeller Umzug zu dienen.

1972 wurde eine pflanzensoziologische Kartierung des Ruggeller Riets durch das Geobotanische Institut der ETH Zürich vorgenommen. Ab 1973 fanden die ersten Bodenkäufe statt. Am 6. Dezember 1973 erschien in Liechtenstein eine vierteilige Briefmarkenserie mit bedrohten Tieren des Riets, mit dem Tagfalter Moorwiesenvögelchen, dem Grossen Brachvogel, dem Wasserfrosch und der Ringelnatter (Abb. 110).

1976 schaltete sich die zwischenzeitlich gegründete Liechtensteinische Gesellschaft für Umweltschutz (LGU) in die Schutzbemühungen ein und beteiligte sich an der Feucht-

Abb.110: Briefmarken für die Unterstützung des Schutzanliegens des Ruggeller Rietes.

gebietskampagne «Pro Natura helvetica» mit dem Slogan «Für mehr Natur in Liechtenstein». An jeden Haushalt verschickten wir damals eine Broschüre über die Bedeutung der Feuchtgebiete. Die LGU verkaufte 269 ideelle Partizipationsscheine und Briefverschlussmarken im Wert von 40000 Franken zu Gunsten des Ruggeller Riets. Es folgten mehrere Vorstösse bei der Regierung für eine Unterschutzstellung. Doch die Rechtsgrundlage des damals gültigen Naturschutzgesetzes wurde – nur schwer verständlich – als nicht ausreichend bezeichnet, obwohl seit 1962 bereits ein Flachmoor im Bereich «Schwabbrünnen-Äscher» nördlich von Schaan als Naturschutzgebiet bestand.

Die Schutzlegung 1978

Zehn Jahre nach den ersten Bemühungen wurde am 17. Oktober 1978 mit neuer gesetzlicher Grundlage die Schutzlegung erreicht. Es war dies das Ergebnis «lästiger» ständiger Vorstösse aus Naturschutzkreisen. 1979 stellten wir jedem Haushalt in Ruggell und Schellenberg eine Broschüre über die Schutzinhalte zur Verfügung (Abb. 111). Diese Aufgaben waren rückblickend für alle ehrenamtlich Tätigen fast zu gross. Ich investierte tausende von Stunden, und auch meine BZG- und LGU-Mitstreiterinnen und Mistreiter leisteten ihren zeitlichen Obulus. Einige Leute konnten sich kaum vorstellen, dass wir dies ohne Eigennutz machten und fragten, wie hoch die staatlichen Entschädigungen waren – die es aber gar nicht gab, obwohl die Aufgabe ja Sache des Landes gewesen wäre. Es war rückblickend zusammen mit der Thematik der Rheinausweitung mein aufwändigster Einzeleinsatz.

Rückblickend haben wir sicher auch Fehler gemacht – wir waren jung, idealistisch und ich manchmal etwas ungestüm. Ich erinnere mich an Leserbriefduelle mit einem Lokalpolitiker aus Ruggell und Landwirt, nachdem eben jener Politiker mit Zustimmung der Gemeinde eine der schönsten Iriswiesen im Gemeindebesitz einfach umgepflügt hatte.

Die nachfolgende Durchsetzung der Schutzbestimmungen gestaltete sich aufwändig. Es kam zu vielen Umweltverstössen, und im Naturschutzgebiet wurden noch Subventionen für den Maisanbau entrichtet.

Mit dem Ruggeller Julius Eberle konnte schliesslich ein einheimischer Gebietsbetreuer eingestellt werden, der für die Überwachung zuständig war und mit der lokalen Bevölkerung das Gespräch suchte. Er übernahm meine bisherigen Verhandlungen für Bodenkäufe und Pachten. Die Grundeigentümerinnen im Gebiet waren häufig Frauen. Einige dieser Frauen hatten ins nahe gelegene und ebenfalls katholische Vorarlberg geheiratet, woraus sich ein markanter Anteil Vorarlberger Besitz im Riet ergab. Einige dieser Besitzerinnen bzw. ihre Nachkommen wussten gar nicht mehr, wo sich ihr Eigentum befand oder wer es bewirtschaftete. Wir fragten alle Vorarlbergerinnen und Vorarlberger an, ob die Parzellen zu kaufen sind oder ob man sie pachten kann. Diese Bodenverhandlungen waren sehr aufwändig.

Die Hausbesuche hatten ihre eigenen Rituale. Man sprach zuerst über Gott und die Welt und dies wurde mit M&S (= Most und Schnaps) begleitet, bevor auf den eigentlichen Diskussionsgegenstand eingetreten wurde. Bis Mitte 1989 konnten so 95400 m^2 gekauft und 324097 m^2 gepachtet werden, was 45 Prozent der gesamten Parzellen im Gebiet ausmachte. Mit dem Gesetz über die Ausrichtung von Flächenbeiträgen zur Erhaltung der Magerwiesen konnte das Land Liechtenstein mit allen Grundeigentümerinnen und -eigentümer eine jeweils zehnjährige Vereinbarung abschliessen. Das Land übernahm dann auch weitere Bodenkäufe.

Abb. 111: Jedem Haushalt in Ruggell und Schellenberg sowie den Grundeigentümerinnen wurde nach der Unterschutzstellung 1978 eine zwölfseitige Informationsschrift über das Naturschutzgebiet zugestellt.

Bedroht trotz Schutzlegung

Mit zwei weiteren isolierten Streueflächen nahe des Alpenrheins (Weienau und Schneckenäule) und einem im Jahre 1982 ergänzten Streueteil östlich des Reservats im Haslermahd umfasst das Schutzgebiet heute 93,4 Hektaren. Es ist damit das bedeutendste Naturschutzgebiet in Liechtenstein. Teile des angrenzenden Bangser Riedes in Vorarlberg mit 63 Hektaren stehen bereits seit 1974 unter Schutz. 1990 erstellte die BZG eine Naturmonografie, die auch die reiche Tierwelt abbildete.

Das Wahrzeichen des Ruggeller Riet – der Grosse Brachvogel – ist leider seit 1991 nicht mehr zur Brut erschienen, ebenso hat sich 2006 der Laubfrosch verabschiedet (Abb. 112). Als neues Wahrzeichen gilt das Moorwiesenvögelchen, ein Tagfalter, der inzwischen in der Schweiz ausgestorben ist und in Deutschland nur noch eine Population besitzt.

Das Ruggeller Riet bleibt trotz der Schutzlegung als Lebensraum mehrfach bedroht. Es wurde offensichtlich, dass Biodiversität in der täglichen Politik keine massgebliche Lobby hat, dafür aber die Landwirtschaft – und zwar auch dann, wenn sie die Umwelt massiv belastet. In der Naturmonografie von 1990 wurde die schleichende Eutrophierung (= Überdüngung) wie auch die Austrocknung im Reservat festgestellt. Solches lässt sich auch über Indikatorarten aus den Vegetationskartierungen 1972, 1993 und 2018 ableiten. Die Vegetationseinheiten hatten sich in Richtung Stickstoffanreicherung entwickelt. Darunter leiden vor allem die bisher nährstoffarmen Vegetationseinheiten mit Mehlprimel und Sonnentau.

Hinzu kommt, dass die beiden Flaggschiffarten der Pflanzenwelt, die Sibirische Schwertlilie und die Sumpfgladiole, ihre grössten Massenbestände nicht im Schutzgebiet haben, sondern ausserhalb in Streueresten im Bangser Zipfel und im südwestlichen Bereich ausserhalb des Reservates. Sie sind einzig durch die Prämienausschüttungen für den ökologischen Ausgleich «gesichert», also auf freiwilliger Basis.

Abb. 112: Im Ruggeller Riet ergab sich in den 1970er-Jahren unter einem Flurweg ein Rückstau mit Weiher, wo sich der Laubfrosch bis 2005 fortpflanzte, aber nach Verlandung dieser Wasserflächen wieder verschwand.

Problematisch sind Randeffekte. Zum Erhalt von Mooren gehören daher eigentlich auch Pufferzonen, die die Biotope ummanteln und vor dem Eintrag von Pestiziden und Düngemitteln schützen. Pufferzonen werden bisher in Liechtenstein nicht rechtlich ausgewiesen. Zum Erhalt der traditionellen Moorlandschaft wurde bereits im Naturschutzgutachten 1977 ein Landschaftsschutzgebiet vorgeschlagen – bisher vergeblich.

Stickstoff gelangt auch über die Luft ins Gebiet (siehe Kap. 2.3). Gemäss Messdaten aus dem Jahr 2019 sind die kritischen Belastungsgrenzen um das Dreifache überschritten. Hauptquelle der Emission ist die Landwirtschaft. Dort ist der Hebel anzusetzen.

Die intensive landwirtschaftliche Nutzung im Hinterland des Naturschutzgebietes kann im drainierten Moorboden zu einer jährlichen Absackung von 20 Millimetern pro Jahr führen. Das intakte Moor wächst hingegen um rund einen Millimeter pro Jahr. Dadurch entsteht eine Überhöhung des Bodenniveaus im Schutzgebiet, was zu Austrocknungen führt. In einer BZG-Studie im Auftrag des Landes wurde die Hydrologie im Gebiet im Detail erhoben und die Problematik dargestellt (BZG 2001). Erst 2020/21 erfolgte im Auftrag des Landes eine Massnahme mit regulierbaren Dammbauwerken.

Torfböden ertragen keine Intensivnutzung

Das Ruggeller Riet ist mit neun Metern Torf das tiefste Moor im Alpenrheintal (Schreiber 1910). Liechtenstein hat insgesamt 734 Hektaren organische Böden. Die meisten Moorböden sind heute entwässert.

Entwässerte organische Böden sind zunächst produktive landwirtschaftliche Standorte. Die landwirtschaftliche Nutzung verlangt hier nach einer Aufrechterhaltung der Entwässerungssysteme. Die kontinuierliche Sackung und Verdichtung der Böden setzt sich bei einer anhaltenden Intensivnutzung fort. Der Bodendruck der schweren Traktoren führt zudem zu Oberflächenverdichtungen und damit Vernässungen. Schliesslich wird ein Abpumpen des Drainagewassers notwendig, weil der Wasserabfluss mangels Gefälle bei der gegebenen Geländeabsenkung nicht mehr möglich wird. Die Mineralisierung durch den Torfabbau setzt sich fort.

Es folgt der Zeitpunkt für ein mehrstufiges Abpumpen. Das wird immer kostspieliger. Um es deutlich zu sagen: Moorböden und Intensivlandwirtschaft lassen sich nicht kombinieren. Dies bewirkt schwindende Moorböden und austretende Treibhausgase. Das Moor ist keine CO_2-Senke mehr, sondern wird zur CO_2-Quelle. Es besteht also Handlungsbedarf.

Die bisherige Subventionspraxis ist nicht umweltverträglich, die Moorböden müssen umweltverträglicher genutzt werden. Dies setzt höhere Wasserstände bis wenige Dezimeter unter Flur voraus, um den vorhandenen Torf zu erhalten und die Treibhausgasbilanz zu verbessern. Eine Renaturierung mit vollständiger Wiederkehr der Ökosystemfunktionen als Kohlenstoffsenke und Wasserspeicherung sollte im Vordergrund stehen.

Eine nachhaltige landwirtschaftliche Nutzung wäre durchaus möglich. Das Stichwort heisst Paludikultur (lat. *Palus* = Sumpf). Damit ist der Anbau nässetoleranter und nachwachsender Rohstoffe wie Schilf und Rohrkolben gemeint, die als Dämm- und Baumaterial oder für die Energiegewinnung aus Biomasse verwendet werden können. Die Biomasse einer Hektare Schilf entspricht dem Energiegehalt von 3000 Litern Heizöl. Als wirtschaftlich interessante Kultur wird neuerdings der Nassreisanbau auf der Alpennordseite der Schweiz mit einigen Landwirtschaftsbetrieben getestet, wobei die ersten Versuche positive ökologische Auswirkungen zeigen. Da würden sich Felder aufdrängen, deren Drainagesystem in die Jahre gekommen ist.

Massnahmen für Besucherlenkung

Das Ruggeller Riet hat internationale Ausstrahlung (Abb. 113). Die staatlich organisierte Streuenutzung hat sich inzwischen als Biotoppflege bewährt. Sie ist noch mehr zu staffeln, um den Wirbellosen eine Überwinterung in ungemähter Vegetation zu ermöglichen. Es gibt aber noch weitere Anforderungen an das Management des Feuchtgebietes. Natur und bäuerliche extensive Kultur sind nirgends so vereint wie in solchen Moorlandschaften. Die Torfhütten – einst über 100 und heute noch acht an der Zahl – bilden das kulturelle Wahrzeichen des Ruggeller Riets. Sie dienten der Streue- wie auch der Torflagerung. Der letzte Torfstich wurde bis 1993 betrieben (Abb. 114, 115). Ein demonstrativer und räumlich begrenzter Musterabbau von Torf wäre wünschenswert, um die frühere Praxis anschaulich zu machen. Die so geschaffenen offenen Wasserstellen wären Lebensraum für viele bedrohte Arten.

Eine Besucherlenkung im Gebiet ist nötig. Ein Teil des Riets wird als Vogelbrutgebiet vom 15. März bis 31. August für Besucherinnen und Besucher gesperrt. Bereits 1977 wurde angeregt, einen Beobachtungsturm mit Einsicht auf einen Weiher zu berücksichtigen. Im ersten Pflegeplan des Jahres 1979 wurde zudem in einer naturschutzeigenen Hütte ein kleines Informationszentrum vorgeschlagen, was auch für Schulen nutzbar gestaltet werden könnte. Am Rande des Schutzgebietes befindet sich ein nicht zonengerechtes Haus, wo allenfalls ein solches Zentrum eingerichtet werden könnte. Beide Anliegen fanden bisher kein Gehör. Naturschutz und die Sensibilisierung für die Natur gibt es nicht zum Nulltarif.

Abb. 113: Königin Elisabeth II (ganz rechts) von Grossbritannien besuchte mit dem Fürstenpaar im Mai 1980 das Ruggeller Riet.

Abb. 114: Bis anfangs der 1970er-Jahre wurde im Gebiet Torf gestochen und für den Hausbrand verwendet.

Abb. 115: Mit der Einstellung des Torfabbaues war auch der Verwendungszweck der Torfhütten nicht mehr gewährleistet, und diese zerfielen.

Mindeststandards noch nicht erfüllt

Das Ruggeller Riet verdient als das bedeutendste Naturschutzgebiet Liechtensteins und angesichts seiner internationalen Bedeutung unser besonderes Augenmerk (Abb. 116, 117). Einige der 1979 formulierten Schutz- und Unterhaltserfordernisse sind noch nicht erfüllt. Die erfolgreiche schweizerische «Rothenthurm-Initiative» zum Schutz der Moore und Moorlandschaften und deren Umsetzung wurde in Liechtenstein kaum zur Kenntnis genommen. So fehlt uns die dort gesetzlich vorgeschriebene Ausweisung von Pufferzonen und die Einrichtung von Moorlandschaften. Besonders wertvolle Lebensräume sind nicht im Schutzgebiet integriert. Der Düngereinfluss muss gemildert werden. Schade auch, dass für die Besucherlenkung und Information keine weiteren Schritte unternommen wurden.

Liechtenstein ratifizierte 1982 das Übereinkommen über die Erhaltung der europäischen wildlebenden Pflanzen und Tiere, die sogenannte Berner Konvention. 1991 unterzeichnete das internationale Vertragswerk des «Ramsar-Abkommens», ein Übereinkommen zu Schutz von Feuchtgebieten mit internationaler Bedeutung. 2024 hat Liechtenstein anlässlich eines Expertentreffens der Berner Konvention im Land den Antrag gestellt, das Ruggeller Riet als Smaragdgebiet in die Liste der europäischen Schutzgebiete aufzunehmen, was 2025 bewilligt wurde. Dafür gelten Mindeststandards. Es bleibt einiges zu tun, um diesen internationalen Biodiversitäts-Verpflichtungen nachzuleben.

Abb. 116: Aquarell von Louis Jäger – das Ruggeller Riet im Herbstaspekt.

Abb. 117: Aktueller Blick ins Naturschutzgebiet Ruggeller Riet vom Standort Hinterschellenberg aus.

Publikationen von Mario Broggi zum Thema Ruggeller Riet
Publikationsliste siehe Anhang (Stand Juli 2025)
Aktualisierte Publikationsliste: *www.mariobroggi.li/pub/riet*

4 Naturschutz-Stiftungen als wichtige Akteure

4.1 Die Bristol-Stiftung

1988 erschien Herbert Uhl (Abb. 118) auf Anraten eines liechtensteinischen Rechtsanwaltes in meinem Büro und erkundigte sich nach den Möglichkeiten, sich im Bereich des Natur- und Umweltschutzes einzusetzen. Er und seine Frau hatten bereits im Jahr 1983 in Zürich eine Stiftung für die Förderung des Tier- und Naturschutzes gegründet. Sie unterstützten damit in kleinerem Umfang Tierschutzprojekte, beispielsweise ein Pferdealtersheim in Le Roselet im Jura. Als grosse Hundeliebhaber besassen sie selbst zwei mächtige Doggen. Nun wollten sie ihr Anliegen verstärkt umsetzen.

Herbert Uhl meinte, er könnte sich auch die Finanzierung eines Preises vorstellen, aber den gab es mit dem Binding-Preis für Natur- und Umweltschutz bereits in Liechtenstein

> «Wenn man die ungeheuren Aufgaben sieht, die gelöst bzw. überhaupt begonnen werden müssen, um die schleichende Zerstörung unseres Planeten auch nur in den Griff zu bekommen, dann ist man geneigt zu sagen, dass die ganze Stiftung im Grunde viel zu klein und nur ein Tropfen auf den sogenannten heissen Stein ist. Vielleicht ist es daher günstiger, eben kleinere Projekte zu unterstützen, die nicht so publikumswirksam sind, wie die grossen Projekte, aber bestimmt in ihrem Rahmen auch manche Hilfe bringen können.»
>
> Herbert Uhl, in Uhl (1995)

Abb. 118: Der Stifter Herbert Uhl. Foto: Archiv Bristol-Stiftung

(siehe Kap. 4.2). Ich schlug stattdessen vor, Naturschutz-Studien im Grenzbereich zwischen Forschung und Praxis zu fördern. Die angewandte Forschung im Naturbereich als Anleitung für konkretes Handeln führe ein Maurerblümchendasein, weil sie nicht als «Exzellenz» von der Forschung betrachtet werde.

Herbert Uhl konnte sich unter diesem Vorschlag noch wenig vorstellen. Wir vereinbarten einen entsprechenden Probebetrieb, und er stellte hierfür 1,5 Millionen Franken zur Verfügung. Das Geld stammte aus dem Verkauf eines Grundstücks in Schaan (Liechtenstein).

Ein ganz besonderer Lebenslauf

Herbert Uhl wurde am 9. Dezember 1907 in Hamburg geboren und verstarb am 9. November 1997 in Baden-Baden (Baden-Württemberg). Die Mutter war US-Amerikanerin, die aus einer Brauereifamilie stammte. Nach dem Tod des Vaters ging Herbert Uhl mit seiner von Haus aus begüterten Mutter in die USA zurück, wurde Amerikaner und absolvierte das Dartmouth College in Hanover (New Hampshire). Er kehrte dann mit seiner Mutter wieder in die Schweiz zurück und studierte einige Semester an der Handelshochschule in St. Gallen.

Ab 1928 lebte er als «Ausländer» mit amerikanischem Pass und Ausländerausweis in Berlin, wo er 1932 Ruth Lendzian heiratete. Sie machte seine nachfolgende Odysee mit und bestärkte ihn in seiner Naturliebe. Herbert Uhl war in Berlin auch Buchverleger, u. a. für die deutsche Schriftstellerin und Philosophin Ricarda Huch. Zudem arbeitete er sich bis in die Direktion von Brauereien hoch. Mit dem Nationalsozialismus konnte sich Herbert Uhl nicht anfreunden. Er nannte sich selbst «passiver Gegner des Nationalsozialismus» und verliess Deutschland 1939.

Die Kriegsereignisse führten zu vielen Wohnungswechseln. Die Amerikaner verlängerten seinen Pass als «no native citizen» nicht mehr. Er schaffte es mit einer formalen Adoption durch einen ungarischen Adligen, einen ungarischen Pass zu erhalten, der allerdings jährlich in Budapest zu erneuern war. Das wurde im Zweiten Weltkrieg immer schwieriger. Auf Anraten von schweizerischen Freunden wollte er sich 1941 in Liechtenstein einbürgern lassen, weil ihm die «Abschiebung» nach Deutschland drohte.

Der Bescheid war positiv. Die liechtensteinische Gemeinde Mauren bot sich für die Einbürgerung an. Herbert und Ruth Uhl leisteten ihre Einbürgerungstaxen, eine Kaution und später einen jährlichen Obolus für das «Vogelparadies Birka» des dortigen Ornithologischen Vereins.

1951 knüpfte Herbert Uhl an seine Brauerei-Erfahrungen an und wurde Hauptgesellschafter einer Brauerei in Rastatt in Baden-Württemberg. Die zerbombte Ruine der Brauerei wurde von ihm originalgetreu aufgebaut und kam später unter Denkmalschutz. Das Ehepaar blieb kinderlos. Ruth Uhl verstarb 1988.

Herbert Uhl hat die bewegte Zeit bis 1945 in einer Schrift «Dreimal Brandenburger Tor» 1991 im Battenberg Verlag in Baden-Baden beschrieben. Der Buchtitel nimmt Bezug auf drei Ereignisse: 1914, als er mit seinem Vater in Uniform am Vorabend des Ersten Weltkriegs durch das Tor marschierte, 1933, als er sah, wie die SA durchmarschierte, und 1989, als die Berliner Mauer fiel.

Porträt der Stiftung

Der Probebetrieb zur Förderung praxisorientierter Naturschutzforschung war ein Erfolg. Die Stiftung sollte für die Finanzierung von aussichtsreichen Projekten sorgen, während die «Ruth und Herbert Uhl-Forschungsstelle» entsprechende Studien bewilligte und für deren

BRISTOL-STIFTUNG
Ruth und Herbert Uhl-Forschungsstelle
für Natur- und Umweltschutz

Abb. 119: Das Logo der Bristol Stiftung mit der Eule (= Uhl). Quelle: Bristol-Stiftung

Publikation sorgte (Von Vogelsang 1993). Die Stiftung erhielt den Namen Bristol-Stiftung (Schiltbauer 1995), nach dem Andenken an den Vater Conrad Uhl und sein in Berlin erbautes Bristol-Hotel am Kurfürstendamm, damals das erste Haus am Platz (Abb. 119).

Herbert Uhl war zunächst Stiftungsratspräsident, von der ATAG (Allgemeine Treuhand AG mit Stiftungssitz in Zürich) wurden zwei Mitarbeiter delegiert. Auf Wunsch von Herbert Uhl wurde auch sein Grossneffe Thomas Uhl berücksichtigt, ebenso Prof. Dr. Klaus C. Ewald, Professor für Natur- und Landschaftsschutz an der ETH Zürich, und ich. Herbert Uhl erklärte in seinem Testament die Bristol-Stiftung zur Alleinerbin und vermachte ihr sein Landhaus in Liechtenstein, sein Barvermögen und seine Brauerei-Anteile mit zahlreichen Restaurants. Die Franz Brauerei in Rastatt wurde so zur Stiftungsbrauerei (Abb. 120).

Herbert Uhl erlebte noch die ersten fünf Studien:
- Flur- und Waldwege heute: asphaltiert, betoniert, befestigt (Arbeitsgemeinschaft Culterra, Bern). Die Studie machte auf die negativen Folgen der Landschaftsversiegelung für das ökologische Gefüge aufmerksam.
- Untersuchungen zum Naturschutz an Waldrändern (Hermann Hondong *et al.* Albert-Ludwig-Universität Freiburg i.Br). Die Ergebnisse mündeten in konkrete Empfehlungen für die Pflege abgestufter Waldränder.
- Grundlagen zum Schutz der Flussperlmuschel in Österreich (Otto Moog *et al.*, Universität für Bodenkultur Wien). Artenschutzbeitrag, wobei der heutige österreichische Perlmuschelbestand nach Aussage der Autoren noch zwei bis drei Prozent des Bestandes anfangs des 20. Jahrhunderts beträgt. Die Studie unterbreitete konkrete Vorschläge zum Schutz und Wiederaufbau der Populationen.
- Landwirtschaftliche Genressourcen in den Alpen (Stiftung Pro SpecieRara, St. Gallen). Darlegung der Situation für die gefährdeten Nutztierrassen und Kulturpflanzensorten im ganzen Alpenbogen, dargestellt in den Alpensprachen Deutsch, Französisch, Italienisch und Slowenisch.
- Grünflächen in Industrie- und Gewerbegebieten – Die Bedeutung für den Naturschutz (NABU- Umweltzentrum Rastatt). Mit Empfehlungen für den Unterhalt von Grünräumen. Diese Schrift wurde im Beisein des Stifters an einer Buchvernissage am 20. Juni 1997 in der Privatbrauerei C. Franz GmbH in Rastatt vorgestellt.

Herbert Uhl nahm mit hellwachem Unternehmergeist intensiv Anteil am Entstehen dieser von ihm geförderten Arbeiten. Bald sagte er mir: «Dabei kommt mehr heraus, als wenn ich als Einzelner versuche, gegen die Abholzung der Regenwälder oder die Grausamkeit der Tiertransporte vorzugehen.»

Abb. 120: Die Bierbrauerei in Rastatt als Stiftungsbrauerei. Quelle: Bristol-Stiftung

Die Bristol-Schriftenreihe

Die Ergebnisse der Studien wurden in einer eigenen Schriftenreihe veröffentlicht, die ich betreuen durfte (Abb. 121). Sie wendete sich an interessierte Kreise im Natur- und Umweltschutz. Die ersten sieben Bände wurden von der Stiftung selbst verlegt und vom Krypto Verlag in Teufen (AR) vertrieben. Ab 2002 übernahm der Haupt Verlag in Bern die weitere Herausgabe und den Vertrieb der Bristol-Schriftenreihe. Insgesamt konnten 62 Bände herausgegeben werden, der letzte im Jahr 2019.

Die Geschäftsstelle der «Ruth und Herbert Uhl-Forschungsstelle» für Natur- und Umweltschutz hielt für ausgewählte Themen nach Sachbearbeiterinnen und -bearbeiter Ausschau oder prüfte eingegangene Anträge auf ihre Eignung. Aus diesem Strauss konnte der Stiftungsrat Studien auswählen und bewilligen. Die Manuskripte wurden von der Geschäftsstelle begutachtet, kommentiert und bei ausreichender Qualität akzeptiert. In den knapp 30 Jahren der Stiftungsaktivität mussten nur zwei Studien wegen Qualitätsmängeln abgelehnt werden. Nach der grundsätzlichen Genehmigung der Studien erfolgte ein gründliches Lektorat und die Layoutarbeiten, wobei der Haupt Verlag für den Druck und den Vertrieb der Schriftenreihe sorgte. Das Titelblatt wird immer von der gleichen Grafikerin in Vaduz, Silvia Ruppen, erstellt. Das Lektorat führte Dr. Ruth Landolt durch (ehemals Managing Editor Eidg. Forschungsanstalt für Wald, Schnee und Landschaft) und später Dr. Manuela Di Giulio). Dieses aufwändige Prozedere gewährleistete einen insgesamt hohen Standard.

Die Bristol-Stiftung ermöglichte aus ihren finanziellen Erträgen das alljährliche Bewilligen von vorerst zwei bis drei Studien. Mit der Finanzkrise ab 2007 und dem damit verbundenen Zinszerfall war es dann nicht mehr möglich, sich aus den Erträgen zu alimentieren. Zudem ging der Bierkonsum zurück, und die Brauerei in Rastatt begann rote Zahlen zu

Abb. 121: Die Schriftenreihe der Bristol-Stiftung im Haupt Verlag in Bern.

schreiben, wobei dafür die Naturschutzstiftung aufzukommen hatte, was nicht ihrer Zielsetzung entsprach und die Stiftung zu gefährden drohte.

Schweren Herzens wurde eine mittelfristige Beendigung der Stiftungsaktivitäten beschlossen. Der Stiftungsrat erhöhte vorerst die Studienanzahl, um das Kapital abzubauen. Ab 2014 wurden keine neuen Studien mehr bewilligt, stattdessen Legate vor allem für NGOs gesprochen, was bis zur Stiftungsauflösung im Jahr 2019 der Fall war. Die Brauerei in Rastatt konnte mit all den der Brauerei gehörenden Gaststätten 2014 an eine Brauerfamilie verkauft werden, so dass dieses Unternehmen ganz im Sinn von Herbert Uhl weitergeführt werden kann.

Insgesamt konnten von der Bristol-Stiftung rund 12 Millionen Franken in Form von Studien und am Schluss mit Legaten vergeben werden. Die wichtigste Themengruppe bildete der Arten- und Biotopschutz. So konnten Statusberichte zur Biodiversität in der Schweiz und in Österreich erstellt werden. Den räumlichen Nutzungskonflikten, den damit verbundenen Landschaftsveränderungen und der nötigen Raumplanung zur Bekämpfung der Zersiedlung widmeten sich mehrere Arbeiten. Ein Alleinstellungsmerkmal bildete die Förderung der Wildnisdebatte, wobei in sieben veröffentlichten Studien vor allem auch deren gesellschaftliche Dimension im Vordergrund stand. Das gab auch die Möglichkeit, zwei Dissertationen zu fördern, die die ökologische und die gesellschaftspolitische Dimension beleuchteten.

Mit «Oral History»-Untersuchungen im Waldbereich und Wissen zur Nutzung von Hausmitteln bei Nutztieren hatte der Haupt Verlag die höchsten Verkaufszahlen. Zu den Studien mit Zweitauflage gehörte auch eine Arbeit über Wildbienen. So ergab sich mit mehreren bewilligten Studien die Möglichkeit für universitäre Jungabsolventinnen und -absolventen, sich in ihrem jeweiligen Fachgebiet weiter zu vertiefen und mit dem Ergebnis auf sich aufmerksam zu machen. Die Betreuung dieser Studien war mir eine Freude. Mit einigen Themen war ich speziell verbunden, so mit den Wasserfällen, wo eine ökologische wie sozio-kulturelle Betrachtung vorgenommen wurde. Die Studie über den Schwund des Naturwieslandes, vor allem im Mittelland, machte mich betroffen. Wie Sprache unseren Umgang mit der Natur prägt, eröffnete mir neue Horizonte. Eine vollständige Übersicht aller Bristolbände findet sich im Verzeichnis der Bände auf Seite 236.

Stiftungen haben das Privileg risikofreudiger und flexibler als andere Förderungsstrukturen zu agieren, was die Bristol-Stiftung auch nutzte. Ich bin überzeugt, dass die Stifter Ruth und Herbert Uhl viel Freude an den erbrachten Ergebnissen gehabt hätten. Nachahmer sind eingeladen solches zu tun, vielleicht auch zu Lebzeiten, an sinnvoll möglichem Wirken fehlt es nicht!

Das erwartbare Schliessen des langen Kontinuums der Schriftenreihe war schmerzlich. Die Freude daher war gross, als sich die Paul Schiller Stiftung in Zürich bereit erklärte, die Schrift weiterzuführen. In der sogenannten Schillerreihe, die weiterhin im Haupt Verlag erscheint, findet die Reihe ihre Fortsetzung.

Das vollständige Verzeichnis der Schriftenreihe ist im Anhang ab S. 236 aufgeführt sowie auf der Website *paul-schiller-schriftenreihe.ch.*

Publikationen von Mario Broggi zum Thema Bristol-Stiftung
Publikationsliste siehe Anhang (Stand Juli 2025)
Aktualisierte Publikationsliste: *www.mariobroggi.li/pub/bristol*

4.2 Der Binding-Preis für Natur- und Umweltschutz

Dr. Karl Binding wurde am 1. Februar 1911 in Frankfurt am Main als Schweizer Bürger geboren. Er war ein Neffe des Gründers der Binding-Brauerei in Frankfurt. An der dortigen Goethe-Universität studierte er Recht. Während des Krieges zog er in die Schweiz, leistete dort Militärdienst und heiratete 1951 die verwitwete Sophie von Opel, deren verstorbener Ehemann ein Enkel von Adam Opel war, dem Gründer des gleichnamigen Autowerkes.

Das Ehepaar Binding (Abb. 122) errichtete in Basel eine nach ihnen benannte Stiftung und stattete diese mit bedeutenden Mitteln aus. Nach ihrem Umzug nach Liechtenstein 1955 gründeten sie 1986 auf Anregung ihres Treuhänders Adulf Peter Goop eine weitere gemeinnützige Stiftung. Vom Interesse des Stifterehepaars inspiriert, beschloss die Stiftung, besondere Leistungen im Bereich des Natur- und Umweltschutzes auszuzeichnen. So entstand der Binding-Preis für Natur- und Umweltschutz, dessen Geschäftsführer ich 30 Jahre lang war – eine Aufgabe, die mir wertvolle Einblicke und zahlreiche Kontakte in diesem Bereich ermöglichte.

Zahlreiche und verdiente Auszeichnungen

Dem Stiftungsrat gehörten an: Dr. Bernhard Christ (1984–1994) aus Basel, dann ab 1995 Dr. Peter Goop aus Vaduz als Präsident, S.D. Prinz Nikolaus von und zu Liechtenstein und Andreas Adank aus Fläsch, Leiter des Büros von Karl Binding. Für die Evaluation möglicher Preisträgerinnen und Preisträger wurde ein Kuratorium bestellt. Den Vorsitz hatte bis 2002 der Fürstliche Rat Robert Allgäuer inne, anschliessend übernahm ich diese Aufgabe. Dem ersten Kuratorium gehörte der Raumplanungsprofessor Wolf Jürgen Reith der Uni-

Abb. 122: Das Stifterehepaar Sophie und Karl Binding. Foto: Archiv Binding-Stiftung

versität für Bodenkultur in Wien an, ebenso Professor Martin Boesch von der Universität St. Gallen, Andreas Adank und ich. Der Vegetationsökologe Professor Georg Grabherr von der Universität Wien folgte 1991 dem verstorbenen Wolf Jürgen Reith, Eva Pongratz aus dem Bayerischen Wald, Geschäftsführerin von EUROPARC, ergänzte das Kuratorium ab 2003. Mit diesen Kuratoriumsmitgliedern ergab sich ein guter Überblick über die deutschsprachigen Staaten.

Die Binding-Preise für Natur- und Umweltschutz wurden zwischen 1986 und 2015 jährlich verliehen. Gemäss dem Wunsch der Stifter würdigten sie bespielhafte Leistungen im Bereich des Natur- und Umweltschutzes. In den 30 Jahren wurden 36 Empfängerinnen und Empfänger des Grossen Binding-Preises (Preissumme CHF 50 000.–) und 115 Binding-Preisträgerinnen und -Preisträger (Preissumme je CHF 10 000.–) ausgezeichnet, wobei die Preisträger natürliche Personen oder Institutionen sein konnten.

Der erste Preis wurde am 31. Oktober 1986 in der Aula des Liechtensteinischen Gymnasiums verliehen. Seither fanden die Preisverleihungen auf persönliche Einladung hin jährlich in der ersten Novemberhälfte am gleichen Ort statt. Jeweils im Frühling wurde in Form einer Broschüre der vergangene Festanlass publik gemacht. Dies schuf im Verlauf der Zeit eine treue «Binding-Familie». Um dem Festakt ein zusätzliches Spannungselement zu geben, wurden die Preisträgerinnen und Preisträger nicht vorgängig bekannt gemacht. Einen leisen Hinweis zur Thematik vermittelte jeweils die vom Künstler Louis Jäger illustrierte Einladung.

Mit der Zuerkennung des Grossen Binding-Preises sollte eine über die Region des Alpenrheintals hinausragende Wirkung erreicht werden. Der Preis wurde denn auch in Fachkreisen im mitteleuropäischen Raum bekannt und anerkannt. Die zu würdigende Leistungen sollten im weitesten Sinn zur Erhaltung der natürlichen Lebensgrundlagen beitragen. Die zukunfts- und umsetzungsorientierte Befassung mit Umweltfragen standen im Vordergrund und weniger die Auszeichnung von Lebenswerken. Damit sollten auch indirekt die Tätigkeit von Institutionen gewürdigt werden. So haben wir beispielsweise fünf Vertreterinnen und Vertreter für das «Grüne Band Europa» ausgezeichnet, die für Mitteleuropa beispielgebend für das ganze Unterfangen waren. Und mit der Französin Dominique Richard wurde die letzte Preisträgerin für das umfassende NATURA2000-Projekt ausgewählt. Die erwähnten 36 Preisträgerinnen und Preisträgers des Grossen Binding-Preises für Natur- und Umweltschutz stammen aus 12 Herkunftsstaaten.

Es fiel uns nie schwer, Preisträgerinnen und Preisträger zu rekrutieren. Bei der Würdigung fällt auf, dass es dem Preis-Kuratorium häufig gelungen ist, Preiswürdiges frühzeitig als solches zu erkennen. Die Binding-Preisträger haben denn auch öfters weitere Auszeichnungen erhalten. So bekam Professor Michael Succow im Jahre 1992 den Grossen Binding-Preis, den Alternativen Nobelpreis hingegen erst im Jahr 1997. Mit den Preiszuerkennungen wurde auch versucht, auf gewisse Themen aufmerksam zu machen. Auch Good-Practice sollte ausgezeichnet werden, so am Beispiel der Fliessgewässer-Revitalisierungen.

Wichtige Höhepunkte

Drei Binding-Preis-Jubiläen (1995, 2005 und 2015) sprengten den üblichen Rahmen. Zur 10. Preisverleihung am 2. Dezember 1995 luden wir die bisherigen Grossen Binding-Preisträger als «lebendige Bilanz» zu einem Symposium in das Theater am Kirchplatz in Schaan (FL) ein (Abb. 123). Wir konnten den ersten Grossen Binding-Preisträger, Prof. Dr. Christoph Binswanger von der Universität St.Gallen, für ein Referat zu Nachhaltigkeit und Verfassung gewinnen. Regula Imhof, damalige Geschäftsführerin der Liechtensteinischen

Abb. 123: Die bisherigen Träger des Grossen Binding-Preises für Natur- und Umweltschutz wurden 1995 vom Landesfürsten auf Schloss Vaduz empfangen, v.l.n.r.: Regula Imhof (LGU), Bischof Erwin Kräutler, Bruno Manser, Dr. Hans Bibelriether, Prof. Michael Succow, S. D. Landesfürst Hans Adam II von und zu Liechtenstein, Prof. Hans-Christoph Binswanger, Prof. Hans Ruh, Stiftungsratspräsident Dr. Bernhard Christ, Dipl.Ing. Krzystof Wolfram (Grüne Lungen Polens). Quelle: Archiv Binding-Stiftung

Gesellschaft für Umweltschutz und heute Amtschefin für Umwelt in Liechtenstein, äusserte sich zu einer möglichen «Modellregion Liechtenstein», Bischof Erwin Kräutler (Abb. 124) zu einem «Requiem für den Amazonas», der Sozialethiker Professor Hans Ruh von der Universität Zürich zur Nachhaltigkeit, Professor Michael Succow aus Greifswald (Mecklenburg-Vorpommern) zu Leitlinien für eine dauerhafte und umweltgerechte Entwicklung, Dr. Hans Bibelriether, Nationalparkdirektor Bayerischer Wald, zu Wildnis als Alternative und schliesslich Bruno Manser (Ab. 125) über «kleine Erfolge».

Am Symposium zur 20. Preisverleihung am 4./5. November 2005 versammelten sich die bisherigen Preisträgerinnen und Preisträger im Bildungszentrum Steinegerta in Schaan. Unter dem Motto «Perspektiven für ein angemessenes Verhältnis zwischen Natur und Gesellschaft» setzten sich die Preisträgerinnen und Preisträger mit der bisherigen Entwicklung und künftigen Lösungen der Umweltprobleme auseinander. Die Ergebnisse dieses Dialoges wurden anlässlich eines liechtensteinischen Regierungsempfangs durch Professor Werner Konold von der Universität Freiburg im Breisgau und Preisträger 2004 präsentiert. Im Rahmen des Festaktes stellten wir die Erkenntnisse auch einer breiten Zuhörerschaft vor. Fast alle früheren Preisträgerinnen und Preisträger konnten am Symposium teilnehmen, darunter Bischof Erwin Kräutler, seine Allheiligkeit Bartholomaios I (Abb. 126), ökumenischer Patriarch von Konstantinopel, Prof. Michael Succow, Dr. Michael Otto aus Hamburg, Regina Frey von der Stiftung Paneco und alle Mitglieder des Stiftungsrates und des Kuratoriums.

Abb. 124: Bischof Erwin Kräutler – Preisträger 1989 – mit indigenen Bewohnern im Amazonas, wo er sich gegen die Abholzung der Regenwälder einsetzt. Quelle: Archiv Erwin Kräutler

Abb. 125: Bruno Manser erhielt 1994 den Grossen Binding-Preis für Natur- und Umweltschutz. In seinen Dankesworten verabschiedete er sich mit dem Ruf des Gibbons. Foto: Klaus Schädler, Archiv Binding-Stiftung

Abb. 126: Bartolomaios I, Patriarch von Konstantinopel, Preisträger 2002, setzt sich für den Naturschutz in internationalen Konferenzen ein, vor allem für intakte Flüsse. Quelle: Archiv Binding-Stiftung

Bilanz nach 30 Jahren

Mit dem Binding-Preis versuchten wir Zeichen zu setzen, ein kleines Samenkorn zu säen. Wir konnten damit sogenannte Leuchttürme für ein zukunftsfähiges lebenswertes Leben benennen und auszeichnen (Abb. 127, 128). Der Stiftung ging allmählich die finanzielle Puste aus: Allein mit den Zinserträgen konnte der Betrieb nicht mehr aufrechterhalten werden. Es fiel der leidvolle Entscheid, die Stiftung zu schliessen und mit ihm den Binding-Preis für Natur- und Umweltschutz. Ein Teil des Restbetrages floss in die neue Stiftung «Wildnisprojekt Samina-Galinatal», wo ein grenzüberschreitendes Wildnisgebiet für Liechtenstein und das österreichische Bundesland Vorarlberg eingerichtet werden soll.

In Liechtenstein soll es Ende 2023 fast 1400 gemeinnützige Stiftungen gegeben haben. Umweltanliegen sind dabei nicht prominent vertreten, soziales, kulturelles und der Sport haben Vorrang bei den angegebenen Verwendungszwecken. Umso mehr ist der Binding-Stiftung zu Schaan für ihren Umwelteinsatz zu danken. Nachahmung wäre erwünscht.

In einer letzten Schrift konnten wir das Wirken des Binding-Preises dokumentieren und alle Preisträgerinnen und Preisträger darstellen. Sie sind auf Wikipedia unter Binding-Preis für Natur- und Umweltschutz nachzulesen. Lassen wir in einer Bilanz eine Stimme aus dem St. Galler Alpenrheintal von Hildegard Fässler, Nationalrätin 1997–2013, zu Wort kommen:

«Beeindruckt bin ich vom Engagement des Binding-Preises im Natur- und Umweltschutz. Die Idee des Binding-Preises und die Veranstaltung selbst strahlen weit über Liechtenstein hinaus und bringen wichtige Exponentinnen und Exponenten von Wissenschaft, Gesellschaft und Kultur in unsere Region. Unter den Preisgekrönten finden sich so interessante Menschen wie Hans Ruh, Bruno Manser, Franz Hohler, Regina Frey oder der Patriarch Bartholomaios von Konstantinopel und Organisationen wie die Alpeninitiative oder der Regenwald der Österreicher. Der Besuch der Veranstaltung ist immer lohnend.»

Abb. 127: Die Verleihung des Grossen Binding-Preises für Natur- und Umweltschutz 2014 an Ulrich Eichelmann als langjähriger Campaigner für intakte Flüsse im Balkan, v. l. n. r.: Dr. Peter Goop, Stiftungsratspräsident, Prof. Martin Boesch, Kuratorium, Eva Pongratz, Kuratorium, Prinz Nikolaus von Liechtenstein, Stiftungsrat, Ulrich Eichelmann, Prof. Georg Grabherr und Mario F. Broggi, Kuratorium, Andreas Adank, Stiftungsrat und Kuratorium. Foto: Klaus Schädler, Archiv Binding-Stiftung

Abb. 128: Die Jubiläumsschriften aus Anlass 10, 20 und 30 Jahre Binding-Preis für Natur- und Umweltschutz. Quelle: Atelier Silvia Ruppen, Vaduz

4.3 Die MAVA-Stiftung

Erich Kästner wird folgende Aussage zugeschrieben: «Es gibt nichts Gutes, ausser man tut es». Für den Weltnaturschutz gibt es einen Glücksfall für solches Tun. Er heisst Lukas Hoffmann (Abb. 129) und ist am 23. Januar 1923 in Basel zur Welt gekommen. Sein Grossvater hat die Firma Hoffmann-La Roche & Co gegründet, die sich zum globalen Pharmakonzern entwickelte.

Lukas Hoffmann studierte Biologie an der Universität Basel. In seiner Doktorarbeit beschäftigte er sich mit «Form und Entstehung des Zeichnungsmusters dünenjunger Fluss-Seeschwalben». Die Feldarbeiten fanden 1947/48 vor allem in der Camargue statt, ein damals noch wenig bekanntes Vogelparadies im Rhônedelta. Fasziniert von der Wildnis und den Scharen von Flamingos in den Salzlagunen erwarb er ab 1948 Grundstücke mit einer Gesamtfläche von 2 600 Hektaren und eröffnete 1954 die Station Biologique de la Tour du Valat. Diese entwickelte sich zum modernen, ökologisch-ganzheitlich ausgerichteten Forschungsinstitut.

Abb.129: Luc Hoffmann am Kleinen Prespasee in Griechenland. Er unterstützte über viele Jahre die dort eingerichtete Society for the Protection of Prespa.

Teile seiner Länderei wurden vom Staat als grösstes freiwilliges Naturschutzgebiet Frankreichs anerkannt. Von hier aus starteten später viele europäische Naturschutzinitiativen, sei es die Errichtung des spanischen Nationalparks Coto de Doñana, die Etablierung eines Puszta-Nationalparkes in Ungarn oder die Erhaltung der mauretanischen Küstenfeuchtgebiete als Überwinterungsort für europäische Watvögel. In La Tour du Valat verbrachte Lukas, der sich nun Luc nannte, jährlich einen Grossteil seiner Zeit. Sein Hauptdomizil hatte er am Jurafuss im schweizerischen Kanton Waadt.

Der Promotor des Weltnaturschutzes

1961 gründete Luc Hoffmann gemeinsam mit Guy Mountfort, Max Nicholson und Sir Peter Scott den World Wildlife Fund (WWF), die mittlerweile grösste Naturschutzorganisation der Welt. Er war auch Mitbegründer zahlreicher nationaler Sektionen des WWF und sicherte ihren Aufbau, so in Österreich, Griechenland, Spanien und Frankreich. Als Vizepräsident der Weltnaturschutzunion IUCN traf er richtungsweisende Entscheidungen. Auch weitere Organisationen wie Wetland International wurden von Luc Hoffmann geprägt, ebenso die Ramsar Konvention für Feuchtgebiete.

Luc Hoffmann war Naturschutz-Diplomat. Man traf ihn auf allen wichtigen Naturschutzkonferenzen, und er genoss hohes Ansehen. Eine Medienfigur war er aber nie. Dafür war seine Bescheidenheit, ja fast Schüchternheit sprichwörtlich. Seine Mission hiess: Erhaltung der evolutiven Vielfalt. Sein Engagement war fast grenzenlos. Er sprach mit den Grossen dieser Welt, nutzte seine Beziehungen, zählte die Prinzen Bernhard der Niederlande und Philipp von Grossbritannien zu seinen Freunden. Hoffman war kein Fundamentalist, er war dem Schönen dieser Welt durchaus zugetan, schätzte ein gutes Essen und einen guten Tropfen Wein. Mit seinem typisch baslerischen Humor konnte er verschmitzt, ja spitzbübisch lachen, war also kein Miesmacher oder Griesgram.

Über eine Milliarde Franken für die Natur

Ich lernte Luc Hoffmann über die in Liechtenstein 1997 gegründete Stiftung CICONIA persönlich kennen, deren Geschäftsführung ich innehatte. Unser Stiftungsrat wurde damals von ihm in der Camargue empfangen. CICONIA setzte sich für den Weiss- und Schwarzstorch sowohl im Brutgebiet als auch auf dem Zug und in den Überwinterungsgebieten ein. Tour du Valat ist für den westlichen Storchenzug bedeutsam, und so kreuzten sich unsere Wege (Abb. 130).

Zwischen 2001 und 2009 war ich Stiftungsrat seiner MAVA-Stiftung und betreute anschliessend bis 2011 die Programmregion Alpen mit der Schweiz. Die MAVA-Stiftung wurde 1994 als Ausdruck der Passion von Luc Hoffmann für den Schutz der biologischen Vielfalt gegründet. MAVA ist nach den Initialen seiner vier Kinder, die er in seine Naturschutzaktivitäten eingebunden hatte, benannt (Abb. 131). Sein Sohn André war Schatzmeister des WWF-International und wurde 2010 sein Nachfolger als Präsident der MAVA-Stiftung.

Bis 2005 betreute ich zusammen mit Prof. Dr. Pierre Goeldlin de Tiefenau, ehemaliger Direktor des Lausanner Naturmuseums, die fachliche Agenda. Wir hatten mit dem Mittelmeerraum, Westafrika und dem Alpenbogen entsprechende Programmfelder, ergänzt durch globale Anliegen. Der Fokus in dieser Zeit lag auf der Coto de Doñana in Spanien, der Camargue in Frankreich, dem Prespa-See in Griechenland, der Banc d'Arguin Nationalpark in Mauretanien und den Bijagos-Inseln vor der Küste von Guinea-Bissau (Abb. 132, 133).

Abb. 130: Eine Delegation der MAVA- und der CICONIA-Stiftung wurde in Marokko beim zuständigen Gouverneur zu Gesprächen über die Schutzbestrebungen für die Feuchtgebiete von Larache empfangen. Quelle: Archiv MAVA-Stiftung

Abb. 131: Besuch des Shkodrasee in Montenegro und Albanien im Jahr 2003. Luc Hoffmann (rechts) mit Tochter Vera, in der zweiten Reihe Pierre Goeldlin (links) und Gabriel Schwaderer-Geschäftsführer Euronatur.

Abb. 132: Empfang der MAVA-Delegation in Guinea-Bissau durch den Staatspräsidenten, den Regierungschef und einige Minister im Jahr 2005. Die Stiftung engagierte sich stark im Bijagos-Archipel.

Abb. 133: Luc Hoffmann mit Tochter Vera und Stiftungsrat Raymond Junod auf den Bijagos-Inseln.

Unsere Aktivitäten konnten abenteuerlich sein. Dazu eine Anektode: Im Jahre 2005 besuchten wir den mauretanischen Nationalpark Banc d`Arguin, ein bedeutender Lebensraum für Zugvögel. Es folgte ein Zwischenstopp in Dakar (Senegal), um auf die Bijagos-Inseln in Guinea-Bissau zu gelangen. Wir waren in zwei Kleinflugzeugen unterwegs, im ersten sass Luc Hoffmann mit seiner Familie, im zweiten weitere Stiftungsräte. Während Luc Hoffmann auf dem Flughafen mit rotem Teppich vom Staatspräsidenten empfangen wurde, blieben wir Stiftungsräte mit unseren Schweizer Pässen am Zoll hängen, da schweizerische Staatsangehörige visumspflichtig waren. Das Sammelvisa für die Teilnehmenden wurde im ersten Flugzeug mitgeführt. Die schweizerischen Staatsangehörigen im zweiten Flugzeug wurden nicht eingelassen, es war sogar eine Abschiebung geplant. Es vergingen Stunden, um festzustellen, dass wir im Arrest am Flughafen hängen geblieben waren (das war noch in der Zeit vor dem Mobiltelefon).

Der MAVA-Stiftung standen zu Beginn meiner Aktivität jährlich rund 15 Millionen Franken für Unterstützungen zur Verfügung. Wir hatten neben Luc Hoffmann lediglich eine Fachkraft als Teilzeit-Sekretärin, am Ende der ersten Periode 1994–2009 waren es bereits sechs Vollzeitstellen. Lucs Wohnhaus, ein stattlicher Bauernhof in Montricher (Waadt), fungierte bis dahin als Geschäftsstelle. Die zur Verfügung stehenden Mittel stiegen laufend. Der Geschäftssitz wurde mit dem anwachsenden Personal an den Sitz der Weltnaturschutzunion IUCN in Gland verlegt, einige Mitarbeitende hatten ihren Sitz in Dakar (Senegal).

Insgesamt investierte die MAVA-Stiftung zwischen 1994 und 2022 sagenhafte 1140 Millionen Franken und unterstützte damit rund 1500 Projekte mit rund 500 Partnern. Zu den Langzeitpartnern gehörten WWF, IUCN, Tour du Valat, PRCM («Regional Partnership for Coastal and Marine Conservation» in Westafrika) und Euronatur. Rund ein Drittel der Mittel flossen in dieser Zeit in den mediterranen Raum als Hauptempfänger der Unterstützungen.

Luc Hoffmann starb 2016 in seiner geliebten Camargue. 2022 beendete die Stiftung ihre Aktivitäten. Mit einem Paukenschlag stoppten die Roche-Erben ihre philanthropische Geldgebung für grosse und kleinere Naturschutzprojekte. Nach Meinung des Stiftungsratspräsidenten habe die traditionelle Form der Philanthropie versagt. Geld zu transferieren, weil man ein schlechtes Gewissen habe, bringe nicht viel. Man fühle sich zwar selbst sehr wohl damit, aber es löse die Probleme nicht. Projekte, die es nur gibt, solange eine Stiftung bezahle, und aufhören, wenn diese sich zurückzieht, seien fehlgeleitet, so der Stiftungsratspräsident der MAVA-Stiftung.

André Hoffmann, Roche-Vizepräsident, sagte in diesem Zusammenhang, er und seine Kinder werden weiterhin Projekte unterstützen. Diesen müsste aber ein Geschäftsmodell zugrunde liegen, das das Überleben langfristig sichert. Der Erfolg dürfe nicht vom Geldgeber abhängen. André Hoffmann fordert vor allem mehr Verantwortlichkeit von Firmen, wenn der Konsum von deren Produkte Schäden verursacht. Er wirft vielen Betrieben Greenwashing vor, den grössten Hebel hält nach seiner Ansicht die Finanzindustrie in der Hand.

Was bleibt in Erinnerung?

André Hoffmann hat in den grossen Linien seiner Argumentationen wohl recht. Ich würde ihm aber widersprechen, dass die traditionelle Form der Philanthropie versagt hat. Dafür wurden zu viele positive Akzente durch die MAVA-Stiftung gesetzt bzw. ermöglicht (Abb. 134). Es gab sicher Projekte, die einzig dank MAVA-Geldern aufflackerten und wieder erloschen. Mir sind aber viele wertvolle Lebensräume bekannt, die es ohne MAVA-Stiftung heute nicht mehr gäbe.

Abb. 134: Luc Hoffmann beim Besuch des Rheintaler Binnenkanals bei Rüthi (SG) im Jahre 2007, dessen Wiederbelebung von der MAVA-Stiftung unterstützt wurde.

Viele dringend benötigte Mittel für den Naturschutz fliessen heute nur noch, wenn zuvor aufwändige bürokratische Hürden überwunden werden. Gemeinnützige Stiftungen hingegen sind oft von solchen Hürden befreit: Sie können flexibel handeln und gezielt dort unterstützen, wo politische Strukturen versagen oder Themen vernachlässigt werden. Ein wunderbares Beispiel sind die Bijagos-Inseln in Guinea-Bissau. Mit seinen indigenen Völkern und den herausragenden Lebensräumen mit Nilpferd und Krokodilen handelt es sich um eine faszinierende Lebensgemeinschaft. Der risikoreiche Einsatz der Stiftung hat sich vollumfänglich gelohnt.

Immer mehr Staaten werden autokratisch regiert und Naturschutzprojekte stehen nicht unbedingt ihn ihrem Fokus. Ich sah in meinen Stiftungsaktivitäten den grössten Benefit in der Schaffung von «Capacity building», d.h. eine Investition in die Bildung für Naturanliegen. Manche dieser Fachkräfte sind später in Verwaltungen oder sonstigen Organisationen in führende Positionen gekommen und haben von der damaligen Unterstützung profitiert. Es lohnt sich in Menschen zu investieren, auch unter schwierigen Rahmenbedingungen. Ich erinnere mich auch an die vielen kleineren Organisationen, an die vielen guten Ideen und an viel Herzblut.

Der Entscheid der Hoffmann-Nachkommen, die MAVA-Stiftung zu schliessen, ist zu respektieren. Diese Naturschutzstiftung wirkte segensreich. Es geht posthum ein grosses Dankeschön an Luc Hoffmann, aber auch an seine Nachkommen, die das Werk weitere zehn Jahre mit grossem Aufwand weiterführten – und sich ganz sicher nicht von der Linderung der Biodiversitätskrise verabschieden werden.

5 Persönliche Naturerlebnisse und Lieblingsorte

5.1 Naturkundliche Exkursionen ins Mittelmeergebiet

Ich blicke auf über ein halbes Jahrhundert Reisen in den Mittelmeerraum zurück – 51 naturkundliche Exkursionen, die mich immer wieder in die Ägäis führten. Wie kam es zu dieser langen Serie, und warum fast ausschliesslich in die griechische Inselwelt? Die Antwort liegt im Reiz der Inseln selbst: Sie sind klar abgegrenzte Untersuchungsräume, jeder für sich ein Mikrokosmos mit eigener Flora und Fauna (Abb. 135). Hinzu kommt eine tiefe Hellenophilie – die Wertschätzung der griechischen Kultur – sowie eine ausgeprägte Nissomanie, die Sehnsucht nach Inseln (nísos = griechisch für Insel). Und es gibt sie tatsächlich noch: die abgelegenen, stillen Inseln, jede mit ihrer ganz eigenen Handschrift. Gemeinsam mit Gleichgesinnten bin ich ihnen nachgegangen – ihren Landschaften, ihrer Tier- und Pflanzenwelt, ihren stillen Geschichten.

Die erste Exkursion

Im Frühling 1972 fand die erste Exkursion statt. Zwei Jahre zuvor war der Botanische Zirkel Liechtenstein-Sargans-Werdenberg gegründet worden, der ein Jahr später zur Botanisch-Zoologischen Gesellschaft (BZG) wurde. Unser Vorstandsmitglied Frater Dr. Ingbert Ganss, Rektor des Liechtensteiner Gymnasiums, regte im Vorstand an, eine Fahrt zum Stiefelsporn Italiens zu unternehmen – ergänzend zu unseren regionalen Exkursionen.

Abb. 135: Steinkauz auf einer Kapelle.

Abb. 136: Ariadne-Ragwurz auf Kythira. Foto: Christian Burri

Ziel war die italienische Halbinsel Gargano. Sie war bekannt für viele Orchideenstandorte (Danesch und Danesch 1969). Zu sechst brachen wir zur Frühlingsexkursion auf. Neben dem erwähnten Dr. Ganss, waren dies der SBB-Zugführer und Regionalbotaniker und spätere Ehrendoktor der ETH Zürich Heinrich Seitter aus Sargans, die botanische Autodidaktin Edith Waldburger aus Buchs, der Bankfachmann und Pflanzenfreund Wilfried Kaufmann, der Graphiker Louis Jäger aus Schaanwald (FL) und ich.

Das botanische Erlebnis war so eindrücklich, dass wir beschlossen, die Exkursionen in den Mittelmeerraum fortzusetzen. Der damalige BZG-Vorstand blieb der «harte» Kern der Südlandfahrer. Begleitet wurden wir meist von weiteren Naturfreunden. Als dauernde Teilnehmer stiessen der Apotheker Günter Stadler aus Frastanz (Vorarlberg) als Botaniker, der Jurist und Naturfreund Dr. Peter Goop aus Vaduz und der Arzt und Orchideenspezialist Dr. Christian Burri aus Chur dazu. Nur in den Jahren 1974 und 1981 fielen die Exkursionen wegen Terminschwierigkeiten aus.

Die meisten Exkursionen führten in die griechische Inselwelt (Abb. 136, 137, 138, 139). Nur zehn Reiseziele lagen ausserhalb Griechenlands. Die stark touristisch geprägten Destinationen wie Rhodos, Kos oder Korfu haben wir bislang bewusst gemieden, Kreta war uns zu gross. Unsere letzte Exkursion ausserhalb Griechenlands führte 2004 auf die kroatische Insel Vis. Nach einigen, in naturkundlicher Hinsicht ergiebigen Tagen fasste Teilnehmer Louis Jäger seine Eindrücke so zusammen: «Alles gut und recht – aber es ist halt nicht Griechenland».

So wurden wir zusehends hellenophil, obwohl wir die griechische Sprache immer noch nicht beherrschen. Das wenige Bestellvokabular in der Taverne retten wir dann wieder ins nächste Jahr. Eine Ausnahme macht Peter Goop. Er beeindruckt die Kellner jeweils damit, dass er in reinstem Griechisch ein nicht kaltes Mineralwasser ohne Kohlensäure bestellt. Wird dann – erfreut über diese Griechischkenntnisse – die Konversation von Seiten des Kellners fortgesetzt, kommt aber auch er schnell an seine Sprachgrenzen.

Abb.137: Ein Mohnfeld als landschaftlicher Höhepunkt.

Abb. 138: Botaniker auf ihrer «Spielwiese» auf Limnos. Foto: Günter Stadler

Abb. 139: Livadi-Sümpfe auf Kefalonia – ein bedeutsamer Lebensraum für Amphibien und Reptilien.

Der Exkursions-Rahmen

Die Aufgabenverteilung für Vorbereitung und Durchführung der Südlandfahrten hat sich über die Jahre hinweg eingespielt. Ich schlage jeweils die zu besuchenden Destinationen vor und stelle die einschlägige naturkundliche Literatur zusammen. Als letzter «Überhälter» der ersten Generation war ich an sämtlichen Reisen beteiligt. Ingbert Ganss, Heinrich Seitter, Edith Waldburger, Christian Burri und Louis Jäger, die der Kerntruppe angehörten, sind inzwischen verstorben.

Mein Interesse galt zunächst der Vogelwelt, dann zunehmend den Amphibien und Reptilien. Mit Peter Goop im «Zoologenauto» fokussierte ich mich auf das mögliche Auffinden der Kaspischen Bach- und der Europäischen Sumpfschildkröte (Abb. 140). Ihre Verbreitung und ihr Vorkommen auf den Inseln konnten in Monografien 2012 und in einer Zweitaufnahme 2023 veröffentlicht werden. Die meisten herpetologischen Inselbeiträge wurden in der Wiener Fachzeitschrift Herpetozoa in englischer Sprache veröffentlicht. Über den Link am Ende des Kapitels finden sich ergänzend alle illustrierten Reiseberichte.

Wilfried Kaufmann führte bis zu seinem Todesjahr 2016 eine Excel-Tabelle mit allen botanischen Funden auf den Inseln. Er schleppte die schwergewichtigen Bände der europäischen Flora mit auf die Inseln. Falls es ausreichend Orchideen-Neufunde für eine Insel gab, verfasste ich mit Christian Burri Beiträge in der Zeitschrift der Europäischen Orchideen. Günter Stadler hat nun seinen Platz eingenommen.

Die Logistik mit den Flügen und Unterkünften übernimmt Peter Goop. Die Organisation und Abwicklung der Inselreisen ausserhalb der Tourismussaison ist eine Herausforderung, und Flexibilität ist unerlässlich. Es muss mit Streiks beim Luft- und Fährverkehr gerechnet werden, der Wind kann beim Schiffstransport übel mitspielen. So geschehen 2012 beim Besuch der isolierten Insel Gavdos ohne sicheren Hafen. Dieser südlichste Punkt Europas im Lybischen Meer ist nur von Kreta aus erreichbar. Die Anreise erfolgte

Abb. 140: Gruppe von Kaspischen Bachschildkröten beim Sonnen auf Serifos. Foto: Peter Goop

wegen Wind zwei Tage später als vorgesehen. Auch die Rückfahrt bei fixem Abflugtermin auf Kreta war windbeeinflusst. Bei unterbrochenem Fährverkehr mussten wir die Leihautos zurücklassen, ein privater Bootsmann wagte für uns die Überfahrt nach Kreta.

Unsere Ansprüche an die Unterkünfte sind mit den Jahren gestiegen. Sind wir im Jahre 1986 auf Ikaria mangels Auswahl noch in eine Pension der E-Kategorie abgestiegen, wo uns die Plättchen in der Gemeinschaftsdusche entgegenfielen, wünschte sich später jeder sein eigenes Appartement – und ohne WLAN-Anschluss geht es schon gar nicht. Wir wählen meist ein Quartier aus, das am Abend den Tavernenbesuch ohne Autobenutzung erlaubt.

Die Inselfahrten finden jeweils im Verlauf des Monats April statt – ein bewusster Kompromiss. Dieser Zeitraum markiert meist den Höhepunkt der Blütezeit. Viele Orchideenarten öffnen noch früher ihre Blüten, während Amphibien und Reptilien tendenziell erst bei späterer, wärmerer Witterung vermehrt zu beobachten sind. Einen «perfekten» Zeitpunkt gibt es nicht – und er lässt sich schon gar nicht im Voraus planen, da der Vegetationsverlauf bis April stark von den vorgängigen Witterungsverhältnissen abhängt. Als ideal gilt uns der Zeitpunkt dann, wenn der Weisse Affodil *(Asphodelus alba)* bei unserer Ankunft in Meeresnähe noch in Blüte steht. Diese auffällige Pflanze erinnert in ihrer Rolle an den Gelben Enzian der Alpen – attraktiv, aber von Weidetieren weitgehend gemieden.

In den letzten Jahren ist der Klimawandel spürbar geworden. Mit mehr Wärme verschiebt sich die Vegetationszeit nach vorne. Die Winter werden immer trockener, was die Feuchtgebiete beeinträchtigt. Diese sind auf den meist baumlosen Inseln ja ohnehin selten und meist klein. Der Tourismus mit Nutzung der Sandstrände und eine intensivere Landwirtschaft mit Bewässerung beeinträchtigen diese Lebensräume schon lange – und der Klimawandel trocknet sie nun aus.

Vom täglichen Tun und Unterlassen

Im Verlauf der Jahrzehnte besuchten wir immer kleinere Inseln für das Studium der Naturwerte, so Lipsi oder Elafonissos mit weniger als 20 km2 Fläche (Abb. 141). Friedrich Nietzsche meinte einst: «Die Bildung wird täglich geringer, weil die Hast grösser wird». Dieser Hast wollen wir uns in Griechenland entziehen. Auf den Inseln sind wir Teil eines entschleunigten Lebens (Abb. 142). Wir erleben den Wirt, wie er in den Gemüsegarten geht und auf unseren Wunsch einen Salat anrichtet; in der Taverne erfüllt die Wirtin spezielle Wünsche (Günter Stadlers Leibspeise «Moussaka»).

Bevor wir auf der Insel aktiv werden, braucht es Recherchearbeiten. Informationen über Naturwerte werden in Reiseführern immer noch stiefmütterlich behandelt und bringen im Einführungsteil meist Belangloses oder gar Falschaussagen. Das Wissen zur Kultur und ihren Denkmälern wird besser aufbereitet. Die naturkundliche Vorbereitung einer Inselexkursion war daher immer ein steiniger Weg.

Zwar gab es einige frühere hellenophile Forschende. Ihre schriftlichen Quellen liegen aber über alle Kontinente verstreut. Auch im digitalen Zeitalter ist die alte Literatur nur unvollständig abrufbar. Hatten wir eine Insel-Destination festgelegt, versuchte ich die Veröffentlichungen über die Tier- und Pflanzenwelt zu beschaffen. Im Bereich der Amphibien und Reptilien kann ich auf meine umfangreiche Dokumentensammlung zurückgreifen, die mehr als ein Dutzend Ordner mit herpetologischer Literatur umfasst. In meiner Zeit an der Eidg. Forschungsanstalt für Wald, Schnee und Landschaft (WSL) profitierte ich von einem erfahrenen Bibliothekar, den ich auf die Literatursuche ansetzen konnte. Mit etwas Geschick und der gezielten Wahl geeigneter Suchbegriffe lassen sich heute über Google wertvolle Hinweise finden.

Abb. 141: Dieses unscheinbare Seifenkraut, ein Nelkengewächs, kommt auf der Welt nur auf wenigen Quadratmetern auf Elafonisos vor.

Abb. 142: Gestern trifft heute: Allradauto, Handy und Esel auf Serifos.

Abb. 143: Die Chora von Astypalea im Saharastaub. Foto: Günter Stadler

Abb. 144: Der berühmte griechische Salat – Salata choriatiki.

Im Fachbereich der Herpetologie kennt man sich – zumindest unter den älteren Forschenden mit Schwerpunkt Griechenland – oft persönlich und tauscht sich über Erfahrungen und Erkenntnisse aus. Für mein eigenes Arbeitsgebiet trifft das besonders auf Augusto Cattaneo aus Rom zu. Wir beide dürften wohl die meisten griechischen Inseln als Herpetologen bereist haben. In jüngerer Zeit rückt eine neue Generation exzellenter griechischer Forscherinnen und Forscher nach, von denen viele inzwischen an Universitäten auf mehreren Kontinenten tätig sind.

Auf der Insel angekommen, unternehmen wir jeweils eine Inselrundfahrt, um uns zu orientieren. Wir besuchen zunächst die Objekte des Netzwerks der europäischen Naturschutzgebiete («Natura 2000»). Auch das WWF-Inventar der Feuchtgebiete auf griechischen Inseln konsultieren wir, das von der MAVA-Stiftung (siehe Kap. 4.3) ermöglicht und vom WWF-Griechenland durchgeführt wurde. Es folgen Wanderungen auf den Maultierpfaden.

Mein Schwerpunkt gilt wie erwähnt den Feuchtgebieten. Dafür analysiere ich das hydrologische System. Gibt es noch fliessende Bäche im Ober- und Mittellauf? Gibt es im Mündungsbereich durch Strandwallbildung einen Rückstau der im Winter wasserführenden Bäche? Hier kann auch das Luftbild auf Google Maps Hinweise geben. Für die Reptilien sind Steinmauern ein wichtiger Lebensraum. Grössere Steine werden falls möglich umgedreht, weil unter ihnen ebenfalls Reptilien festgestellt werden.

Alle Beobachtungen von Amphibien und Reptilien werden in einem Insel-Tagebuch inkl. Koordinaten festgehalten. Gegen Ende der Exkursion wird eine Übersicht erstellt. Mit frischer Erinnerung werden entsprechende Kommentare festgehalten. Können Insel-Neufunde getätigt werden, was früher üblich war, heute aber seltener wird, führt dies zu einem Fachartikel, wobei immer auch Naturschutzaspekte festgehalten werden.

Die Abende mit Sonnenuntergang (Abb. 143) auf einer Tavernen-Terrasse am Meer unter mächtigen hundertjährigen Tamarisken sind unser häufiger täglicher Abschluss. Der Apero mit Ouzo, die besonderen kleinen Vorspeisen oder der griechische Salat (Abb. 144) – schon in den Farben ein Kunstwerk – verdienen eine besondere Erwähnung. Die Gastfreundschaft ist bis heute ausgeprägt, und wir wurden schon mehrmals zum Oster-Festmahl eingeladen. Fest steht: Wir setzen die Exkursionsreihe solange es noch geht fort – unser «Benjamin» hat Jahrgang 1949.

Publikationen von Mario Broggi zum Thema Mittelmeerreisen
Publikationsliste siehe Anhang (Stand Juli 2025)
Aktualisierte Publikationsliste: *www.mariobroggi.li/pub/mittelmeer*

5.2 Meine Lieblingspflanzen: das Zwillingspaar Sibirische Schwertlilie und Sumpfgladiole

Die Sumpfgladiole (Abb. 145) und die Sibirische Schwertlilie (Abb. 146) faszinieren mich seit vielen Jahrzehnten – beide sind Juwelen unserer Feuchtgebiete. Ihre grossen und auffälligen Blüten besitzen eine königliche Eleganz. Besonders schätze ich ihre ökologische Bedeutung: Sie sind Indikatoren für naturnahe, intakte Lebensräume. Beide Pflanzen stehen für mich sinnbildlich für die Zerbrechlichkeit und Schönheit unserer heimischen Flora.

Abb. 145: Die Sumpfgladiole.

Abb. 146: Sibirische Schwertlilie.

Ökologische Steckbriefe

Die Sumpfgladiole *(Gladiolus palustris)*, auch Sumpf-Siegwurz genannt, wird 30 bis 60 cm hoch, ist mehrjährig und besitzt schwertförmige Blätter. Die Anzahl blühender Pflanzen im Bestand schwankt stark von Jahr zu Jahr, weil die einzelnen Individuen nicht jedes Jahr blühen.

Die Sumpfgladiole ist – wie der Name sagt – eine Art der Feuchtgebiete. Sie wächst bei uns bevorzugt auf wechselfeuchten, nährstoffarmen und kalkreichen Böden und gilt als Kennart der Pfeifengraswiesen. Ihr Verbreitungsgebiet ist mittel- bis südosteuropäisch.

Die Sibirische Schwertlilie *(Iris sibirica)* wird mit 50 bis 100 cm grösser als die Sumpfgladiole. Früher blühte sie rund um den kirchlichen Feiertag Fronleichnam. Im Zuge des Klimawandels hat sich die Blühzeit 3 Wochen vorverlegt. Das Grundorgan bildet ein dünnes Rhizom, das resistent gegen Austrocknung ist.

Auch die Sibirische Schwertlilie ist wie die Sumpfgladiole ein Begleiter der Pfeifengraswiesen, aber auch Bewohnerin weiterer Feuchtwiesen der tieferen Lagen des kontinental-eurasiatischen Raumes. Sie dürfte über die östlichen Urstromtäler via Donau zu uns gekommen sein und befindet sich bei uns unweit ihrer westlichen Ausbreitungsgrenze.

Unter günstigen Rahmbedingungen können sich Massenbestände bilden, wobei auf einem Quadratmeter 50 bis 80 Stängel mit bis zu drei Blüten und mehr vorkommen. Die Sibirische Schwertlilie profitiert vom alljährlichen Streueschnitt, der so in der Natur nicht vorkommt und schafft ein blaues Blütenmeer. Die Streuewiese ist ein historisch mitteleuropäischer Nutzungstyp einer Wiese. Streuewiesen dienten der Produktion von Einstreu für die Stallungen, nicht der Ernährung des Viehs. Mit der Streuenutzung in den vergangenen Jahrhunderten wurde die grösste Verbreitung und Dichte der Sibirischen Schwertlilie erreicht und mit der landwirtschaftlichen Intensivierung droht ihr nun die Ausrottung.

Frühere und heutige Vorkommen

Laut dem Feldkircher Botaniker Josef Murr kam die Sibirische Schwertlilie im Jahr 1923 vom Schaanwald bis Balzers vor (Murr 1923), also in der ganzen Talsohle des Alpenrheins. Auf einer Postkarte aus Balzers ist im Junkerriet um 1900 ein geschlossenes Irisfeld unterhalb des Burghügels des Gutenberg zu sehen. Für die Sumpfgladiole gab der Botaniker an, dass sie «in den Riedwiesen der Talebene verbreitet» sei (Murr 1923).

Doch der Lebensraum der Arten schrumpfte laufend. Im 18. Jahrhundert gab es laut Militärkartographen 2330 Hektaren Streueflächen, was einem Grossteil der Liechtensteiner Talsohle entsprach (3220 ha). Von diesen Streueriedern sind inzwischen 97 Prozent verschwunden. Erst seit Ende der 1980er-Jahren bleibt der Streueanteil auf sehr niedrigem Niveau relativ stabil, weil Prämien für den ökologischen Ausgleich in der Landwirtschaft bezahlt werden (Abb. 147, 148).

Die Sibirische Schwertlilie wird heute in der Roten Liste der gefährdeten und seltenen Pflanzenarten Liechtensteins als «verletzlich» eingestuft, die Sumpfgladiole gar eine Gefährdungsstufe höher als «stark gefährdet». Beide Arten gelten als «botanische Flaggschiffe» der Riedwiesen, auch weil sie besonders attraktiv blühen.

Eine Darstellung der aktuellen Schwertlilienvorkommen in Liechtenstein, Sarganserland und Werdenberg wurde 2010 veröffentlicht, diejenige der Sumpfgladiole im gleichen Verbreitungsraum bereits im Jahr 2009 (Abb. 149, 150). Beide Kartierungen wurden für Liechtenstein im Jahre 2022 wiederholt, wobei man auch die Bestandesgrössen an den festgestellten Standorten bestimmte. Das erlaubt es, Entwicklungen über die Zeit zu erkennen. Bei den Erhebungen wurde jeweils die Anzahl ihrer Stängel geschätzt, wobei im Frühling in der noch niedrigen Vegetation die kreisrunden Schwertlilien-Horste gut

Abb. 147: Massenbestand der Sibirischen Schwertlilie im «Unteren Ried» bei Bangs (Vorarlberg) in den 1980er-Jahren.

Abb. 148: Massenbestand der Sumpfgladiole im Ruggeller Riet. Foto: Rainer Kühnis

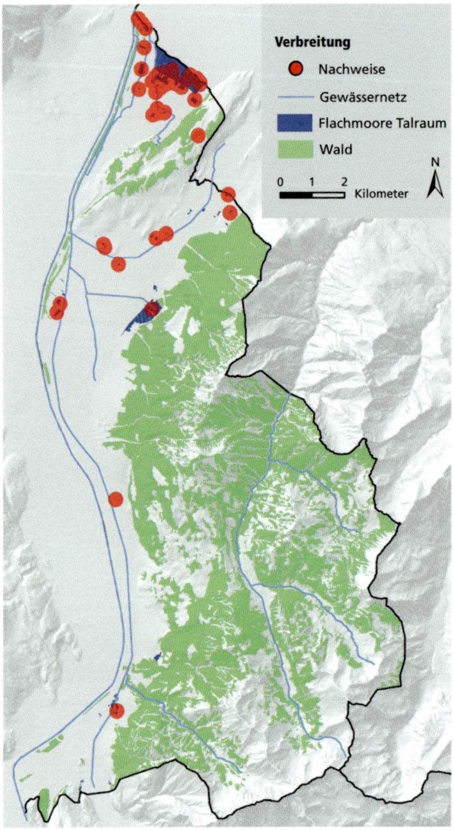

Abb. 149: Vorkommen der Sibirischen Schwertlilie in Liechtenstein.

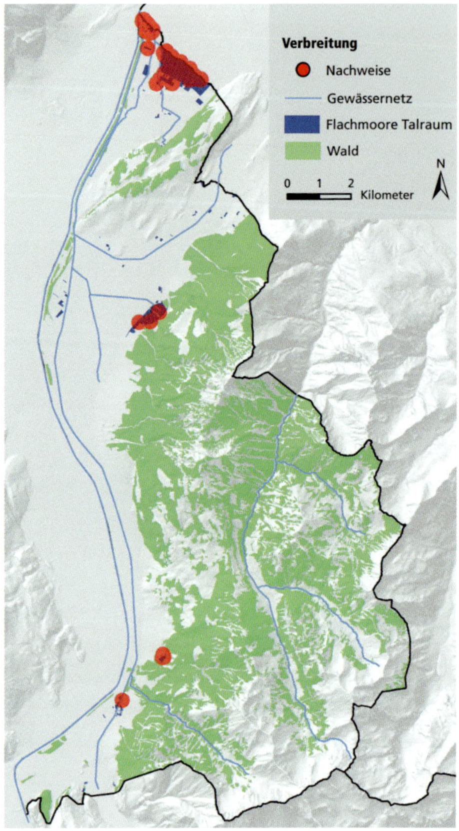

Abb. 150: Vorkommen der Sumpfgladiole in Liechtenstein.

sichtbar sind. Es gab spärliche Vorkommen mit 1 bis 25 Exemplaren, aber auch Massenbestände mit über 10000 Exemplare, vor allem im Talgebiet.

Das Kernvorkommen der Sibirischen Schwertlilien liegt nördlich von Ruggell. Das Ruggeller Riet gilt mit dem benachbarten Bangser Ried, dem Unteren Ried und Matschels als das blaue Blütenmeer. Ich schätzte hier anfangs der 1970er-Jahre den Blütenbestand auf 3 Millionen. Der Streuewiesenbestand hat aber seither weiter markant abgenommen und damit auch der Irisbestand. Er dürfte höchstens noch ein Viertel der Zeit um 1960 betragen. Die dichtesten Iriswiesen finden sich in Liechtenstein ausserhalb des Naturschutzgebietes Ruggeller Riet im Südwesteck des Suwinkels. Es gibt ausserhalb dieses Kernraumes nur mehr drei Parzellen mit dichterem Bestand: im Wisanels im Maurer Riet, im Eschner Riet im Mölimad und im Tentscha-Bannriet (Eschen). Die anderen kleinen Streueparzellen mit Iris sind durch Stickstoffeinträge unter Druck (direkt über Gülle oder indirekt als Ammoniak über die Atmosphäre). Die Iris werden mangels Licht überwuchert und verschwinden. Es braucht klare Reduktionsziele für Stickstoffemissionen aus der Landwirtschaft.

Im Liechtensteiner Oberland kommen ausser im Naturschutzgebiet Schwabbrünnen-Aescher keine Schwertlilien mehr vor. Überraschend hat man 2022 ein spärliches Vorkommen im Entamoos in Balzers festgestellt, wobei es möglicherweise um eine Anpflanzung handelt.

Abb. 151: Streuerest in Mauren (FL) mit Überwucherung durch die Goldrute.

Die Vorkommen der Sumpfgladiole sind wesentlich kleiner als die der Schwertlilie. Im Hangmoor des Matilabergs in Triesen blüht sie regelmässig, ihr Kernraum liegt ebenfalls nördlich von Ruggell und hier vor allem im Bangser Zipfel auf den wenigen verbliebenen Streueparzellen. Auch hier gilt, dass die grössten Vorkommen der Sumpfgladiole nicht im Naturschutzgebiet, sondern ausserhalb auf kündbaren Vertragsparzellen liegen.

1983 erlebten die Botanikerin Edith Waldburger aus Buchs und ich eine Überraschung, als wir vom Lawentobel in Triesen einen steilen bewaldeten Hang nach Magrüel aufgestiegen sind und auf 850 bis 880 m ü. M. in einer Waldwiese einen blühenden Sumpfgladiolenbestand fanden. Dieser Fund bestätigte, dass die Sumpfgladiole auch in Föhrenwaldsteppen vorkommen kann. Der Standort wurde später mehrfach besucht, aber das Vorkommen scheint erloschen zu sein.

Die Restbestände beider Arten scheinen sich auf sehr niedrigem Niveau stabilisiert zu haben, obwohl sich die Stickstoffeinträge negativ auf die Arten auswirken. Die Problematik zeigt sich vor allem an der zunehmenden Verschilfung, ebenso im Vordringen der Goldruten (Abb. 151). Für die Sumpfgladiole ist festzuhalten, dass 80 bis 90 Prozent ihrer Bestände ausserhalb von rechtlich abgesicherten Gebieten liegen, was einer Anpassung der Schutzperimeter bedarf.

Internationale Verantwortung

Es gibt eine national und international verankerte Verpflichtung Liechtensteins für den Erhalt beider Arten. Grundlage hierfür ist der Anteil der Verbreitungsareale. Liechtenstein besitzt für die Sumpfgladiole eine hohe Verantwortlichkeit, für die Sibirische Schwertlilien eine mittlere. Weil sich hier der grösste Massenbestand im österreichisch-liechtensteinischen Grenzraum des Alpenrheintals befindet, würde ich die Verantwortlichkeit für die Iris

Abb. 152: Streueparzelle im Bannriet (Eschen), bedrängt durch landwirtschaftliche Intensivnutzung.

anheben. Früher gab es im Vorarlberger Meiningen ein «Ilgenfest», wie wir es als Blumenfest für das Ausseerland im Salzkammergut für die Sternnarzisse kennen. Dieses Fest für die Sibirische Schwertlilie ist mangels Blühmasse nicht mehr durchführbar.

Für die Sumpfgladiole und Schwertlilien als Flaggschiffarten sollten mehr Schutzgebiete ausgewiesen werden. Das können auch Mikroreservate sein, also kleinere Parzellen mit dichtem Bestand inkl. Pufferzone. Die Realität sieht so aus: Liechtensteins zehn Naturschutzgebiete bedecken rund 189 Hektaren, das entspricht gerade einmal einem Prozent der Landesfläche. Man muss sich fragen, wie man die Empfehlungen der UN erreichen will, 30 Prozent der Landesfläche als Schutzgebiet auszuweisen. Gemäss Aktionsplan Biodiversität des Jahres 2024 stehen wir derzeit zusammen mit den Waldreservaten bei 12 Prozent (Regierung des Fürstentum Liechtenstein, 2024).

Nötig sind Pufferzonen gegen den Nährstoffeintrag (Abb. 152). Auch der regelmässige Streueschnitt und die Entfernung der Biomasse bleiben bedeutsam. Dies funktioniert derzeit für die grösseren beiden Naturschutzgebiete gut, wobei auf einen etappierten Streueschnitt wert zu legen wäre, der das winterliche Überleben von Insekten in den Halmen ermöglicht. Weil aber auch zukünftig die meisten Bestände ausserhalb der Reservate anzutreffen sein werden, braucht es eine deutlich verstärkte Ökologisierung der Landwirtschaft (siehe Kap. 2.3).

Publikationen von Mario Broggi zum Thema Sibirische Schwertlilie und Sumpfgladiole
Publikationsliste siehe Anhang (Stand Juli 2025)
Aktualisierte Publikationsliste: *www.mariobroggi.li/pub/schwertlilie*

5.3 Mein Lieblingstier: der Wolf

Immer wieder werde ich nach meinem Lieblingstier gefragt. So wie es für Eltern fast unmöglich ist, die Frage nach ihrem Lieblingskind zu beantworten, fällt es mir schwer, ein einziges Lieblingstier zu benennen. Es gibt mehrere Tiere, die mir buchstäblich ans Herz gewachsen sind – obwohl ich selten oder nie die Möglichkeit hatte, mit ihnen in Kontakt zu kommen. Jenseits unserer Breitengrade sind dies der Elefant, der Bär und der Löwe. Mein Lieblingstier in Europas Tierwelt ist der Wolf. Er ähnelt in seinem sozialen Verhalten vielfach dem Menschen. Beide leben in Familien und ernähren sich von Fleisch. Der Wolf ist für mich ein Symbol für die Widerstandsfähigkeit der Natur (Abb. 153).

Nachdem die rigide Verfolgung in Italien mit Fallen, Gift und Kugeln eingestellt und die Art ab 1976 als geschützt eingestuft wurde, dehnte der Wolf sein Verbreitungsgebiet stetig nach Norden entlang der Riviera bis in die italienischen und französischen Alpen aus. Wie bei den Wölfen üblich, wandern die meisten Jungwölfe aus dem Heimatterritorium ab – bei den italienischen Wölfen oft schon im folgenden Jahr nach der Geburt. Es ist bekannt, dass Jungwölfe mehr als 1000 Kilometer weit wandern können. Damit war zu erwarten, dass der Wolf früher oder später auch in der Schweiz auftauchen würde.

Die ersten Tiere kamen allerdings am «falschen Ort» über die Landesgrenze, nämlich 1994 ins Walliser Val Ferret und ins Val d'Entremont, wo sie gar nicht willkommen waren. Dort bildete sich gar ein Verein «Lebensraum Schweiz ohne Grossraubtiere». Sie hätten besser das waldreiche, wenig bevölkerte obere Tessin als Eingangspforte gewählt. Im Wallis ist der Wolf nach wie vor in hohem Mass unerwünscht.

Abb. 153: Der Eurasische Wolf ist ein faszinierendes Tier. Foto: Creative Commons/Mas. 3cf

Rückkehr nach mehr als einem Jahrhundert

Gut zwanzig Jahre nach dem ersten Besuch eines Wolfes in der Schweiz ist dieses Tier nun wieder fester Bestandteil der Schweizer Fauna. Eigentlich leben heute sogar eine halbe Million Wölfe in der Schweiz. Dabei handelt sich aber um ihre domestizierte Form, den Hund, der den Menschen seit rund 20 000 Jahren begleitet. Die Anzahl freilebender Wölfe betrug Mitte 2024 rund 300 Tiere in 32 Rudeln. Im Winter 2024 wurde allerdings ein Drittel des Bestands innerhalb von vier Monaten «präventiv» abgeschossen. Die Sinnhaftigkeit für dieses Massaker muss hinterfragt werden.

Der Wolf trifft nach mehr als einem Jahrhundert Abwesenheit nicht mehr auf die gleiche Schweiz. Heute lebt er in einer Landschaft mit viel mehr Wald und Wild. Während vor 150 Jahren in der Schweiz der Hirsch und vielerorts das Reh ausgerottet waren, sind es heute laut eidgenössischer Jagdstatistik gegen 40 000 Rothirsche, 135 000 Rehe und 86 000 Gämsen, die den Wölfen als Beute dienen können. Der Lebensraum wäre also gut für den Wolf. Wären da nicht die rund 400 000 Schafe (Stand 2022), von denen rund 200 000 gealpt werden. Diese Tiere sind vielerorts sich selbst überlassen, was es dem Wolf anfangs leicht machte, sie als Beute zu betrachten. Für die Schafhalter bedeutete dies eine grosse und neue Herausforderung. Aufsehen erregend waren vor allem Mehrfachtötungen durch den Wolf. Der Schock und die Wut der Nutztierhalter sind verständlich. Der Wolf ist allerdings kein Massenmörder; die weiteren herumrennenden Tiere lösen aber im Beutegreifer einen Beutefangreflex aus.

Das Stereotyp des «bösen» Wolfs

Das erste Wolfsrudel in der Schweiz entstand 2012 im Bündner Calanda-Gebiet. Es verhielt sich dort ausgesprochen diskret und verschonte die Nutztiere weitgehend. Immer wieder näherten sich aber Wölfe den Siedlungen, vor allem im Winter.

Der Wolf ist entgegen der weit verbreiteten Meinung kein klassischer Wildnisvertreter, sondern vielmehr Opportunist; er ist anpassungsfähig und scheu, wobei die Jungtiere auch neugierig sein können. In den Apenninen schleicht er zur Winterzeit durch die Dörfer auf der Suche nach Fressbarem, genauso in Rumänien, wo er mit dem Bären durch die Viertelmillionenstadt Braşov streift. Neuerdings soll er auch in den Vororten Roms aufgetaucht sein. Das war im Churer Rheintal kaum anders, wie winterliche Spuren zeigten.

Doch akzeptiert die Bevölkerung die Anwesenheit der Wölfe? Die Grossraubtierdebatte (Bär, Wolf und Luchs) ist mit starken Emotionen aufgeladen und wird medial verstärkt. Jeder einzelne Riss eines Nutztieres wird schweizweit, ja international in den Medien festgehalten. Die Ablehnung der Beutegreifer ist umso grösser, je weniger man sie kennt. Alle reden vom Wolf, aber kaum einer hat ihn je gesehen, auch ich noch nicht in freier Wildbahn. Oder anders gesagt: Die Italiener fürchten sich kaum vor dem Wolf, und in Nordamerika, wo Wölfe, Pumas und Bären in direkter Nachbarschaft zur menschlichen Zivilisation leben, kann man über solche Aufregung vermutlich nur lächeln.

Übergriffe auf Menschen sind in neuerer Zeit aus Europa kaum bekannt. Ältere Meldungen über Attacken sind teils auf tollwütige Tiere zurückzuführen. Warum also die immer wieder vorgetragene Angst vor dem Wolf? Das Stereotyp des «bösen» Wolfes ist in unserer Kultur verankert (Abb. 154). Im Märchen des «Rotkäppchens» heisst es: «Aber Grossmutter, was hast Du für ein entsetzlich grosses Maul? – dass ich Dich besser fressen kann!». Der Wolf gilt gemeinhin als Vertreter der Wildnis, des dunklen, gesetzlosen Waldes. Das mag Angst machen – oder aber faszinieren. Unseren Altvorderen am Rande ihrer Existenzmöglichkeiten machte es Angst; die Transformation des Menschen zum

Abb. 154: Rotkäppchen trifft den Wolf auf dem Weg in den Wald. Das Rotkäppchen-Märchen ist stark in den Köpfen der Menschen präsent. Quelle: Berliner Ausgabe von Grimms Fairy Tales 1865

Abb. 155: Der Werwolf, der Menschen angreift und frisst: Transformation des Menschen zum Wolf. Quelle: Holzschnitt des deutschen Renaissance-Künstlers Lukas Cranach der Ältere aus dem 16. Jahrhundert.

«Werwolf» steht sinnbildlich dafür (Abb. 155). Der Wolf galt als das Böse schlechthin und stellte die Alleinherrschaft des Menschen in Frage. Er wurde auch für Manches verantwortlich gemacht, mit dem er nichts zu tun hatte.

Natur ist für den Menschen Gestaltungsmasse, und darum soll der Wolf in der Kulturlandschaft keinen Platz bekommen. So sehen es vor allem viele Alpenpolitiker, die Ängste mit parlamentarischen Vorstössen «bewirtschaften», statt nach möglichen Lösungen zu suchen. Verlangt wurde gar der Austritt aus dem internationalen Vertragswerk der «Berner Konvention», dem Artenschutzabkommen, was jetzt durch eine Minderung des Schutzstatus obsolet sein wird. Man traf auch – vor allem vor Wahlen – politische Entscheide, die ökologischen Erkenntnissen widersprechen. So ist die Tilgung ganzer Rudel fragwürdig, weil diese Plätze durch Einwanderungen wieder besetzt werden.

Eine leidvolle Verschärfung der Situation ergab sich in Graubünden. Der Leitwolf des 2018 gebildeten Bündner Beverin-Rudels hat durch Überspringen von Elektrozäunen Ziegen gerissen. Zur «Strafe» hat die Bündner Regierung anfangs Oktober 2019 beschlossen, dass nebst dem Leitwolf vier Jungwölfe aus diesem Rudel abgeschossen werden sollen. Auch die Naturschutzorganisationen akzeptierten den Bescheid, da gesetzlich abgedeckt. Die ersten beiden Jungtiere lagen bereits wenige Stunden nach Erlass am Boden. Dabei wird vergessen, dass erlegte Wölfe oftmals zu einem Ansteigen an Nutztierrissen führen, weil die sozialen Strukturen in Wolfsrudeln durcheinandergeraten. Wo mehrheitlich Herdenschutz betrieben wird, gehen die meisten Risse von Nutztieren auf das Konto von Wölfen ohne fest etablierte Territorien.

Gealpte Schafe als Stein des Anstosses

Die Schafalpung wird heute längst nicht mehr so intensiv bewirtschaftet wie noch im 19. Jahrhundert. Später hat man die Schafe auf den Alpen sich selbst überlassen. Das führte zu ernsthaften ökologischen Problemen in der alpinen Zone. In einer von mir erstellten Studie für Liechtensteins Alpen wurde bereits im Jahre 1984 festgestellt, dass die Vegetation durch Standweiden mit Schafen kahlgefressen und durch den Trippelwalzeneffekt ihrer Hufe die Bodenkrume verletzt wurde, was zu Erosionen führte. Als probates Gegenmittel wurde eine Behirtung mit 1000 bis 1500 Tieren in Form einer Wanderschäferei vorgeschlagen, was damals an den Grundeigentumsverhältnissen scheiterte, weil die Alpgenossenschaften nicht kooperieren wollten.

Inzwischen ist der Wolf wieder zurück – und er wird bleiben. Dort wo es noch unbehirtete und ungeschützte Herden gibt, sind Risse vorprogrammiert. Die Medien verkünden dies dann, als wäre es ein vorsätzliches Verbrechen. Der Wolf ist allerdings nur für wenige Prozente aller Schafabgänge verantwortlich. Durch Blitzschlag, Steinschlag, Stacheldraht, Krankheiten oder Absturz verendeten allein 2023 rund 48 000 Schafe; Wölfe rissen im gleichen Jahr 1096 Schafe, was etwa 2 Prozent aller Abgänge ausmacht. Nach jeder Alpsaison werden zudem hunderte von Tieren «versehentlich» auf den Alpen zurückgelassen. Bei der Wolfdebatte spielen solche Aussagen allerdings kaum eine Rolle.

Die einzig wirksame Methode zum Schutz von Schafen und Ziegen ist und bleibt der Herdenschutz (Abb. 156). Heute gibt es in der Schweiz rund 300 Herdenschutzhunde, verteilt auf 100 Alpen *(herdenschutzschweiz.ch)*. Die Beziehungen zu den Hunden ist regional sehr unterschiedlich, an manchen Orten werden sie abgelehnt. Sie können auch bei Wanderern und Bikern Ängste auslösen.

Bei der Wolfsdiskussion geht es auch um Geld. Die Schafrisse und der Herdenschutz verursachen Kosten, die grösstenteils von der öffentlichen Hand abgegolten werden. Der Bund stellt dafür jährlich über 3 Millionen Franken zur Verfügung, wobei immer wieder Kürzungen im Raum stehen. Gleichzeitig werden die 400 000 Schafe in der Schweiz, davon mehr als die Hälfte gealpt, mit jährlich rund 20 Millionen Franken subventioniert. Der Sömmerungsbeitrag pro behirteter Grossvieheinheit (= 6 erwachsene Schafe) beträgt jährlich 400 Franken, ohne Behirtung sind es 120 Franken.

Vergessen wird, dass der Wolf wichtige Ökosystemleistungen erbringt und eine ausgezeichnete Ökobilanz aufweist. Es freute mich besonders, dass der Schweizerische Forstverein sich deutlich dahingehend ausdrückte, dass Luchs und Wolf in der Schweiz willkommen seien, weil sie sich positiv auf die Waldverjüngung auswirken. Allein dieser Beitrag der grossen Prädatoren stellt die Millionenaufwendungen massiv in den Schatten und müsste dringend monetarisiert werden.

Aufweichung des Wolfschutzes

Die Wolfsgegner setzten auf die Revision des Jagdgesetzes mit Aufweichung der Schutzbestimmungen für Beutegreifer. Zur Zufriedenheit der Alpenpolitikerinnen und -politiker wurde im Schweizer Parlament im Herbst 2019 eine Gesetzesänderung beschlossen, mit der die Bestände geschützter Tiere verkleinert und bereits präventiv Tiere ohne nachgewiesene Schadfolgen zum Abschuss freigegeben werden können – auch in Wildschutzgebieten. Man spricht dann allerdings nicht vom Töten, sondern von einer «Entnahme». Dem Wolf soll es an den Kragen gehen.

Gegen diese Revision wurde mit Erfolg das Referendum 2020 ergriffen. 2022 wurde dieser Volksentscheid mit einer parlamentarischen Initiative obsolet. Aus Rücksicht auf die anstehende Biodiversitätsinitiative verzichteten die NGO auf ein neuerliches Referendum.

Diese Strategie ist nicht aufgegangen, weil die Biodiversitätsinitiative abgelehnt wurde. Der Bundesrat hat am 13. Dezember 2024 das geänderte Jagdgesetz mit der angepassten Jagdverordnung per 1. Februar 2025 in Kraft gesetzt. Sie ermöglicht es, Wölfe im Winter präventiv zu schiessen, also ohne Rissnachweis. Der Bund hat, fachlich nicht abgedeckt, den Wolfsbestand auf 12 Rudel mit rund 100 Tieren definiert. Seither können und werden ganze Rudel eliminiert. Selbst das im Nationalpark lebende Rudel wurde abgeschossen, als es sich über die Parkgrenze hinauswagte. Angeblich hat es zwei Rinder gerissen – beim Grossvieh gilt Nulltoleranz.

Seit dem 1. Februar 2024 wurden in der Schweiz über 100 Wölfe legal erlegt, sechs weitere starben durch Verkehrsunfälle (Stand: 10.3.2025). Neun Rudel dürfen vollständig eliminiert, 15 Rudel dürfen durch die Tötung von einem Drittel bis zu zwei Dritteln der Jungwölfe reguliert werden. Wildbiologische Erkenntnisse und damit Fakten spielen bei diesen Entscheiden keine Rolle, auch nicht ein anders lautender Volksentscheid (Ablehnung der Änderung des Jagdgesetzes im Jahr 2020). Durch die parlamentarische Initiative wurde dieser rechtlich übersteuert. Politische Entscheide sollten auch ökologische Erkenntnisse berücksichtigen. Die klassische parteipolitische Bergallianz hat hier die gesamtschweizerische Betrachtung obsolet gemacht.

Für eine dauerhafte Koexistenz zwischen Mensch und Wolf ist zumindest ein positiveres Bild dieser Tiere zu entwickeln. Vielleicht kann wieder an die Mythen indigener Kulturen angeknüpft werden, was unserer Beziehung zur Natur zugutekommen würde.

Abb. 156: Herdenschutzhunde – alternativlos, aber nicht überall beliebt. Sie können auch bei Wanderern und Bikern Ängste auslösen.

Das Heulen der Wölfe

Rudyard Kipling schreibt in seinem Dschungelbuch: «Denn die Stärke des Rudels ist der Wolf, und die Stärke des Wolfs ist das Rudel». Um erfolgreich zu kooperieren, muss das Rudel untereinander kommunizieren. Wölfe verständigen sich im unübersichtlichen Gelände und auch über grosse Distanzen mit Heulen. Es ist dies ein Langdistanzlaut. Sie sollen sich so über mehr als 10 Kilometer hören können. Ein gemeinsames Heulen im Rudel festigt zudem die soziale Bindung. Dieses Heulen kann man auch provozieren. Dabei begeben sich Forschende an exponierte Stellen im Wolfsgebiet, von denen aus sie in die Nacht heulen oder Wolfsheuler ab Tonband abspielen.

Das habe ich Mitte der 1980er-Jahren in der kanadischen Provinz Ontario erlebt. Wenn die Zeit für das Wolfsheulen als günstig erachtet wurde, kam ein Hinweis im Radio als öffentliche Einladung, beim Wolfsheulen dabei zu sein. An einem bezeichneten Treffpunkt in Form einer Publikumsarena erfolgte eine Einführung zum Thema Wolf durch Ranger. Anschliessend ging es nach dem Eindunkeln in einer Karawane von rund 100 Privatautos (!) in eine vorbestimmte Richtung. Dort wurde gestoppt, die Scheiben runtergelassen und ein Ranger heulte in die Nacht hinein. Bald erhielt er Antworten von mehreren Stellen her. Das Wolfgeheul lässt einem nicht kalt. Der Wolf weckt Emotionen – und je nach kulturellem Hintergrund ist er das Sinnbild für romantische Wildnis oder er wird als direkte Bedrohung empfunden. Verbunden mit entsprechender Information und Kommunikation wird mit dem organisierten Wolfsheulen (wolf howling) für das Tier geworben.

Publikationen von Mario Broggi zum Thema Wolf

Publikationsliste siehe Anhang (Stand Juli 2025)

Aktualisierte Publikationsliste: *www.mariobroggi.li/pub/wolf*

5.4 Mein Lieblingsmoor am Matilaberg

Die Flur «Matilaberg» ist Teil des Schuttkegels der Badtobelrüfe im grossen Hangrutschgebiet südlich von Triesen (FL). Sie ist 15 Hektaren gross und besteht grösstenteils aus Wald, Hecken, Wiesen und Weiden. Mittendrin liegt auf 600 bis 700 m ü. M. ein faszinierendes Hangmoor, das mir sehr ans Herzen gewachsen ist – nicht nur emotional, sondern auch wissenschaftlich (Abb. 157, 158).

Bei meinem beruflichen Rückzug im Jahre 2004 hatte ich mir zum Ziel gesetzt, die Naturwerte und Gefährdungslage einiger liechtensteinischer Räume nochmals genauer anzuschauen. Ich besuchte in der Regel wöchentlich ausgewählte Gebiete. Bei den botanischen Untersuchungen war mir Wilfried Kaufmann (Abb. 159) aus Balzers behilflich, der im Juli 2016 verstorben ist (ausführliche Widmung siehe *mariobroggi.li/wilfried-kaufmann*). Mit Wilfried Kaufmann und Rudolf Staub veröffentlichte ich 2013 die Naturmonografie des Matilaberges in den Reihen der Botanisch-Zoologischen Gesellschaft Liechtenstein-Sarganserland-Werdenberg.

Abb. 157: Das Hangmoor (braun) des Matilabergs.

Abb. 158: Westlicher Teil des Hangmoors mit Wollgräsern, im Hintergrund der Gonzen.

Abb. 159: Wilfried Kaufmann bei der botanischen Kartierung.

Grosse Artenvielfalt auf kleinem Raum

Das Hangmoor als Kern des Naturschutzgebietes Matilaberg ist 3,4 Hektaren gross. Hier konnten wir rund 280 Gefässpflanzenarten nachweisen, von denen 17 Arten auf der Roten Liste der gefährdeten und seltenen Pflanzenarten des Landes stehen (Abb. 160). Auffällig ist der Reichtum an Orchideen mit 15 Arten. Im Verlauf des Frühlings kommt es zu regelrechten Blühintervallen, die mit dem Kleinen Knabenkraut *(Orchis morio)* und dem Helm-Knabenkraut *(Orchis militaris)* beginnen und mit Massenständen des Sumpf-Stendelwurz *(Epipactis palustris)* enden. Die Grösse der Orchideen-Populationen schwankt dabei jährlich, was wohl witterungsabhängig ist. So können die stark gefährdete Fliegen-Ragwurz *(Ophrys insectifera)* und die Bienen-Ragwurz *(Ophrys apifera)* nicht jedes Jahr blühend angetroffen werden.

Die Flaggschiffart bildet die Sumpfgladiole *(Gladiolus palustris)*, eine filigrane Pflanzenart (vgl. Kap. 5.2). Sie ist europaweit stark gefährdet. Am Matilaberg ist auffällig, dass sich ihre Wuchsorte im Verlaufe der Jahre von unten nach oben verschoben haben. Sie breitet sich auch in die höheren trockeneren Lagen aus. Die Sumpfgladiole zählt zu den fünf Arten, die in den Roten Listen aller Alpenstaaten enthalten sind, womit Liechtenstein eine grosse Verantwortung für den Schutz dieser Art hat.

Der Matilaberg gilt als Lebensraum zahlreicher Arten mit Verbreitungsschwerpunkten in den alpinen Lagen. Dazu gehören die Narzissenblütige Anemone *(Anemone narcissiflora)*, der Frühlings-Enzian (Gentiana verna), der Gelbe Enzian *(Gentiana lutea)*, das Breitblättrige Laserkraut *(Laserpitium latifolium)*, die Trollblume *(Trollius europaeus)*, der Weisse Germer *(Veratrum album)* und die Kugel-Orchis *(Traunsteinera globosa)*.

Abb. 160: Artenreiche Feuchtwiese am Matilaberg.

Systematische Untersuchungen der Tierwelt haben wir am Matilaberg noch nicht durchgeführt. Für landesweite Untersuchungen haben Tagfalter- und Heuschreckenfachleute wenige Begehungen im Gebiet durchgeführt Sie bestätigen die Bedeutung des Matilabergs für die biologische Vielfalt. Am Hangfuss findet sich ein grösserer Tümpel, der Laichplatz für Bergmolche, Grasfrosch und die gefährdete Gelbbauchunke ist. In einem hangseitig benachbarten Schilffeld wurden zwei weitere Weiher als Amphibien-Laichplätze erstellt.

Der lange Weg zum Schutz

Der Matilaberg liegt eingebettet in eine traditionelle Kulturlandschaft. Die reiche und offene Landschaft gibt den Eindruck einer Parklandschaft. Der ökologische Wert der Flur wurde erst spät erkannt. Im Jahre 1971 machte mich der damalige Triesner Schulwart Richard Banzer (1924–2010) auf den Gladiolenstandort aufmerksam. Anlässlich eines gemeinsamen Besuches stellte ich eine artenreiche Orchideenwiese fest, und in den vernässten Erosionsrinnen wuchs der Langblättrige Sonnentau *(Drosera longifolia)* eine fleischfressende Pflanze. Ich bat den Botaniker Heinrich Seitter aus Sargans *(www.mariobroggi.li/heinrich-seitter)*, diese Flächen im Sommer 1972 zu kartieren. 1975 veröffentlichte er eine kommentierte Florenliste mit 172 Gefässpflanzenarten, darunter 22 Alpenpflanzen, von denen viele hier ihre am tiefsten liegende Verbreitung haben dürften (Seitter 1975).

Im ersten liechtensteinischen Naturschutzgutachten 1977 wurde vorgeschlagen, diese feuchten Magerwiesen am Matilaberg unter Naturschutz zu stellen. Die Liechtensteinische Gesellschaft für Umweltschutz (LGU) stellte im Jahre 1981 formell bei der Gemeinde Triesen als mitbetroffene Grundeigentümerin den Antrag für die Genehmigung einer Unterschutzstellung, was durch die neu eingerichtete Gemeinde-Umweltschutzkommission unterstützt wurde. Der Gemeinderat nahm aber von einer formellen Unterschutzstellung Abstand und bot die Möglichkeit an, die betroffenen Gemeindeparzellen gegen Realersatz abzutauschen, was für eine Umweltorganisation nicht realisierbar war.

Es folgten in den kommenden Jahrzehnten zahlreiche weitere Hinweise auf die Schutzwürdigkeit des Gebietes, so mit der Aufnahme ins Magerwieseninventar 1987, welches im Auftrag des Landes erstellt wurde. Dazu gehören weitere nährstoffarme Flächen ausserhalb des Hangmoores. Im erweiterten Inventar der Naturvorrangflächen 1992 wurde dem Matilaberg regionale Bedeutung zugemessen und angeregt, zur Abpufferung ein Landschaftsschutzgebiet «Bofel-Neufeld-Wesa» auszuweisen, um die attraktive traditionelle Kulturlandschaft zu erhalten.

Ein gemeindeinterner Schutzversuch der Triesner Umweltkommission scheiterte im Jahre 1994 erneut. Erst ein weiterer Schutzantrag der Liechtensteinischen Gesellschaft für Umweltschutz und der Botanisch-Zoologischen Gesellschaft im Jahre 2011 fiel auf fruchtbaren Boden. Die Gemeinde und die inzwischen eingerichtete Bürgergenossenschaft sowie das zuständige Amt stimmten einer Unterschutzstellung zu. Am 6. Dezember 2011 wurde von der Regierung die Verordnung über das Naturschutzgebiet Matilaberg in Triesen erlassen – 30 Jahre nach dem ersten Schutzantrag (Abb. 161). Es folgte im September 2013 das erste in Liechtenstein ausgewiesene Landschaftsschutzgebiet «Periol, Bofel, Neufeld, Undera Forst» (Abb. 162, 163).

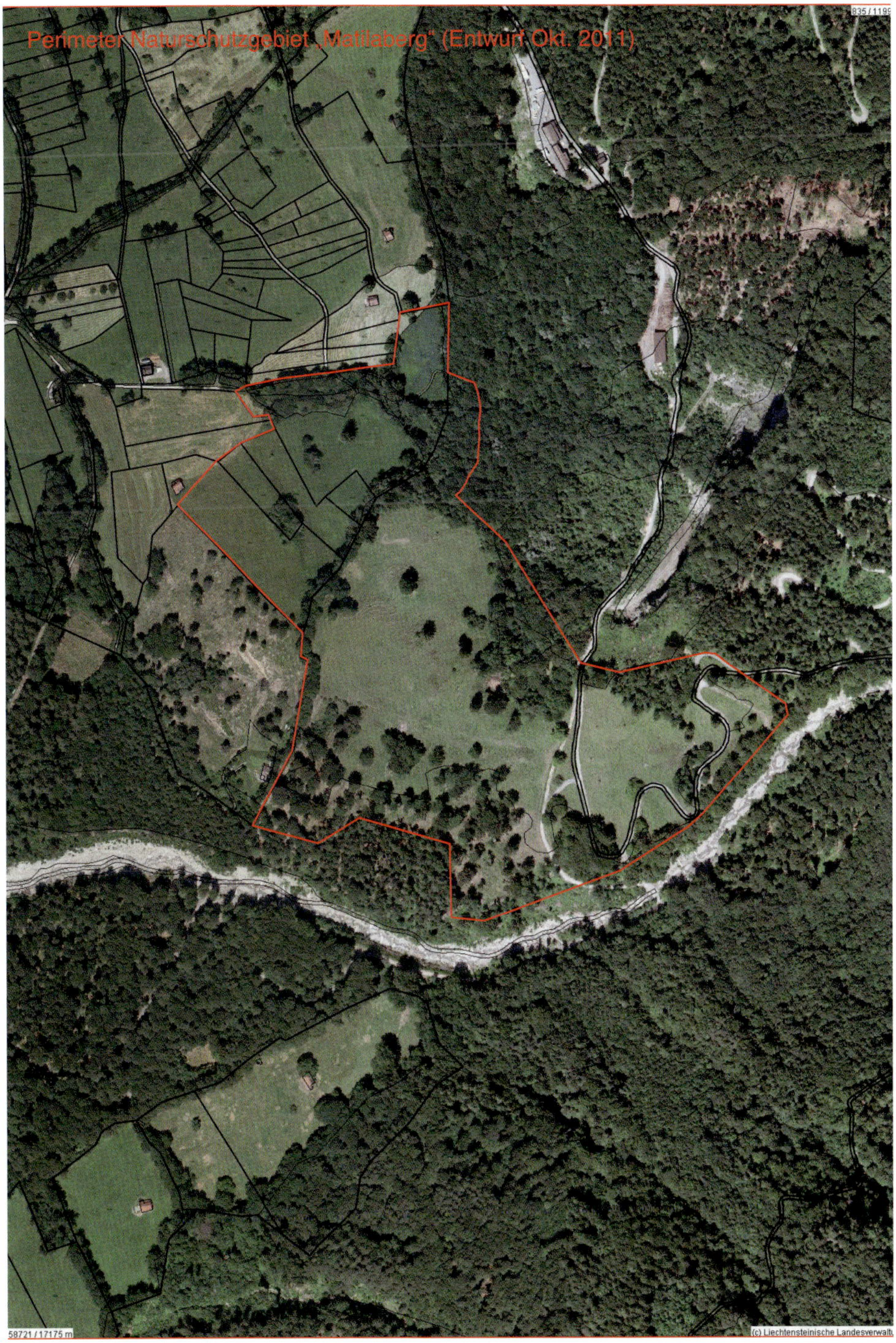

Abb. 161: Perimeter des Naturschutzgebietes. Quelle: Botanisch-Zoologische Gesellschaft Liechtenstein-Sarganserland-Werdenberg

Abb. 162: Das Vorgelände des Matilaberges im Bofel ist ein Landschaftsschutzgebiet. Hier finden sich noch ungeteerte und sich windende Wege.

Abb. 163: Im Landschaftsschutzgebiet Bofel gibt es gut integrierte kleine Ställe und Heuschober.

Aktuelle Gefährdungen

Im Liechtensteiner Alpenrheintal sind 97 Prozent der ursprünglichen Feuchtgebiete im Verlauf des 19. und 20. Jahrhunderts verloren gegangen. Auch der Restbestand ist weiterhin gefährdet. Düngen die Bauern ihre Felder mit Jauche, wird gasförmiges Ammoniak frei. Dieses verteilt sich mit dem Wind und schadet schleichend der Artenvielfalt – auch in abgelegeneren Naturschutzgebieten (vgl. Kap. 5.2). Luftmessungen im Kanton St. Gallen zeigen, wie ernst das Problem ist. Im Flachmoor Bannriet bei Altstätten (SG) liegen die Ammoniak-Einträge um das Neunfache über dem Wert, der ökologisch noch als verträglich gilt.

Der Verlust an biologischer Vielfalt lässt sich in Liechtenstein in den vier bisher von mir mitveröffentlichten Naturmonografien nachlesen – und er ist dramatisch. So verschwanden im Naturschutzgebiet Ruggeller Riet die nährstoffarmen niedrigen Kopfbinsenrasen mit den Mehlprimeln *(Primula farinosa)* und den beiden Sonnentauarten (*Drosera anglica* und *rotundifolia*) fast vollständig. Die nährstoffarmen Vegetationseinheiten sind so weitgehend aus unserer Landschaft verschwunden; Schilf und Goldruten wachsen in diese Flächen ein.

Flächenbewirtschaftungsprämien bieten Anreize nährstoffärmere Parzellen zu erhalten Eine unsachgemässe Bewirtschaftung konnte so abgebremst werden (z.B. zu frühe Schnitte im Feuchtgebiet bereits im Juli, der Einsatz von ungeeigneten Fahrzeugen mit Aufwühlen der Böden, unsachgemässe herbstliche Standweide mit starken Trittschäden und Nährstoffeintrag). Den als Weiden oberhalb des Kerngebietes genutzten Teilflächen kommt eine grosse Bedeutung als Puffer zu. Es ist wichtig, dass die Besatzdichte des Viehbestandes nicht zu hoch ausfällt. Eine längere Beweidung in den Feuchtstrukturen führt zu Trittschäden, wobei leichtere Robustrinder diese mildern können. In der grossen Parzelle im Kerngebiet, die im Eigentum der Bürgergenossenschaft Triesen ist, gibt es derzeit keine sichtbaren direkten Konflikte mehr durch unsachgemässe Nutzung.

Wie andere Restlebensräume ist auch der Matilaberg einer massiven Beeinträchtigung entronnen. In den 1960er-Jahren plante man hier einen industriellen Lehmabbau für eine Ziegelei in Landquart. Die Gemeinde lehnte das Vorhaben ab. Eine weitere Gefährdung ergab sich durch ein Waldstrassenprojekt im Jahre 1986. Die Triesner Stimmberechtigten verwarfen es mit 412 gegen 400 Stimmen. Die Strasse hätte den Wasserhaushalt des Moores und das Naherholungsgebiet massiv beeinträchtigt.

Publikationen von Mario Broggi zum Thema Matilaberg
Publikationsliste siehe Anhang (Stand Juli 2025)
Aktualisierte Publikationsliste: *www.mariobroggi.li/pub/matilaberg*

5.5 Meine Lieblingswiese im Fokswinkel

Die bunten Blumenwiesen im Grenzgebiet der Liechtensteiner Gemeinden Triesen und Balzers am Fusse der Mittagsspitze gehören zu den grössten und schönsten des Landes. Diese letzten Reste verdienen unsere besondere Aufmerksamkeit. Für mich ist die Triesner Parzelle im Fokswinkel die schönste trockene Magerwiese des Landes.

Ein Gehölz-Tor als Eingangspforte

Man betritt das Gebiet durch ein natürliches Tor aus Gehölzen (Abb. 164). Es ist die repräsentative Eintrittspforte in eine andere, verzauberte Welt. Es grüsst zunächst ein verfallener Stall, der Eliassastall, der auf seinen früheren Besitzer Elias Vogt hinweist (Abb. 165). Ich sah dieses Gebäude anfangs der 1970er-Jahre noch aufrecht stehen, jetzt sind nur noch die Grundmauern sichtbar.

Besonders auffällig: Baumheckenstreifen, die häufig den Parzellengrenzen folgen. Sie wachsen auf zusammengehäuften Steinen, sogenannten Lesesteinhaufen, die aus den umgebenden Parzellen entfernt und hier deponiert wurden (Abb. 166). In der Nähe des sogenannten «Fluchtweges» finden sich Reste früherer Steinmauern als Abgrenzung zum Waldareal. Dieser Weg am Hangfuss der Mittagspitze wurde als Evakuierungsweg für die Balzner Bevölkerung während des Zweiten Weltkrieges in Richtung Alpen angelegt.

Im späten Frühling leuchtet es rot aus den Heckenrändern. Es handelt sich um blühende Feuerlilien *(Lilium croceum)*, die normalerweise viel höher in der subalpinen Stufe wachsen. Weiter in Richtung Mittagspitze werden die Wiesen immer weniger und

Abb. 164: Der attraktive Zugang mit krummen, nicht befestigten Wegen und vielen Strukturen mit Flurgehölzen.

schliesslich gar nicht mehr gedüngt (Abb. 167). Es handelt sich um ökologische Ausgleichsflächen, wo die Nichtdüngung abgegolten wird. Sie präsentieren sich im Winter, im Gegensatz zu den gedüngten Flächen, hellbraun anstelle des sonst satten Einheitsgrüns. Wir sind definitiv bei den Magerwiesen angelangt.

Botanische Kartierungen

Die offenen Grünlandgesellschaften sind in ihren wertvollsten Teilen im Balzner Senne-Zepfel und in der Triesner Fokswinkel-Wesa als Trespen-Halbtrockenrasen ausgebildet. Vor wenigen Jahrzehnten war das Magerwiesenareal hier noch wesentlich ausgedehnter, wie meine Kartierungen ab den 1970er-Jahren zeigen. Die ersten botanischen Angaben aus dem Gebiet stammen vom Botaniker Heinrich Seitter, Sargans, *(www.mariobroggi.li/heinrich-seitter)* der auf meinen Wunsch hin die Gegend «abgraste». So haben wir eine gute Übersicht über die herrschende Pflanzenwelt im Verlauf der letzten Jahrzehnte erhalten. Mehr als die Hälfte dieser einst vielfältigen und bunten Blumenwiesen ist infolge der Nutzungsintensivierung verschwunden.

Im ganzen Untersuchungsraum, also inklusive der Hecken und Wäldchen (Abb. 168, 169), wurden bisher 279 Gefässpflanzenarten nachgewiesen, wobei alleine auf den trockenen Magerwiesen rund 200 Arten vorkommen. Zum Vergleich: In einer stark gedüngten Fettwiese kommen weniger als zehn Arten vor. Noch immer ist die vom Botaniker Josef Murr um 1920 festgestellte Mischung aus Alpenpflanzen und wärmeliebenden Föhnzeigern erhalten. Als eigentliche Charakterpflanze im Gebiet darf das Alpenveilchen *(Cyclamen purpurascens)* gelten, welches hier als Föhnzeiger in den Hecken und Wäldchen häufig vorkommt. Im Untersuchungsgebiet wurden 25 Rote Liste-Arten nachgewiesen.

Abb. 165: Am Zugang zu den Wesa grüsst der zerfallene Eliassastall.

Abb. 166: Die Flurgehölze wachsen häufig auf den aus den Feldern aufgesammelten Lesesteinhaufen, die zugleich Parzellengrenzen signalisieren.

Abb. 167: Links das sattere Grün und rechts die schüttere Magerwiese mit weniger Düngereinfluss.

Abb. 168: Den grösseren Teil des Untersuchungsgebiets bilden natürlicherweise Buchenwaldgesellschaften.

Abb. 169: Der Untersuchungsperimeter und gelb schraffiert die verbliebenen trockenen Magerwiesen.
Quelle: Botanisch-Zoologische Gesellschaft Liechtenstein-Sarganserland-Werdenberg

Ein besonderer Orchideenreichtum

Der botanische Höhepunkt im Untersuchungsgebiet bildet die Magerwiesenparzelle im Triesner Fokswinkel. Es ist dies die letzte Wiese vor dem Hangfuss der Mittagsspitze, nahe dem Fluchtweg. Dort befindet sich ein Massenbestand der Kleinen Orchis *(Orchis morio)* (Abb. 170). Sie blüht hier als eine der Ersten im Frühling. Im ganzen Gebiet sind bisher 19 Orchideenarten nachgewiesen worden, wobei vier Arten inzwischen als verschollen gelten (Rheinberger *et al.* 1991). Sie mögen der zunehmenden Überdüngung durch die Luft zum Opfer gefallen sein. Es ist auch möglich, dass Orchideen viele Jahre nicht blühen und danach wieder auftauchen. Die hiesigen Bestände werden von den Geschwistern Rheinberger aus Vaduz in ihrer Orchideen-Monographie des Landes als bedeutendstes Magerwiesenrelikt des Talraums bezeichnet.

Die Tierwelt wurde bisher nicht so systematisch und intensiv erforscht wie die Pflanzenwelt. Bis Ende des 20. Jahrhunderts konnte man hier regelmässig dem Feldhasen begegnen. Ich habe in den letzten Jahren keinen Hasen mehr zu Gesicht bekommen.

Die Vogelwelt wurde im Jahr 1987 von Georg Willi in einer Studie über den ökologischen Ausgleich in Liechtenstein erhoben. Es wurden im Gebiet 13 Brutvogelarten beobachtet, darunter der Neuntöter und der bodenbrütende Baumpieper. Generell bildet der nordöstliche Balzner Raum für die Vogelwelt der Flurgehölze, Obstbäume und Magerwiesen einen wertvollen Kernraum. Auffällig ist hier auch der Insektenreichtum. Auf den bunten Blumenwiesen zirpt und flattert es. 38 Tagfalterarten konnten beobachtet werden. Auch für die Nachtfalter, die Spanner und Schwärmer ist der Grenzbereich Triesen-Balzers ein Hotspot der Artenvielfalt. Der Reichtum gilt auch für die Heuschrecken: 13 Arten leben hier. Eine trägt den schönen Namen Nachtigall-Grashüpfer *(Chorthippus biguttulus)*.

Letzte Zeugen der traditionellen Kulturlandschaft

Der Triesner Waldplan aus dem Jahre 1892 zeigt eine noch grössere Ausdehnung der Wiesen als heute. Entlang der Lawenarüfe gab es aber schon damals einen flankierenden schmaleren Waldgürtel. Westlich des Hangfusses am Fluchtweg existierten bestockte Weiden. Viele der Weidebäume existieren heute noch. Durch ihre knorrige Eigenartigkeit ist man verleitet, jedem mächtigen Baum einen zu seiner Gestalt passenden Namen zu geben.

Zuunterst, entlang der alten Landstrasse, verlief einst die Römerstrasse und später der fränkische Handelsweg. Hier finden sich bergseits Reste alter Trockenmauern. Sie bildeten die Abgrenzung beim Balzner Viehtrieb in die Alpen. Auch im Untersuchungsraum befinden sich einige Reste von Trockenmauern, die sich heute als lineare Steinhaufen präsentieren. Oberhalb des Fluchtweges und bereits im Nahbereich der Lawenarüfe fand ich in den 1970er-Jahren Mauerreste, die ich einer früheren Mühle zuordnete.

Direkt am «Fluchtweg» liegt eine grössere erkennbare Abgrabungsstelle, die im Waldplan als «Sandgrube» gekennzeichnet ist. Am Weg trifft man auch auf zwei Gedenkkreuze, die an Bäume geheftet sind. Sie weisen auf frühere Unfälle durch Steinschlag oder beim Holzen hin (Abb. 171). Im Gebiet der beiden Hangfuss-Quellen befindet sich eine alte Quellfassung, die einen Brunnen speist. Der Grenzbereich zwischen Triesen und Balzers wird durch alte Grenzsteine markiert. Sie finden sich auch im Nahbereich von zwei grossen Felsbrocken, die ihrerseits auf den ständigen Steinschlag hinweisen (Abb. 172).

Abb. 170: Die Kleine Orchis *(Orchis morio)*, ein Frühblüher, bildet im Fokswinkel Massenbestände.

Abb. 171: Der Fluchtweg – geplant für die Evakuierung der Balzner Bevölkerung zu den Balzner Alpen; rechts: Gedenktafel für einen Verunglückten am Fluchtweg.

Abb. 172: Am Hangfuss der Mittagspitze liegen Felsbrocken herum.

Gefährdungen und Nutzungskonflikte

Seit den 1990er-Jahren ist die Wald-Wiesenverteilung mit ihrer reichen Verzahnung dank der Ausschüttung von Magerwiesenprämien stabil geblieben. Problematisch ist der Stickstoffeintrag über die Luft (siehe Kap. 2.3). Wie von Geisterhand verschwinden Arten, das Überleben vieler bedrohten Tier- und Pflanzenarten ist nicht mehr garantiert. Das Aussterben findet schleichend statt.

Eine massive Bedrohung des Gebietes konnte abgewendet werden. 1965 gab es unter dem Präsidium des Schriftstellers und Tibetkenners Heinrich Harrer die Idee, auf den «Langen Wiesen» einen Golfplatz zu erstellen. Das ist der Raum zwischen dem nördlichen Siedlungsrand von Balzers und dem erwähnten Fokswinkel. Dafür wurde eigens ein Liechtensteiner Golfverband gegründet. Das Projekt scheiterte an der hohen Zahl benötigter Parzellen, die 191 Landbesitzerinnen und -besitzern gehörten. Unnötig zu betonen, dass ein derartiges Projekt auch von Seiten des Natur- und Landschaftsschutzes abzulehnen wäre. Liechtenstein ist mit einem Raumbedarf von Dutzenden von Hektaren für ein einzelnes Partikularinteresse zu klein.

Eine zweite Attacke erfolgte mit der Ausdehnung der Zone der staatlich subventionierten Aussiedlerhöfe im Jahre 1979. Im Raum Triesen-Balzers betraf es auch die «Langen Wiesen». Die Liechtensteinische Gesellschaft für Umweltschutz (LGU) trug ihre Bedenken der Regierung und mit einem offenen Brief dem Landtag vergeblich vor. Eine hier geplante Aussiedlung konnte dann aber dank Verhandlungen von der Mitte der «Langen Wiesen» an den Südrand zur Balzner Rüfe verlegt werden, womit der offene Aspekt der Langen Wiesen erhalten bleiben konnte.

Auf der nördlichen Seite des Untersuchungsgebietes befindet sich die Lawenarüfe mit einer auswachsenden Kiesentnahmestelle und einer Deponie. Das nimmt immer grössere Ausmasse an. Ihr sind bereits die schützenswerten Buchen-Altholzbestände im Inventar der Naturvorrangflächen 1996 auf der Nordseite der Rüfe zum Opfer gefallen. Auf unnatürliche, vor allem hügelartige Deponie-Endgestaltungen sollte verzichtet werden, und bei den Wildbachverbauungen ist der Vegetationstyp auf der Südseite zu erhalten. Das hier noch reichlich vorhandene Alt- und Totholz ist zu belassen, eine beidseitige Ausdehnung der Abbauflächen würde eine starke landschaftliche Beeinträchtigung mit sich bringen. Es wäre besser, an der Quelle anzusetzen und Abfallstoffe vermehrt zu recyceln statt zu deponieren.

Eine Via dolorosa für die Schutzbestrebungen

Auch im Falle des Grenzraumes Triesen-Balzers gestalteten sich die Naturschutzbemühungen mühsam. Die Schutzwürdigkeit ist mit Dokumenten und Studien belegt (Kaufmann 1983, RENAT 2005).

Im Jahre 1983 gelangte die Liechtensteinische Gesellschaft für Umweltschutz (LGU) an die Regierung und bat analog zur Schweiz um Einführung von Bewirtschaftungsbeiträgen als Anreiz zur Belassung der letzten Magerwiesen im Talraum. 1988 wurde dieser Antrag an den Landtag weitergereicht und dort in eine Kommission verlagert – und dadurch weiter verzögert. Davon betroffene Landwirte drohten mit dem Düngen aller Parzellen. Die LGU wandte sich darum an die Gemeinde Balzers und bat sie, für das Jahr 1988 die Prämie von 30 Rappen pro Klafter (= 3,6 m^2) auf ihrem Territorium zu übernehmen, was mit Schreiben vom 15. Juni 1988 akzeptiert wurde. Mit dem Gesetz vom 15. November 1988 über die Ausrichtung von Magerwiesenprämien wurden schliesslich Beitragszahlungen für Magerwiesen möglich. Sie beruhen aber auf gegenseitiger Freiwilligkeit. Immerhin wurde mit dieser Auszahlung von speziellen Fördermitteln die naturschützerische Bedeutung dieser Lebensräume anerkannt. Das System ist allerdings verbesserungswürdig.

Ein Teilerfolg hat sich auf der Ebene des Landschaftsschutzes eingestellt, der sich für den Erhalt des Bildes der traditionellen Kulturlandschaft einsetzt. Die Gemeinde Triesen akzeptierte mit Verordnung über das Landschaftsschutzgebiet Periol-Bofel-Neufeld-Undera Forst am 17. September 2013 das erste Landschaftsschutzgebiet Liechtensteins und kommt damit den Vorschlägen der Inventare 1977 und 1992/96 nach. Die Weiterführung dieses Landschaftsschutzes gemäss Inventaren fand in Balzers keine Unterstützung. Die Gemeinde verzichtete gemäss Gemeinderatsbeschluss vom 26. März 2014 auf eine rechtliche Ausscheidung als Landschaftsschutzgebiet. Triesen liess sich von dieser Absage nicht beirren und wies am 23. September 2014 das Gebiet Wesa-Fokswinkel als zweites Landschaftsschutzgebiet aus. Damit ist die landesweite Bedeutung dieser Kulturlandschaft auf der Triesner Seite anerkannt.

Das Entwicklungskonzept «Natur und Landschaft 2005» des Landes weist den nordöstlichen Gemeindeteil von Balzers und den Triesner Fokswinkel als «ökologischen Kernraum» aus. Auch der Gemeinderichtplan von Balzers des Jahres 2009 benennt den Raum als «Landschaft mit besonderer Funktion» und benennt die Vegetation/Landschaft mit engem Bezug zur Talbildung. Diese Aussage garantiert aber nicht, dass das Gebiet im Hinblick auf wichtige ökologische Qualitäten geeignet bewirtschaftet wird. Der Biotoperhalt bleibt mit den freiwilligen Magerwiesenbeiträgen auf wackliger Grundlage. Die Kernzonen mit hoher Naturwertausstattung wären als Naturschutzgebiete besser kenntlich zu machen. Der über 40-jährige Wunsch, hier im Kernbereich ein Naturschutzgebiet auszuweisen, bleibt bestehen.

Publikationen von Mario Broggi zum Thema Fokswinkel
Publikationsliste siehe Anhang (Stand Juli 2025)
Aktualisierte Publikationsliste: *www.mariobroggi.li/pub/fokswinkel*

6 Literatur

Binding-Stiftung (1996) 10 Jahre-Symposium und Verleihung des Binding-Preises für Natur- und Umweltschutz 1995, 132 S.

Binding-Stiftung (2006) 20 Jahre-Symposium der Preisträgerinnen und Preisträger des Grossen Binding-Preises für Natur- und Umweltschutz, 53 Seiten.

Binding-Stiftung (2016) 30 Jahre Binding-Preis für Natur- und Umweltschutz – eine Bilanz (1986–2015), 116 Seiten.

Bode W. (Hrsg.) (2021) Alfred Möllers Dauerwaldidee, Matthes & Seitz Berlin, 476 S.

Bosshard A., Schläpfer F., Jenny M. (2010) Weissbuch Landwirtschaft Schweiz – Analysen und Vorschläge zur Reform der Agrarpolitik, Haupt Verlag Bern. 272 S.

Botanisch-Zoologische Gesellschaft Liechtenstein-Sargans-Werdenberg BZG (2001) Grundlagenstudie zur Hydrologie, Bodenbeschaffenheit und Agrarnutzung im Naturvorrangbiet des Ruggeller Rietes. Regierung des Fürstentums Liechtenstein, Amt für Wald, Natur und Landschaft, 25 S.

Brändli U.-B., Dowhanytsch J. (2003) Urwälder im Zentrum Europas – ein Naturführer durch das Karpaten-Biosphärenreservat in der Ukraine, Haupt Verlag, Bern, 192 S.

Brang P. (1989) Untersuchungen zur Zerfallsdynamik der unberührten Bergföhrenwälder im Schweizerischen Nationalpark. Schweizerische Zeitschrift für das Forstwesen 140: 155–163.

Bühler E. (1970) Ein Nationalpark für Liechtenstein. Mensch, Natur und Landschaft, Aktionskomitee zur Aktivierung des Natur- und Landschaftsschutzes in Liechtenstein, Vaduz, S. 112–114

Bühler E., Zürcher J. (1980) Zehn Jahre integrale Alp- und Berggebietssanierung, Jahresschrift «Bergheimat» des Liechtensteiner Alpenvereins, 40 S.

Bundesamt für Umwelt (1998) Methoden zur Untersuchung und Beurteilung der Fliessgewässer, Ökomorphologie Stufe F, 49 S.

Bundesamt für Umwelt (2020) Landschaftskonzept Schweiz. Bundesamt für Umwelt, 52 S.

Bundesamt für Umwelt (2022) Weshalb zu viel Stickstoff den Wald krank macht. Dossier Thema Wald und Holz.

Bundesamt für Umwelt (2024) Biotope von nationaler Bedeutung. Umwelt-Zustand. 88 S.

BUWAL (2001) Auerhuhn und Waldbewirtschaftung, Vollzug Umwelt, 21 S.

Commarmot B., Hamor F. (2003) Natural Forests in the temperate Zone of Europe – Values and Utilisation. Proceedings of the Conference 13–17 October 2003 in Mukachevo (Ukraine). Swiss Federal Institute WSL, Birmensdorf ZH and Carpathian Biosphere Reserve, Rakhiv, 275 p.

Danesch E., Danesch O. (1969) Orchideen Europas – Südeuropa, Hallwag Verlag Bern, 236 S.

Den Hond-Vaccaro C., Herog F., Schoop J., Nilles L., Jäger M., Kay S. (2025) Agroforstpraxis in der Schweiz, Haupt Bern, 270 S.

EAWAG (2011) Faktenblatt Wasserkraft und Ökologie, Wasserforschungsinstitut des ETH-Bereiches, 3 S.

Eberstaller J., Haidvogl G., Jungwirth M. (1997) Gewässer- und fischökologisches Konzept Alpenrhein – Grundlagen zur Revitalisierung. Projektgruppe Gewässer und Fischökologie, 90 S.

Eidg. Forschungsanstalt WSL (2005) Wald und Huftiere – eine Lebensgemeinschaft im Wandel, Forum für Wissen 2005, 74 S.

Ewald K.C., Klaus G. (2009) Die ausgewechselte Landschaft: Vom Umgang der Schweiz mit ihrer wichtigsten natürlichen Ressource. Haupt Verlag. 752 S.

Flussbau AG (2020) Alpenrhein, Reichenau bis Illmündung – Sohlenbreite, Abflussverhältnisse, Geschiebehaushalt und Gewässerraum. WWF-St.Gallen, Werkstatt Faire Zukunft, Liechtensteinische Gesellschaft für Umweltschutz, Pro Natura St.Gallen-Appenzell.

Glück P. (1987) Das Wertsystem der Forstleute. Centralblatt für das gesamte Forstwesen,104, 1: 44–51.

Hamor F. (2023) Ecomonds of Europe – History of Beech Primeval Forests. Nomination to the UNESCO World Heritage List, Ministery of Environmental Protection and Natural Resources of Ukraine, Carpathian Biosphere Reserve, Lviv, 298 p.

Hegg O., Schaffner U. (2012) 80 Jahre experimentelle Ökosystemforschung auf der Schynigen Platte im Berner Oberland, Bristol-Stiftung, Haupt Verlag Bern, 108 S.

Impuls AG (2024) Schutzwaldausweisung (SWA) Liechtenstein, technischer Bericht, Amt für Umwelt, 32 S.

Internationale Regierungskommission (2007) Monitoring Alpenrhein, Teilbereich Gewässerökologie, Konzept zur Koordination und Durchführung. 66 S.

IRKA (Internationale Regierungskommission Alpenrhein), IRR (Internationale Rheinregulierung (2005) Entwicklungskonzept Alpenrhein, Kurzbericht, 39 S.

Jungwirth M., Haidvogl G., Moog O., Muhar S., Schmutz P. (2003) Angewandte Fischökologie an Fliessgewässern, UTB für Wissenschaft, Facultas, Wien, 547 S.

Kienast F. (2019) Wie Lichtemissionen den Schweizer Wald seit 1992 erhellen. Schweizerische Zeitschrift für das Forstwesen 170: 18–23.

Knapp H., Klaus S., Fähser L. (2021) Der Holzweg – Wald im Widerstreit der Interessen, Oekom München, 477 S.

Korpel S.C. (1995) Die Urwälder der Westkarpaten, Spektrum Akademischer Verlag, 310 S.

Krumm F. *et al.* (2011) Bestandeserneuerung von Fichten dominierten subalpinen Wäldern der Schweizer Alpen, Forest Ecology and Management 262, 4: 620–628.

Kupferschmid A.D., Bollmann K. (2016) Direkte, indirekte und kombinierte Effekte von Wölfen auf die Waldverjüngung. Schweizerische Zeitschrift für das Forstwesen 167, 1: 3–12.

Lachat T., Pauli D., Gonseth Y., Klaus G., Scheidegger C., Vittoz P., ... (2010) Wandel der Biodiversität in der Schweiz seit 1900. Ist die Talsohle erreicht? Bristolreihe Band 25, Haupt Verlag Bern, 435 S.

Lauber S., Herzog T., Seidl I., Böni R., Bürgi M., Gmür P., ... (Hrsg.) (2013): Zukunft der Schweizer Alpwirtschaft – Fakten, Analysen un d Denkanstösse aus dem Forschungsprogramm AlpFutur, WSL; Agroscope Zürich-Reckenholz, 202 S. *(www.wsl.ch/ebooks/alpfutur/de).*

Lehmann H.-J., Heinzer C., Waldner R. (1998) Landschaftskonzept Schweiz – agrarisch nachhaltig nutzen. Agrarforschung 5, 7: 337–339.

Leibundgut H. (1988) Waldbau heute, Haupt Bern, 119 S.

Martinet F., Dubost M. (1992) Die letzten naturnahen Alpenflüsse, CIPRA- Kleine Schriften, 71 S.

Mayer A., Stöckli V., Gotsch M., Konold W., Ranzer M. (2004) Waldweide im Alpenraum. Neubewertung einer traditionellen Mehrfachnutzung, Schweiz. Zeitschrift für das Forstwesen 155, 2: 38–44.

Mayer A., Stöckli V., Konold W., Kreuzer M. (2003) Hat die Waldweide eine Zukunft? Ein interdisziplinäres Projekt in den Alpen. Zeitschrift für das Forstwesen 154: 169–174.

Meier, C. (2019): Fachliche Grundlagen – Landschaft Kanton Glarus, Kanton Glarus, 45 S.

Miéville-Ott V., Meisser M., Chassot A., Freléchoux T. (2009) Das Projekt PASTO – Innovatives Haltungssystem für Bergregionen. Agrarforschung 16, 4: 100–105.

Möller A. (1923) Der Dauerwaldgedanke, Springer Verlag Berlin Heidelberg, 136 S.

Moos S., Radford S., von Atzigen A., Bauer N., Senn J., ... (2019) Das Potenzial von Wildnis in der Schweiz. Bristol-Stiftung Zürich, Haupt, Bern, 142 S.

Muhar S. *et al.* (2019) Flüsse der Alpen – Vielfalt in Natur und Kultur. Haupt Verlag, Bern, 512 S.

Murr J. (1923) Neue Übersicht über die Farn- und Blütenpflanzen von Vorarlberg und Liechtenstein, Kommissionsverlag F.Unterberger, Feldkirch, 507 S.

Nigsch N. (2009) Der Schutzwald in Liechtenstein – Konzept zur Erhaltung und Verbesserung des Schutzwaldes, Amt für Wald, Natur und Landschaft, 54 S.

Prusa E. (1985) Die böhmischen und mährischen Urwälder – ihre Struktur und Ökologie, Vegetace CSSR 15: 577 S.

Regierung des Fürstentum Liechtenstein (2024) Aktionsplan Biodiversität 2030+, 52 S.

RENAT (2005) Entwicklungskonzept Natur und Landschaft Liechtenstein. Schlussbericht, Amt für Wald, Natur und Landschaft.

Rheinberger H.J., Rheinberger B. (1991) Orchideen des Fürstentums Liechtenstein, Naturkundliche Forschung im Fürstentum Liechtenstein 13: 235 S.

Rodewald R. *et al.* (2015) Wasserfälle, Bristol Stiftung, Haupt Verlag Bern. Nr. 47

Roth C. (1932) Beobachtungen und Aufnahmen in Buchen-Urwäldern der Waldkarpaten. Schweizerische Zeitschrift für das Forstwesen 83, 1: 1–13.

Schiltbauer R. (1995) Brauereibesitzer Herbert Uhl hat eine Stiftung zum Schutz der übersehenen unauffälligen Lebewesen unserer Heimat gegründet. KOSMOS 2, 50–52.

Schlegel F. (1983) Von den Flusskraftwerkprojekten zur Neugestaltung der Flusslandschaft. Nachdiplomarbeit am Institut für Orts-, Regional- und Landesplanung der ETH Zürich.

Schlegel H. (2000) Entwicklungs- und Erhaltungskonzept für das Berggebiet, Hochbauamt, Regierung des Fürstentums Liechtenstein, 28 S.

Schlegel H., Gstöhl M. (2016) Aufweitung des Rheins bei Balzers? – ein Diskussionsbeitrag, Balzner Neujahrsblätter 2017, S. 54–63.

Schoof N.; Luick R.; Nickel H.; Reif A.; Förschler M.; Westrich P.; Reisinger E. (2018) Biodiversität fördern mit Wilden Weiden in der Vision «Wildnisgebiete» der Nationalen Strategie zur biologischen Vielfalt. Natur und Landschaft 93, 7: 314–321.

Schreiber H. (1910) Die Moore Vorarlbergs und des Fürstentums Liechtenstein, Deutschösterreichischer Moorverein, Staab, 177 S.

Schuck M. (2024) Mehr Vielfalt durch Beweidung. Ornis, Bird Life Switzerland, 5, 24: 7–11.

Schuler K. (1998) Wie weiter Alp? In: Hösli G., Schuler K. (Hg.) Handbuch Alp – handfestes für Alpleute – erstaunliches für Zaungäste, Octopus Chur, S. 324–333.

Schweizerischer Bund für Naturschutz (Hg.) (1987) Schmetterlinge und ihr Lebensraum – Arten, Gefährdung, Schutz, 516 S.

Seitter H. (1975) Der Gladiolenstandort Matilaberg Triesen, Berichte der Botanisch-Zoologischen Gesellschaft Liechtenstein-Sargans-Werdenberg 74: 32–36.

Schwick C., Spichtig T. (2012) Wasserfälle der Schweiz, AT Verlag, Aarau. 144 S.

Stiftung Rheinau-Giessen (2024) 30 Jahre Stiftung Rheinau-Giessen, – ein zukunftsorientiertes Projekt der Gemeinden Sargans, Mels, Vilters-Wangs und Bad Ragaz, 108 S.

Stolze M., Wesshaidinger R., Bartel A., Schwank O., Müller A., Biedermann R. (Red.) (2019) Chancen der Landwirtschaft in den Alpenländern – Wege zu einer raufutterbasierten Milch- und Fleischproduktion in Österreich und der Schweiz, Bristol-Stiftung Zürich, Haupt, Bern, 173 S.

Tester U. (2025) Welche Schutzgebiete braucht die Schweiz? Paul Schiller Stiftung, Zürich, Haupt Verlag, Bern, 156 S.

Uhl H. (1991) Dreimal Brandenburger Tor – Erinnerungen und Erlebnisse aus der ersten Hälfte des 20.Jahrhunderts. Battert Verlag Baden-Baden, 144 S.

Von Vogelsang H. (1993) Herbert Uhl – vom Gerstensaft zum Naturschutz, Liechtensteiner Vaterland, 17. August 1993, S. 5.

Willi G. (2025) Landwirtschaftsflächen: Veränderungen der Avifauna in ausgewählten Landschaften des Liechtensteiner Talraums, Berichte der Botanisch-Zoologischen Gesellschaft Liechtenstein-Sarganserland-Werdenberg 43: 102–136.

Wohlwend S. (2011) Der Umgang mit dem Berggebiet – 40 Jahre Integrale Berggebietssanierung (BGS), Amt für Wald, Natur und Landschaft, 25 S.

WWF (2024) Living Planet Report – A System in Peril, WWF, Gland, Switzerland, 93 S.

Publikationen von Mario Broggi

Thema Wald (Kap. 2.1)

Broggi M.F. (1972) Luftverunreinigung durch die Destillationsanlage Sennwald? – Die Bedenken aus Liechtenstein. Neue Zürcher Zeitung 1. November 1972 Morgenausgabe.

Broggi M.F., Bühler E. (1974) Oel-Destillationsanlage Sennwald – SO2-Immisionen auf liechtensteinisches Hoheitsgebiet aus forstlicher Sicht. Fürstliche Regierung, Ressort Land- und Forstwirtschaft, 65 S.

Broggi M.F., de Coulon M., Eiberle K., Ellenberg H., Fischer F., Hackett B., ... (1978) Der Wald in der europäischen Landschaft, 5. Europäischer Kurs über angewandte Ökologie, Wald und Landschaftsschutz, 3.–7. Oktober 1973, Mitteilungen Eidg. Forschungsanstalt für Wald, Schnee und Landschaft 54, 4: 393–564.

Broggi M.F.; Wolfinger AG (1978) Wald-Forstwirtschaft-Naturschutz: Gedanken zum forstlichen Strassenbau im Gebirge, internes Arbeitspapier, 26 S.

Broggi M.F. (1982) Waldwirtschaft und Landschaftsschutz, Beiträge zum Naturschutz in der Schweiz, Schweizerischer Bund für Naturschutz 1: 5–38.

Broggi M.F. (1982) Gedanken zur Walderschliessung aus der Sicht des Natur- und Landschaftsschutzes. Schweizerische Zeitschrift für das Forstwesen 133, 1; 45–58.

Broggi M.F. (1983) Wegebau im Spannungsfeld der Interessen von Land- und Forstwirtschaft und des Natur- Landschaftsschutzes. In: Landschaftsfreundlicher Wegebau, Arbeitsgemeinschaft ländlicher Raum, Wien, 8 S.

Broggi M.F., Weiss H. (1987) Waldstrassen – geht die Erschliessung zu weit? Neue Zürcher Zeitung, 23./24.Mai 1987, S. 23.

Broggi M.F. (Red.) (1989) Thesen für mehr Natur im Wald, Beiträge zum Naturschutz in der Schweiz, Schweizerischer Bund für Naturschutz 11: 74 S.

Broggi M.F. (1990) Wald, Sturm, Aufrüsten und Borkenkäfer. Gedanken hierzu einige Zeit danach. Schweizerische Zeitschrift für das Forstwesen 141, 12: 1037–1044.

Broggi M.F. (1991) Das «windige» Erbe – Lehren aus Sturmschäden von Vivian und Wiebke in Wäldern der Schweiz und im Nationalpark Bayerischer Wald, Nationalpark, S. 11–17.

Broggi M.F. (1992) Warum Naturwald? Gedanken zum naturgemässen Wald. Sihlwald-Nachrichten Nr. 5, Stadtforstamt Zürich, S. 34–40.

Broggi M.F. (1993) Welche Waldreservate braucht die Schweiz? Flächenbedarf, Konzeptentwurf und Vorschläge für die Umsetzung, Zusammenfassung der Referate des Symposiums vom 7. April 1993 an der ETH Zürich. Waldreservate und Naturschutz, Schweizerischer Bund für Naturschutz und ETH Zürich Professur für Waldbau, S. 13–14.

Broggi M.F., Willi G. (1993) Waldreservate und Naturschutz. Beiträge zum Naturschutz in der Schweiz. Schweizerischer Bund für Naturschutz 13: 79 S.

Broggi M.F., Willi G. (1993) Réserves forestières et protection de la Nature, Contributions à la Protection de la Nature en Suisse. Ligue suisse pur la Protection de la Nature 14: 76 p.

Broggi M.F. (1994) So sehen Laub-Urwälder aus. Natürlich, AT-Verlag Aarau 12: 68–71.

Broggi M.F. (1994) Waldbewirtschaftung und Artenvielfalt – des Försters Mühe mit dem Nichtstun, Natur und Mensch, Rheinaubund 1, 94: 15–18.

Broggi M.F., Willi G. (1995) Naturschutz im Wald – statt lauter Holz den Wald wieder sehen. In: mehr Raum für die Natur – Ziele, Lösungen, Visionen, Ott Verlag, Thun, Schweizerischer Bund für Naturschutz, S. 239–258.

Broggi M.F. (1995) Huftiere, Walddynamik und Landschaftsentwicklung. Cratschla, Mitteilungen des Nationalparkes, Zernez, 3, 2, 95: 26–31.

Broggi M.F., Buffi R. (1995) Eindrücke von einer Reise in Buchen-Urwälder der Ost-Karpaten. Schweizerische Zeitschrift für das Forstwesen 146, 38: 207–218.

Broggi M.F. (1998) die Waldnutzung hat für uns eine hohe Priorität. Wald und Holz 75, 5: 23–24.

Broggi M.F. (1999) Der Forst ist «out», der Wald ist «in» – einige Gedanken zum Umgang mit dem Thema. Neujahrsblätter Naturforschende Gesellschaft Schaffhausen 51: 21–24.

Broggi M.F. (1999) Wald im Ballungsraum – einige neu-alte Gedanken.in: Biosphärenpark Ballungsraum. WSL-Forum für Wissen 1: 35–40.

Broggi M.F. (2000) Was geschieht auf Windwurfflächen im Wald? Erkenntnisse nach 10 Jahren Forschung. Naur und Mensch 41, 1: 14–17.

Broggi M.F. (2002) Waldsterben – was ist daraus geworden? Oekom Verlag München, GAIA 11, 1: 10–11.

Broggi M.F. (2002) Jagd in Europa – der lange Weg vom Mythos zum Wildlife Management. Jagd in Tirol (7–8) S. 5–7.

Broggi M.F. (2003) Umgang mit Wald – einige Gedankensplitter. Schweizerische Zeitschrift für das Forstwesen 154, 6: 216–218.

Broggi M.F. (2016) Biomassenentnahme aus dem Wald versus Nachhaltigkeit – kurz kommentiert, Nationalpark, Oekom Verlag München. 4: 3

Broggi M.F. (2021) Vom sinnvollen Tun und Unterlassen im Wald, in: Der Holzweg – Wald im Widerstreit der Interessen, Oekom Verlag München, S. 435–448.

Broggi M.F. (2021) Verzerrte Darstellung in der Schutzwald-Diskussion. Vorarlberger Jäger, Januar/Februar 2021: 6–9.

Broggi M.F. (2021) Wald-Wild-Diskussion im Schutzwald. Hubertus aktuell, St.Galler Jägerschaft, S. 43–48.

Thema Urwald (Kap. 2.2)

Broggi M.F. (1994) So sehen Lauburwälder aus. Aarau, Natürlich. AT-Zeitschriftenverlag, 19: 168–176.

Broggi M.F., Buffi R. (1995) Eindrücke von einer Reise in Buchen-Urwälder der Ostkarpaten (Polen und Ukraine). Schweizerische Zeitschrift für das Forstwesen 146, 3: 207–216.

Broggi M.F. (2023) Fedir Hamor im Portrait – Hüter des Europäischen Buchenwalderbes. Nationalpark, Oekom Verlag München, 3: 32–33.

Thema Landwirtschaft (Kap. 2.3)

Broggi M.F. (1973) Unsere Obstbäume sterben leise. Bergheimat, Organ des Liechtensteiner Alpenvereins, 101–106.

Broggi M.F. (1979) Verrträglichkeit der Lqand- und Waldwirtschaft mit dem Umweltschutz, 3. Europäische Ministerkonferenz für Umweltschutz 19.–21.September 1979 in Bern, Bericht der schweizerischen Delegation, Eidg. Departements des Innern Bern. 51 S.

Broggi M.F. (1979) Verträglichkeit der Land- und Forstwirtschaft mit dem Umweltschutz. 3.Europäische Ministerkonferenz für Umweltschutz, Europäischer Synthesebericht, Europarat, Strassburg.

Broggi M.F. (1980) Biologischer Landbau und Umweltschutz, Liechtensteiner Umweltbericht, Nr. 6, Vaduz.

Broggi M.F. (1980) Bemerkungen zur liechtensteinischen Verlustbilanz Feuchtgebiete. Eröffnung Europaratskampagne 1980 zum Schutz der Tier- und Pflanzenwelt in ihren Lebensräumen», Liechtensteinische Gesellschaft für Umweltschutz (LGU), Vaduz, S. 9–12.

Broggi M.F. (1980) Neue Umweltstrategie für Land- und Forstwirtschaft. In: Umweltschutz Nr. 4/5, Organ der Österreichischen Gesellschaft für Natur- und Umweltschutz, Wien.

Broggi M.F. (1983) Die Bedeutung von Flurgehölzen für die Landwirtschaft. In: Zum Beispiel, Nr. 12 Forschungsinstitut der schweizerischen Stiftung des biologischen Landbaues, Oberwil BL.

Broggi M.F. (1983) Landschaftswandel im Grünland des liechtensteinischen Rheintals. Raumordnung aktuell, Vierteljahresschrift für Raumplanung, Raumordnung und Umweltschutz des Landes Niederösterreich 4: 15–16.

Broggi M.F. (1983) Neue Umweltstrategien für Land- und Waldwirtschaft. In: Landwirtschaft und Niederwild, Bericht über Symposium vom 26.5.1981 in München. Internationale Jägerschaft zum Erhalt des Wildes (CIC), Paris.

Broggi M.F. (1983) Teeren oder Betonieren von Flurwegen – ein weiterer Beitrag zur Naturferne. In: Liechtensteiner Umweltbericht Nr. 13, Liechtensteinische Gesellschaft für Umweltschutz.

Broggi M.F. (1983) Wegebau im Spannungsfeld der Interessen der Land- und Forstwirtschaft und des Natur- und Umweltschutzes. In: Landschaftsfreundlicher Wegebau, Arbeitsgemeinschaft ländlicher Raum, Wien, 8 S.

Broggi M.F. (1985) Für ein liechtensteinisches Institut der alpinen Landschafts- und Umweltforschung. In: 75. Geburtstag Alt-Regierungschef Dr. h.c. Alexander Frick, Liechtensteiner Alpenverein, Schaan (FL) 38–45.

Broggi M.F., Willi G. (1985) Erfassung und Bewertung der Magerwiesen im liechtensteinischen Talraum. Berichte der Botanisch-Zoologischen Gesellschaft Liechtenstein-Sargans-Werdenberg, 14: 211–227.

Broggi M.F. (1987) Protection et gestion du patrimoine naturel dans les zones rurales, Rapport régional: les régions de montagne à l`example des Alopes, 5e Conférences ministerielle européenne sur l`envionment, Lisbonne, 11–12 juin 1987, Conseil de l`Europe Strasbourg, 42 p.
Broggi M.F. (1988) Berglandwirtschaft und Natur- und Umweltschutz im Alpenbogen. Auswertung der Erhebung über Bewirtschaftungsbeiträge. In: Bodenschutz und Berglandwirtschaft, Int. Alpenschutzkommission CIPRA, Schriften 4: 189–198.
Broggi M.F. (1988) Der Einfluss der Bodenverbesserung auf Natur und Landschaft. In: Maurer Riet, Spuren. Schriftenreihe der Gemeinde Mauren 1: 84–91.
Broggi M.F. (1989) Mindestbedarf naturnaher Flächen in der Kulturlandschaft. In: Biotope verbinden – Ökologische Grundlagen und Perspektiven. Österreichischer Naturschutzbund, Landegruppe Vorarlberg, Dornbirn, S. 57–64.
Broggi M.F., Schlegel H. (1989) Die Ernährung Liechtensteins in Krisenzeiten – Anspruch und Wirklichkeit. Schriftenreihe Liechtensteinische Gesellschaft für Umweltschutz (LGU) 2: 18 S.
Broggi M.F., Schlegel H. (1989) Mindestbedarf naturnaher Flächen in der Kulturlandschaft – dargestellt am schweizerischen Mittelland. Bericht 31 des nationalen Forschungsprogrammes «Boden», Liebefeld-Bern, 168 S.
Broggi M.F., Schlegel H. (1990) Minimum requis de surface proche de l`état naturel dans le paysage rural. Rapport 31 du programme national de recherche «Utilisation de sol en Suisse», Bern-Liebefeld, p.199.
Broggi M.F. (1990) Wie ist Vielfalt im liechtensteinischen Rheintalraum noch zu retten? Bergheimat, Organ des Liechtensteiner Alpenvereins, S. 13–32.
Broggi M.F. (1990) Wieviel Natur braucht die Landschaft? Anthos 3/90, Zeitschrift für Freiraumgestaltung, Grün- und Landschaftsplanung, S. 3–7.
Broggi M.F. (1990) Wieviel Natur braucht die Landschaft? In: Zum Beispiel, Nr. 4, Forschungsinstitut für den biologischen Landbau, Oberwil BL, S. 4–6.
Broggi M.F. (1991) Vernetzung von Lebensräumen. St.Galler Bauer 23: 727–733.
Broggi M.F. (1991) Erhaltung und Wert der traditionellen bäuerlichen Kulturlandschaft in den Alpen. Natur und Mensch, Schaffhausen, S. 257–259.
Broggi M.F. (1992) Anforderungen des Natur- und Landschaftsschutzes an die Berglandwirtschaft zur Erhaltung der ökologisch vielfältigen bäuerlichen Kulturlandschaft. In: Erhaltung der traditionellen Kulturlandschaft. Jahresfachtagung der Int. Alpenschutzkommission CIPRA, Chateau d`Oex 12.10.1991, CIPRA-Schriften 9: 93–110.
Broggi M.F. (1992) Die ökologische Bedeutung der Berglandwirtschaft. In: Zum Beispiel, Zeitschrift Forschungsinstitut für biologischen Landbau, Oberwil BL, 3: 4–6.
Broggi M.F. (1992) Künftige Aufgaben der Naturschutzpolitik im schweizerischen Mittelland. In: Was wird aus unserer Kulturlandschaft? Die Folgen des Landwirtschaftswandels, Stiftung für Landschaftsschutz und Landschaftspflege (SL) 23: 13–23.
Broggi M.F. (1993) Räumliche Zuweisung des landwirtschaftlichen Extensivierungspotenzials – Gedanken aus der Sicht des Natur- und Landschaftsschutzes. Zeitschrift für Ökologie und Naturschutz, Gustav Fischer Verlag Jena-Stuttgart 2: 119–124.
Broggi M.F. (1994) Eine vergleichende Auswertung der Vegetationskartierungen des Ruggeller Rietes (1972 und 1993), Berichte der Botanisch-Zoologischen Gesellschaft Liechtenstein-Sargans-Werdenberg 21: 47–56.
Broggi M.F., Mattanovich E. (1994) Kulturlandschaft 2000 im Alpenraum – Entwicklung und Aussicht. Symposium Mensch und Landschaft 2000, Nachhaltige Entwicklung von Kulturlandschaften im Donau- und Alpenraum, Graz, 18.2.1994, S. 145–155.
Broggi M.F. (1995) Aspekte der Nachhaltigkeit und Rolle regionalisierter Betrachtungen – dargestellt am Beispiel der Berglandwirtschaft. Laufener Seminarbeiträge, Bayerische Akademie für Naturschutz, Laufen, 4: 101–110.
Broggi M.F. (1995) Ökologischer Ausgleich - Gedanken zur Verbesserung eines Fortschrittes. In: Raumplanung. Bern, Bundesamt für Raumplanung 4: 11–14.
Broggi M.F., Willi, G. (1997) Abklärung Mindestbedarf von naturnahen Ausgleichsflächen in landwirtschaftlichen Gunstlagen des liechtensteinischen Alpenrheintales. Berichte Botanisch-Zoologische Gesellschaft Liechtenstein-Sargans-Werdenberg, 24: 237–302.
Broggi M.F. (1992) Grundlagen und Konzeption zu umweltgerechter Entwicklung grossflächiger Kulturlandschaft in Baden-Württemberg, 5.Statuskolloqium «Angewandte Ökologie», Landesamt für Umweltschutz, Baden-Württemberg, S. 31-38.

Broggi M.F., Kusstatscher K., Sutter R. (1997) Ökologisch motivierte Zahlungen in der Berglandwirtschaft des Alpenbogens – eine Beurteilung aus der Sicht des standörtlichen, biotischen und landschaftlichen Ressourcenschutzes. Europäische Akademie Bozen, Alpine Umwelt, Blackwell Verlag Berlin, 223 S.

Broggi M.F. (1998) SOS für bedrohte Kulturlandschaften. Internationale Alpenschutzkommission CIPRA, 1. Alpenreport, Daten, Fakten, Probleme, Lösungsansätze, Haupt Verlag Bern, 152–156.

Broggi M.F., Schlegel H. (1998) Nationale Prioritäten als ökologischer Ausgleich in landwirtschaftlichen Talgebieten. Bundesamt für Umwelt, Wald und Landschaft 306: 162 S.

Broggi M.F. (2011) Agrarstrukturen aus alpenweiter Perspektive. Academia, Europäische Akademie Bozen, 54, 1: 56.

Broggi M.F. (2012) Liechtensteins Natur und Landschaft von 1700. In: Vollkommer K., Büchel D. – 1712 – Das Werden eines Landes, Liechtensteinisches Landesmuseum, S. 279–288.

Broggi M.F. (2016) Grüne Wüsten – kurz kommentiert. Nationalpark, Oekom Verlag München, 172:6.

Broggi M.F. (2020) Streuobstwiesen in Liechtenstein – einst und jetzt, Historisches Jahrbuch des Historischen Vereins für das Fürstentum Liechtenstein 119: 111–119.

Thema Alpwirtschaft (Kap. 2.4)

Broggi M.F. (1980) Die integrale Berggebietssanierung, dargestellt am Beispiel des Fürstentums Liechtenstein. Interprävent 4 mit Symposium und «Katastrophen-Vorbeugung durch verbesserte Naturraumanalyse», Wien, 3: 205–216.

Broggi M.F., Willi G. (1984) Abklärung der Möglichkeiten der Schafalpung im Fürstentum Liechtenstein, Botanisch-Zoologische Gesellschaft Liechtenstein-Sargans-Werdenberg, 13: 243–260.

Broggi M.F. (1985) Naturschonzonen für das liechtensteinische Berggebiet, Bergheimat, Organ des Liechtensteiner Alpenvereins, S. 35–47.

Broggi M.F. (Red.) Inventar der Flachmoore von nationaler Bedeutung. Eidg. Departement des Inneren, Bern, 79 S.

Broggi M.F. (1991) Erhaltung und Wert der traditionellen Kulturlandschaft in den Alpen, Natur und Mensch, Schaffhausen, 6: 251–259.

Broggi M.F. (1992) Die ökologische Bedeutung der Berglandwirtschaft. In: zum Beispiel. 3/92, Forschungsinstitut für biologischen Landbau, Oberwil BL, S. 4–6.

Broggi M.F., Schwarzelmüller W., Willi G. (1994) Schafalpung in Österreich und Fürstentum Liechtenstein. Extracts Nr. 8, Institut für Raumplanung und agrarische Operationen, Universität für Bodenkultur, Wien, 48 S.

Broggi M.F. (1988) Auf der Alp gibt`s viele Sünden. Werdenberger Jahrbuch 1989, Historisch-heimatkundliche Vereinigung des Bezirks Werdenberg, Buchs, S. 87–89.

Broggi M.F. (1991) Die integrale Berggebietssanierung im Fürstentum Liechtenstein. In: Die Alpen in Europa der neunziger Jahre. Geographica Bernensia, P 22, Geographisches Institut der Universität Bern, S. 129–141.

Broggi M.F. (1991) Die integrale Berggebietssanierung im Alpenraum – das Beispiel des Fürstentums Liechtenstein. Braunschweig, Geografische Rundschau 43, 9: 536–541.

Staub R., Broggi M.F. (2001) Rinder statt Sense – eine neue Nutzungsform. In: CIPRA Int. Alpenschutzkommission, 2. Alpenreport – Daten, Fakten, Probleme, Lösungsansätze. Bern, Haupt Verlag, S. 196–199.

Thema «Wiederbegrünung der Liechtensteiner Rheintalebene» (Kap. 2.5)

Broggi M.F. (1969) Windschutzpflanzungen im Fürstentum Liechtenstein, Bergheimat, Organ des Liechtensteiner Alpenvereins, S. 83–86.

Broggi M.F. (1972) Nur ein Gebüsch. Säugetierschutz-Zeitschrift für Theriophylaxe, Europäische Gesellschaft für Säugetierschutz 7: 6–10.

Broggi M.F. (1973) Unsere Obstbäume sterben leise. Bergheimat, Organ des Liechtensteiner Alpenvereins, S. 101–106.

Broggi M.F. (1975) Landschaftspflege im Fürstentum Liechtenstein, Schweizerische Zeitschrift für das Forstwesen 126: 840–851.

Broggi M.F. (1975) Grünes Mäder, Freizeit im Grünen – eine Informationsschrift, Gemeinde Mäder, 32 S.

Broggi M.F. (1977) Die Bedeutung der Flurgehölze für den Vorarlberger Talraum. 75-jähriges Gründungsfest Obst- und Gartenbauverein Altach (Vorarlberg).

Broggi M.F. (1978) Ökologische Bedeutung der Flurgehölze in Liechtenstein – mit Chronik einer Idee. Bergheimat, Organ des Liechtensteiner Alpenvereins, S. 49–70.
Broggi M.F. (1983) Die Bedeutung von Flurgehölzen in der Landschaft. Zum Beispiel, Forschungsinstitut der schweizerischen Stiftung zur Förderung des biologischen Landbaues, Oberwil (BL), Nr. 12/24.
Broggi M.F. (1983) Landschaftswandel im Grünland der liechtensteinischen Rheintalebene. Raumordnung aktuell, Vierteljahresschrift für Raumplanung, Raumforschung und Umweltschutz des Landes Niederösterreich, 14: 15–16.
Broggi M.F. (1984) 10 Jahre Flurgehölz-Pflanzungen in Altach – Information der Gemeinde Altach, 3: 16 S.
Broggi M.F. (1986) Der Landschaftswandel im Talraum des Fürstentum Liechtenstein, Historisches Jahrbuch des Historischen Vereins für das Fürstentum Liechtenstein, 86: 7–326.
Broggi M.F. (1986) Flurgehölzplanungen in Vorarlberg und im Fürstentum Liechtenstein. Umwelt Burgenland Nr. 9 – Kommassierung und Landschaftserhaltung, Seminartagung 13.3.1986, Eisenstadt, Amt der Burgenländer Landesregierung, S. 105–118.
Broggi M.F. (1986) Grünplanerische Konzepte der Gemeinde Mäder und ihrer Umgebung. Ökologische Planung im Grenzraum, Universität für Bodenkultur, Raumplanung, Wien, 2: 269–272.
Broggi M.F. (1999) Die liechtensteinischen Galeriewälder entlang des Alpenrheins. Berichte der Botanisch-Zoologischen Gesellschaft Liechtenstein-Sargans-Werdenberg, 26: 67–72.
Broggi M.F. (2020) Streuobstwiesen in Liechtenstein – einst und jetzt. Historisches Jahrbuch des Historischen Vereins für das Fürstentum Liechtenstein, 119: 111–119.
Broggi M.F. (2021) Wiederbegrünung der liechtensteinischen Rheintalebene – eine Erfolgsgeschichte. Historisches Jahrbuch des Historischen Vereins für das Fürstentum Liechtenstein, 120: 229–242.

Thema Rewilding (Kap. 2.6)

Broggi M.F. (1994) Tu und Unterlassen im Alpenraum? – eine modifizierte Berggebietsstrategie ist nötig. Mensch und Natur 5: 8–15.
Broggi M.F. (1995) Wildnis – In.: mehr Raum für die Natur – Ziele, Lösungen, Visionen im Naturschutz. Ott Verlag, Thun, Schweizersicher Bund für Naturschutz, S. 103–114.
Broggi M.F. (1995) Das Postulat Wildnis/Wildheit als eine nötige Ergänzung zur gepflegten Kulturlandschaft. Liechtenstein-Exkurse II: was wäre Natur? Edition Isele, Eggingen D, 233–240.
Broggi M.F. (1995) Freie Naturentwicklung – eine nötige Ergänzung zur gepflegten Kulturlandschaft. Mensch und Natur, Rheinaubund, 6: 8–13.
Broggi M.F. (1997) Wo ist Wildnis nötig und sinnvoll? – Gedanken zur Umsetzung in den Kulturlandschaften des Alpenraumes vor dem Hintergrund des Strukturwandels. In: Laufener Beiträge 1/97, Berichte Akademie Naturschutz und Landschaftspflege ANL/Salzach: 87–92.
Broggi M.F. (1997) Wilderness areas – eine neue Chance für die Natur. Schriftenreihe Umwelt Nr. 281 des BUWAL, Natur und Landschaft Projekt Nr. 17: 18 S.
Broggi M.F. (1997) Über die acht Thesen zu Tun und Unterlassen in den Alpen. Int. Alpenschutzkommission, CIPRA-Jahresfachtagung 1995, Triesenberg/FL, 13: 41–51.
Broggi M.F. (1999) Ist Wildnis schön und «nützlich?». In: Konold W., Böcker R., Hampicke H. (Hg.) Handbuch Naturschutz und Landschaftspflege, Landberg, ecomed, V-1.1.: 2–8.
Broggi M.F. (2010) Wildnis als Grundrecht der Natur- Interview mit Elisabeth Flüeler. Wildernews, Mountain Wilderness Schweiz, 59: 5.
Broggi M.F. (2011) Zwischen «Heidilandschaft» und «Wildnis». Landnutzungen in den Alpen. Nationalpark, Oekom Verlag München, 2: 30–33.
Broggi M.F. (2013) Wisente auch in Westeuropa? Ein Auswilderungsprojekt in der Schweiz. Nationalpark, Oekom Verlag München, 3: 22–23.
Broggi M.F. (2014) Mein Plädoyer für mehr Wildnis – das vermeintliche «Malus» muss zum «Bonus» werden. Nationalpark, Oekom Verlag München, 1: 30–33.
Broggi M.F. (2015) Wieviel Wildnis für die Schweiz? Schweizerische Zeitschrift für das Forstwesen, 166: 60–66.
Broggi M.F. (2016) Wildnis und Kultur bilden keine Gegensätze mehr. Wildnews, Wildnispark Sihlwald, 14: 15.
Broggi M.F. (2016) Wieviel Wildnis darf es sein? Nachholbedarf in Mitteleuropa, Nationalpark, Oekom-Verlag, München, 1: 30–36.

Broggi M.F. (2018) Höchste Zeit für Wildnisgebiete in Mitteleuropa, Nationalpark, Oekom Verlag, 181: 26–29
Conradin, K. Broggi M.F. (2018) Zwischen Tun und Unterlassen. Wildnisnews, Mountain Wilderness Schweiz 76: 4–6.
Knapp, H. & Broggi M.F. (2019) Waldwildnis im Widerstreit. Nationalpark, Oekom Verlag München, S. 12–17.
Broggi M.F. (2020) Europa soll wieder wilder werden! Wie werden aufgelassene landwirtschaftliche Flächen weiterentwickelt? Nationalpark, Oekom Verlag München, 189: 32–33.
Broggi M.F. (2022) Zur Nutzungsgeschichte im Samina- und Galinatal. Naturmonografie Samina- und Galinatal. Berichte der Botanisch-Zoologischen Gesellschaft Liechtenstein-Sarganserland-Werdenberg, 42: 9–28.
Broggi M.F. (2022) Vorschlag für ein grenzüberschreitendes Wildnisgebiet Samina/Galinatal (Liechtenstein-Vorarlberg), Berichte der Botanisch-Zoologischen Gesellschaft Liechtenstein-Sarganserland-Werdenberg, 42: 145–152.
Broggi M.F., Hindenlang K. (2022) Wildnis wozu und wie? Nationalpark, Oekom Verlag München, 1: 12–17.
Broggi M.F. (2022) Wildnis entstehen zu lassen dauert Jahrhunderte, aber irgendwann muss man ja anfangen. In: Surber, C – Unwegsam – über die Chancen der Wildnis Schweiz, S. 107–112.
Broggi M.F. (2024) Der grosse Holzschlag im liechtensteinischen Saminatal im Jahre 1925 bis 1927. Historisches Jahrbuch des Fürstentums Liechtenstein, Historischer Verein, 42: 129–150.
Broggi M.F. (2025) Samina-Galina: Ein Wildnisgebiet für Liechtenstein. Nationalpark, Oekom Verlag, München. 28–30

Thema Grossschutzgebiete (Kap. 2.7)

Broggi M.F. (1981) Schutzgebiete anlegen, Naturopa, Europäische Informationszentrale für Naturschutz, Europarat, 38: 26–29.
Broggi M.F. (1985) Naturschonzonen für das liechtensteinische Berggebiet, Bergheimat, Organ des Liechtensteiner Alpenvereins, S. 35–47.
Broggi M.F. (1988) An extensive alpine reserve for Liechtenstein. Natur- und Nationalparke, Europäisches Bulletin, Föderation Europäische Natur- und Nationalparke, 26: 27–33.
Broggi M.F. (1988) Vorstellungen für ein grossflächiges Schutzgebiet im Unteren Saminatal. In: Unsere Berge, Festschrift Ausstellung Bergwelt, Liechtensteiner Alpenverein, Vaduz, S. 55–60.
Broggi M.F. (1993) Aufbruchstimmung für mehr Nationalparks im Alpenbogen. CIPRA-INFO, Int. Alpenschutzkommission, 29: 2–3.
Broggi M.F. (1993) Zum Nationalpark-Boom in Österreich – ein Diskussionsbeitrag. Wien, Raumordnung aktuell 4: 3–7.
Broggi M.F. (1994) Aufbruchstimmung für Nationalparks? Österreichischer Tierschutz, Jahrbuch 1995, Wien, Tierschutzverlag, S. 76–81.
Broggi M.F. (1994) Nationalparks in den Alpen – gestern-heute-morgen. In: Umdenken – zehn Jahre Nationalpark Hohe Tauern, Salzburg. Eine Bestandesaufnahme, Schriftenreihe des Salzburger Landespresseamtes, Serie Salzburg Diskussion, 19: 168–176.
Broggi M.F. (1995) Repräsentanz grossflächiger Schutzgebiete im Alpenbogen. Academia, Europäische Akademie Bozen, 5, 895: 19–20.
Broggi M.F. (1995) Braucht die Schweiz neue grossflächige Schutzgebiete? – Einführung in die Typologie grossflächiger Schutzgebiete, Naturschutz im Dialog, Kongress Europäisches Naturschutzjahr 1995, Lugano, S. 226–227.
Broggi M.F. (1996) Die Bedeutung von Nationalparken für die Bewahrung des Naturerbes in Europa. Internationales Nationalpark-Symposium – Nationalpark Bayerischer Wald – Chancen und Verpflichtung für nachfolgende Generationen, Bayerisches Staatsministerium für Ernährung, Landwirtschaft und Forsten, S. 16–21.
Broggi M.F. (1996) Représentativité des espèces protégées de grande dimension dans les alpes. Revue géographie alpines, Grenoble, S. 19–21.
Gambino R., Broggi M.F. (1998). Plädoyer für ein Netz von Schutzgebieten. In: CIPRA 1. Alpenreport – Daten, Fakten, Probleme, Lösungsansätze. Bern, Haupt Verlag, S. 192–200.
Broggi M.F. (1998) Naturschutz in den Alpen – darf es ein bisschen mehr sein? In: Hamberger S., Baumeister O., Erlacher R., Zängl W. (Hg.) Schöne neue Alpen, eine Ortsbesichtigung, München, S. 136–137.

Broggi M.F. (1998) Welchen Beitrag können Biosphärenparke und Ruhegebiete für den Naturschutz in Vorarlberg leisten? Schriftenreihe Leben in Vorarlberg 40: 43–47.

Broggi M.F., Staub R., Ruffini F. (1998) Inseln für den Naturschutz: grossflächige Schutzgebiete im Alpenraum, Academia, Europäische Akademie Bozen 18: 23–25.

Broggi M.F. (1999) Grossflächige Schutzgebiete – welche Zukunft im Spannungsfeld zwischen gesellschaftlichen Ansprüchen und Schutzbestrebungen? In: Weber G. (Hg.) Raummuster-Planerstoff. Festschrift für Fritz Kastner zum 85.Geburtstag. Institut für Raumplanung und ländliche Neuordnung, Wien, Universität für Bodenkultur, S. 291–300.

Broggi M.F., Staub R., Ruffini F. (1999) Grossflächige Schutzgebiete im Alpenraum – Daten-Fakten-Hintergründe. Europäische Akademie Bozen, Fachbereich Alpine Umwelt, Blackwell Wissenschaft, Berlin-Wien, 241 S.

Broggi M.F. 2001) In der Schweiz: mehr Schutzgebiete für Pflanzen, Tiere und Menschen. Nationalpark, Grafenau (Bayern), 112: 34–36.

Broggi M.F. (2001) Ein «österreichischer» Nationalpark in den Tropen. Grafenau, Nationalpark, 114: 31–33.

Broggi M.F. (2003) Grossschutzgebiete – Schutz durch Entwicklung? In: Hammer T. (Hg.) Grossschutzgebiete – Instrumente nachhaltiger Entwicklung. München, Oekom Verlag, S. 185–196.

Broggi M.F. (2003) Schutzgebiete als Chance für die Alpen – oder ist Schutz durch Entwicklung möglich? 4. Internationale Konferenz und Generalversammlung der alpinen Schutzgebiete, Nationalpark Berchtesgaden- Netzwerke alpine Schutzgebiete, Berchtesgaden: S. 19–20, 87–88, 155–155–156, 224–225 (D, F ,I, Slo ,E).

Broggi. M.F. (2004) Pourquoi de grandes espaces protégées? Le rôle de recherche. In: Combe J., Corboz B., Rosselli W. (eds) Parc naturelle d`importance nationale – chance pur une développment régional, Acte de la Journée thématique de l`antenne romande du WSL. P. 47–52.

Broggi M.F. (2006) Neue Schutzgebiete in der Schweiz – eine Chance für die Regionalentwicklung? Nationalpark, Oekom Verlag München, 4: 6–11.

Broggi M.F. (2009) Der Nationalpark als Aufbewahrungsort für Arten? In: Szene Alpen – Themenheft der CIPRA Int. Alpenschutzkommission 90/2009.

Broggi M.F. (2011) Faszinosum der Stille – Der Nationalpark Val Grande ist einsam, wild und romantisch. Nationalpark, Oekom Verlag München, 3: 40–43.

Broggi M.F. (2013) Nationalparks zu erreichen ist schwer – eine Herausforderung für die Schweiz, Nationalpark, Oekom Verlag, München Nr. 159: 34–35.

Broggi M.F., Jungmeier M., Plassmann G., Solar M., Scherfose V. (2017) Die Schutzgebiete im Alpenbogen und ihre Lücken. Natur und Landschaft, Bundesamt für Naturschutz, Bonn, 9/10: 432–439.

Broggi M.F. (2017) Fehlende Nationalpark-Strategien – kurz kommentiert, Nationalpark, Oekom Verlag, München, 4: 6.

Broggi M.F. (2018) Kommt der zweite Schweizer Nationalpark Locarnese? – ein dornenvoller Weg zum Locarnese-Nationalpark. Nationalpark, Oekom Verlag München, S. 28–31.

Broggi M.F. (2020) Herausforderungen für Nationalparke: Was im 21. Jahrhundert gebraucht wird. Nationalpark, Oekom Verlag München, 2: 26–30.

Broggi M.F. (2020) Dunkelheit und Stille – neue Schutzgüter auch für Grossschutzgebiete? Nationalpark, Oekom Verlag München, 4: 12–17.

Thema Biodiversität (Kap. 2.8)

Hotz H.J., Broggi M.F. (1982) Rote Liste der gefährdeten und seltenen Amphibien und Reptilien der Schweiz, Liste rouge des espèces d`amphibiens et de reptiles menacés et rares en Suisse, Schweizerischer Bund für Naturschutz, Basel, 112 S.

Broggi M.F., Waldburger E. (1984) Rote Liste der gefährdeten und seltenen Gefässpflanzenarten des Fürstentums Liechtenstein, Naturkundliche Forschung im Fürstentum Liechtenstein, Regierung des Fürstentums Liechtenstein, 40 S.

Broggi M.F., Willi G. (1985) Rote Liste der gefährdeten und seltenen Vogelarten des Fürstentums Liechtenstein, Naturkundliche Forschung im Fürstentum Liechtenstein, Regierung des Fürstentums Liechtenstein, 5: 35 S.

Broggi M.F., Waldburger E., Staub R. (2006) Rote Liste der gefährdeten und seltenen Gefässpflanzen des Fürstentums Liechtenstein, Naturkundliche Forschung im Fürstentum Liechtenstein, Regierung des Fürstentums Liechtenstein, 24:, 40 S.

Broggi M.F. (2016) Rote Listen – rote Fäden: Natur- und Umweltschutz von den 1960er Jahren bis in die Gegenwart. Liechtensteinische Akademische Gesellschaft, Vaduz, Festschrift Dr. Georg Malin aus Anlass seines 90.Geburtstages, 58: 347–366.

Thema Mäder (Kap. 2.9)

Broggi M.F. (1975) Grünes Mäder – Freizeit im Grünen, eine Informationsschrift der Gemeinde Mäder, 32 S.

Broggi M.F. (1977) Die Bedeutung der Flurgehölze für die Vorarlberger Talebene. In 75 jährige Gründung des Obst- und Gartenbauverein Altach.

Broggi M.F. (1986) Flurgehölzpflanzungen in Vorarlberg und im Fürstentum Liechtenstein, In: Umwelt Burgenland: Ergebnisse der Seminartagung am 13.3.1986 in Eisenstadt, Amt der Burgenländer Landesregierung, 9: 105 –118.

Broggi M.F. (1986) Grünplanerische Konzepte in der Gemeinde Mäder und deren Umgebung. In: «Ökologische Planung im Grenzraum», Universität für Bodenkultur Wien Raumplanung, 2: 169–272.

Thema «Wasser – Quelle des Lebens» (Kap. 3.1)

Broggi M.F. (Red.) (1973) Naturschutz in Balzers, Gemeinde Balzers, 28 S.

Broggi M.F. (Red.) (1974) Haberfeld, Gemeinde Vaduz, 15 S.

Broggi M.F. (1982) Bermerkungen zur Sondergesellschaften, dargestellt am Beispiel der Sprühzonen-Vegetation. Schlussbericht der interdepartementalen Arbeitsgruppe Restwasser. In: Beurteilung der Restwasserfrage nach landschaftsökologischen und – ästhetischen Gesichtspunkten, S. 127–129.

Broggi M.F. (1983) Naturbäche – Erhaltung und Wiedergestaltung, Schweizerischer Bund für Naturschutz. SBN-Merkblatt : 16 S.

Broggi M.F. (1983) Wasser- ein lebensnotwendiges Element – dargestellt am Beispiel der in Diskussion stehenden Rheinkraftwerke Schweiz-Liechtenstein. Broggi und Wolfinger AG, Vaduz, Info-Schrift 2: 10 S.

Broggi M.F. (1984) Die Fluss- und Bachläufe - vernachlässigte Lebensräume. Europäisches Informationszentrum für Naturschutz, Europarat, Naturopa 46: 11–13.

Broggi M.F. (1985) Ökologisches Gewässer-Inventar im Talraum des Fürstentum Liechtenstein, Berichte der Botanisch-Zoologischen Gesellschaft Liechtenstein-Sargans-Werdenberg, 14: 179–210.

Broggi M.F. (1986) Landschaftsplanung Dornbirner Ach, Stadtplanung Dornbirn, 113 S.

Broggi M.F. (1991) Bachkonzept für die Gemeinde Schaan. In: Lebensraum Bach, Liechtensteinischer Umweltbericht 29: 15–16.

Broggi M.F. (1992) Die letzten naturnahen Alpenflüsse, CIPRA-Kleine Schriften, Vaduz, S. 3–5.

Broggi M.F. (1994) Fliessgewässer der Stadt Dornbirn – ein kommunales Handlungskonzept für den Natur- und Landschaftsschutz. In: Salzburger Institut für Raumplanung und Wohnraum. Mitteilungen und Berichte 90: 29–41.

Broggi M.F. (1995) Leben für unsere Alpenflüsse. CIPRA-Jahreskonferenz 1990. Ljubljana, Ministrstvo za okolje in prostor, S. 19–21.

Broggi M.F. (2009) Mehr Freiheit für Bäche und Flüsse. Nationalpark, Oekom Verlag, München, 1: 4–5.

Broggi M.F., Ackermann G.; Staub R., Weidmann P. (1996) Ökologische Bewertung der Fliessgewässer im Talboden des Sarganserlandes. Berichte der Botanisch-Zoologischen Gesellschaft Liechtenstein-Sargans-Werdenberg, 23: 279–316.

Broggi M.F. (2010) Renaturierungen sind nicht immer Wiederbelebungen im Sinn der Natur. Werdenberger Jahrbuch 2011, S. 234.

Broggi M.F. (2013) Plädoyer für den Mäander oder Wasser in den Alpen- einige Überlegungen zum Schutz und Nutzen. Eröffnungsvortrag CIPRA-Jahresfachtagung 2013 vom 10.10.2013 in Bozen. Elektronisch: www.Cipra.org/de/CIPRA/cipra-international/Veranstaltungen/Jahresfachtagungen/Jahresfachtungen/130926 MBroggi Wasser.

Broggi M.F. (2022) Die Inn-Wiederbelebung im Oberengadin – ein Leuchtturmprojekt. Aqua-Gas 4: 48–51.

Broggi M.F., Goeldi C. (2023) Ein Leuchtturmprojekt: der Inn im Oberengadin wurde vorbildlich wiederbelebt. Nationalpark, Oekom Verlag München, 3: 32–33.

Thema Wasserkraft (Kap. 3.2)

Broggi M.F., Reith W. (1982) Beurteilung der Restwasserfrage nach ökologischen und landschaftsästhetischen Gesichtspunkten, In: Schlussbericht der interdepartementalen Arbeitsgruppe Restwasser, Eidg. Drucksachen- und Materialzentrale, August 1982, S. 85–192.

Broggi M.F. (1983) Wasserkraftnutzung – unterschätzte Auswirkungen auf die Landschaft. In: Landschaftsverbrauch – gibt es Kompromisse für den Bregenzerwald? Institut für Raumplanung und agrarische Operationen, Universität für Bodenkultur, Wien, Reihe Extracts 6: 14–21.

Broggi M.F., Reith W.J. (1984) Beurteilung von Wasserkraftwerksprojekten aus der Sicht des Natur- und Heimatschutzes, Eidg. Departement des Innern, Bundesamt für Forstwesen, 336 S.

Broggi M.F. (1988) Umweltverträglichkeitsprüfungen von Wasserkraftwerksprojekten am Beispiel des Kampiller Baches. Naturschutzblatt, Mitteilungen zu Natur- und Umweltschutz in Südtirol, 3: 5–8.

Broggi M.F. (1996) Wasserkraft und Naturschutz,. Jahresbericht der Greina-Stiftung, S. 23–32.

Broggi M.F. (2002) Schützt die Alpenkonvention das Wasserschloss Europas? – EAWAG-News, Dübendorf ZH, 55: 7–8.

Broggi M.F. (2013) Plädoyer für den Mäander oder Wasser in den Alpen- einige Überlegungen zum Schutz und Nutzen. Eröffnungsvortrag CIPRA-Jahresfachtagung 2013 vom 10.10.2013 in Bozen. Elektronisch: www.cipra.org/de/CIPRA/cipra-international/Veranstaltungen/Jahresfachtagungen/Jahresfachtungen/130926.

Broggi M.F., Göldi C. (2021) Die Auseinandersetzungen um das Projekt Rheinkraftwerke Schweiz-Liechtenstein – die Chronologie seit den 1970-er Jahren. Werdenberger Geschichten 3: 248–265.

Broggi M.F., Göldi C. (2021) Die Auseinandersetzungen um das Projekt Rheinkraftwerke Schweiz-Liechtenstein – die Chronologie seit den 1970-er Jahren. Werdenberger Geschichten 3: 248–265.

Thema «Wiederbelebung des Alpenrheins» (Kap. 3.3)

Broggi M.F., Jäger L. (1995) Neues Leben für den Alpenrhein – Eine Studie zur naturnahen Neugestaltung von Franco Schlegel mit Stellungnahmen von Persönlichkeiten aus Wissenschaft, Politik, Wirtschaft und Umweltschutz. Mit Beitrag: Die Alpen-Rhein-Landschaft – vom Fluss geprägt, vom Menschen banalisiert – und von ihm regeneriert? Botanisch-Zoologische Gesellschaft Liechtenstein-Sargans-Werdenberg, Vaduz, S. 21–32.

Broggi M.F. (2014) Jahrhundertprojekt Revitalisierung Alpenrhein, LGU-Mitteilungen, Liechtensteinische Gesellschaft für Umweltschutz 74: 2–3.

Schlegel H.. Broggi M.F. (2015) Lebensader Alpenrhein, Historisches Jahrbuch des Fürstentums Liechtenstein, Historischer Verein FL, 114: 148–156 und Werdenberger Jahrbuch der Historischen heimatkundlichen Vereinigung der Region Werdenberg, 29: 148–156.

Muhar S., Arnaud F., Aschwanden H., Binder W, Broggi M., Greimel F., ... (2019) Revitalisierung. In: Flüsse der Alpen – Vielfalt in Natur und Kultur, Haupt Verlag, Bern, S. 320–345 sowie Rivers of Alps – Diversity in Nature and Culture, 512 p.

Broggi M.F. (2022) Ein Jahrhundert-Projekt – die Alpenrhein-Wiederbelebung steht an. Nationalpark, Oekom Verlag München, 4: 24–27.

Broggi M.F., Göldi C. (2022) Die 40-jährige Geschichte der Alpenrhein-Revitalisierung. Werdenberger Geschichten 4: 198–244.

Thema «Ruggeller Riet» (Kap. 3.4)

Broggi M.F. (1973) Das Ruggeller Riet. In: Österreichisches Forum für Umweltschutz und Umweltgestaltung. Symposium vom 28.4.1973 in Altmünster am Traunsee.

Broggi M.F. (1974) Notizen für eine Avifauna des Ruggeller Rietes. Bericht 73 der Botanisch-Zoologischen Gesellschaft Liechtenstein-Sargans-Werdenberg, S. 38–49.

Broggi M.F. (1975) Die Wassermollusken des Ruggeller Rietes. Bericht der Botanisch-Zoologischen Gesellschaft Liechtenstein-Sargans-Werdenberg 74: 70–76.

Broggi M.F. (1976) Rettet das Ruggeller Riet. Feuchtgebiete schützen – Leben erhalten. Panda WWF-Schweiz, 7: 76.

Broggi M.F. (1979) Naturschutzgebiet Ruggeller Riet – Wert, Bedeutung, Gefährdung und Schutz, Liechtensteinische Gesellschaft für Umweltschutz, Vaduz, 12 S.

Broggi M.F. (1980) Bemerkungen zur liechtensteinischen Verlustbilanz Feuchtgebiete. In: Reden zur Eröffnungsveranstaltung der Europaratskampagne 1980 zum Schutz der Tier- und Pflanzenwelt und ihrer natürlichen Lebensräume, Liechtensteinische Gesellschaft für Umweltschutz, S. 9–12.

Broggi M.F. (1984) Ruggeller Riet 1983, Vögel der Heimat, Einsiedeln, S. 6–7.

Broggi M.F. (1990) Naturmonografie Ruggeller Riet (Red.) mit Eigenbeiträgen, Berichte der Botanisch-Zoologischen Gesellschaft Liechtenstein-Sargans-Werdenberg, 12: 443 S.

Broggi M.F. (1994) Eine vergleichende Auswertung der Vegetationskartierungen des Ruggeller Rietes 1972 und 1993, Berichte der Botanisch-Zoologischen Gesellschaft Liechtenstein-Sargans-Werdenberg, 21: 47–56.

Broggi M.F. (2022) Naturschutzgebiet Ruggeller Riet – Erinnerungen und noch nicht erfüllte Erhaltungs-Erfordernisse. Berichte der Botanisch-Zoologischen Gesellschaft Liechtenstein-Sarganserland-Werdenberg, 42: 153–172.

Broggi M.F. (2025) Vorkommen der Sibirischen Schwertlilie *(Iris sibirica L.)* und der Sumpfgladiole (Gladiolus palustris GAUDIN) in Liechtenstein – ihre Bestände, Entwicklungstendenzen und Schutzerfordernisse. Berichte der Botanisch-Zoologischen Gesellschaft Liechtenstein-Sarganserland-Werdenberg, 43: 145–156.

Thema Bristol-Stiftung (Kap. 4.1)

Broggi M.F. (2014) Ein Vermögen für den Naturschutz – über das Wirken der schweizerischen Bristol Stiftung. Nationalpark, Oekom Verlag München 2: 23–25.

Thema Mittelmeerreisen (Kap. 5.1)

Broggi M.F. (1978) herpetologische Beobachtungen auf der Insel Lesbos. Salamandra 14, 4: 161–171.

Broggi M.F., Litscher B., Seitter H., Ganss I., Kaufmann W., Waldburger E. (1979) Ornithologische, herpetologische und botanische Beobachtungen auf der Insel Lesbos, Berichte der Botanisch-Zoologische Gesellschaft Liechtenstein-Sargans-Werdenberg, 78: 26–42.

Broggi M.F. (1980) Herpetologische Beobachtungen in der westlichen Algarve (Portugal), Berichte der Botanisch-Zoologischen Gesellschaft Liechtenstein-Sargans-Werdenberg, S. 21–23.

Broggi M.F., Litscher B. (1980) Zur Avifauna der westlichen Algarve. Berichte der Botanisch-Zoologischen Gesellschaft Liechtenstein-Sargans-Werdenberg, S. 12–20.

Broggi M.F. (1981) Herpetologische Beobachtungen in den spanischen Pyrenäen. Berichte der Botanisch-Zoologischen Gesellschaft Liechtenstein-Sargans-Werdenberg, S. 21–23.

Broggi M.F.; Willi G., Litscher B. (1981) Ornithologische Exkursionen in den spanischen Pyrenäen. Berichte der Botanisch-Zoologischen Gesellschaft Liechtenstein-Sargans-Werdenberg, S. 74–88.

Broggi M.F. (1984) Zum Vorkommen der europäischen Sumpfschildkröte (Emys orbicularis) auf Menorca (Balearen, Spanien), Berichte der Botanisch-Zoologischen Gesellschaft Liechtenstein-Sargans-Werdenberg, 11: 233–242.

Broggi M.F.. Willi G. (1986) Ornithologische Beobachtungen auf Naxos (Griechenland). Berichte der Botanisch-Zoologischen Gesellschaft Liechtenstein-Sargans-Werdenberg, 15: 91–102.

Broggi M.F. (1988) Herpetologische Beobachtungen auf Samothrake (Griechenland). Berichte der Botanisch-Zoologischen Gesellschaft Liechtenstein-Sargans-Werdenberg, 17: 93–99.

Broggi M.F. & Willi, G. (1988) Ornithologische Beobachtungen auf Samothrake (Griechenland). Berichte der Botanisch-Zoologischen Gesellschaft Liechtenstein-Sargans-Werdenberg, 17: 79–81.

Broggi M.F. (1993) Ornithologische Beobachtungen auf Karpathos (Griechenland). Berichte der Botanisch-Zoologischen Gesellschaft Liechtenstein-Sargans-Werdenberg, 20: 117–132.

Broggi M.F. (1994) Feldherpetologische Beobachtungen und Bemerkungen zu schützenswerten Biotopen auf griechischen Inseln. Herpetozoa, 7: 29–34.

Broggi M.F. (1996) Die Feuchtegebiete der Insel Andros mit ihren Amphibien und hydrophilen Reptilien. Herpetozoa 8: 135–144.

Broggi M.F. (1996) Frakto – ein letzter grossflächiger Urwald in den griechischen Rhodopen. Schweiz. Zeitschrift für das Forstwesen 12: 971–984.

Broggi M.F. (1977) Notizen zur Herpetofauna von Kalymnos und Leros (Dodekanes, Griechenland). Herpetozoa 10, 3/4: 135–138.

Broggi M.F. (1997) Zur Verbreitung von Testudo graeca ibera (PALLAS, 1814) auf den Inseln der Nordostägäis und des Dodekanes (Griechenland). Herpetozoa, 10: 153–155.

Broggi M.F. (1999) Notizen zur Herpetofauna der Ägäisinsel Gökçeada (Ägäis, Türkei). Herpetozoa 12: 73–78.

Broggi M.F. (2000) Herpetological notes on the islands of Milos and Sifnos (Cyclades, Greece). Herpetozoa 13: 89–93.

Broggi M.F. (2001) Bemerkungen zur Herpetofauna der Ägäisinsel Ikaria (Griechenland). Herpetozoa, 14: 9–14.
Broggi M.F. (2002) Herpetological notes on the Dodecanes Islands of Symi and Sesklia. Herpetozoa, 15: 186-187.
Broggi M.F. (2002) Herpetologische und ornithologische Notizen zur Insel Astypalea (Dodekanes, Griechenland). Berichte der Botanisch-Zoologischen Gesellschaft Liechtenstein-Sargans-Werdenberg, 29: 371–378.
Burri C, Broggi M.F. (2005) Zur Orchideenflora der kroatischen Insel Vis. J. Eur.Orch. 37, 4: 769–774.
Broggi M.F. (2006) Tilos`Chances in the marketing segment of Ecotourisme, Tilos Park Journal, 1: 1–3.
Broggi M.F. (2006) Feuchtgebiete auf Skyros (Nördliche Sporaden, Griechenland) – ihre Beschreibung und einige ornithologische und herpetologische Inselbeobachtungen. Berichte der Botanisch-Zoologischen Gesellschaft Liechtenstein-Sargans-Werdenberg, 31: 269–274.
Broggi M.F. (2006) Isolation und Landnutzungswandel und ihre Einflüsse auf die Herpetofauna – dargestellt am Beispiel der Insel Tilos (Dodekanes, Griechenland) Herpetozoa 19. 1/2: 94–96.
Broggi M.F., Burri C. (2006) The orchid flora and distribiution of species on the island of Vis (Eastern Adriatic, Croatia), Acta Bot.Croat. 65, 2: 147–160.
Broggi M.F. (2007) Herpetological notes on the island of Amorgos (Cyclades, Greece). Herpetozoa, 20: 94–96.
Broggi M.F. (2008) The Herpetofauna of Lipsi (Dodecanes, Greece) and nature conservation aspects. Herpetozoa, 22: 79–84.
Broggi M.F. (2009) The Herpetofauna of Ithaki (Ionion island, Greece). Herpetozoa, 22: 87–90.
Broggi M.F. (2010) The herpetofauna of Alonissos (Northern Sporades, Greece). Herpetozoa, 23: 71–78.
Burri C., Broggi M.F. (2010) Zur Orchideenflora der Insel Alonissos (Nordsporaden. Griechenland). Journal Eur. Orch. 43: 378–400.
Broggi M.F. (2011) The semi-aquatic herpetofauna of Serifos (Cycclades, Greece) including conservation aspects. Herpetozoa 24: 13–22.
Broggi M.F. (2012) The Balkan Terrapin (Mauremys rivulata (Valenciennes, 1821) in the Aegean Islands – Threats, nature conservation aspects and the situation on the island of Kea (Cyclades) as a case study (Testudines: Geomydidae), Herpetozoa 24: 149–163.
Broggi M.F., Grillitsch H. (2012) The European Pond Terrapin Emys orbicularis (Valenciennnes, 1832) in the Aegean Distribution an threats (Testudines: Emydidae). Herpetozoa, 25: 47–58.
Burri C., Broggi M.F., Karakatsani R., Kaufmann W.; Stadler G., Goop P. (2012) Orchideenflora der Insel Kea (nordwestliche Kykladen,Griechenland), J. Europ. Orch. 44, 1: 83–116.
Burri C., Broggi M.F. (2013) Auf Orchideensuche am südlichsten Punkt Europas – die Insel Gavdos (Griechenland), J. Eur. Orch. 45, 1: 3–24.
Broggi M.F. (2012) Tilos – Schatzinsel in der Ägäis (Anette Spangenberg & Stefan Heitmann), Zum Geleit, Euronatur Reiseführer, S. 6–8.
Broggi M.F. (2014) The herpetofauna of the isolated Isle of Gavdos (Greece). Herpetozoa 27: 83–90.
Broggi M. F. (2014) The herpetofauna of Kimolos (Milos Archipelago, Greece). Herpetozoa 27: 102–103.
Broggi M.F. (2016) The Reptile Fauna of the island of Elafonissos (Peleponnes, Greece). Herpetozoa 28: 198–203.
Broggi M.F. (2016) The herpetofauna of the island of Kythera (Attica, Greece). Herpetozoa 29: 37–46.
Broggi M.F. (2017) Wo die Zugvögel rasten – die griechische Insel Limnos in der Ägäis. Nationalpark, Oekom Verlag München 4: 40–43.
Broggi M.F. (2018) The «wetlands» of Lemnos (Greece)- herpetofauna and Nature Conservation. Herpetozoa 30: 168–178.
Broggi M.F. (2018) Inselsehnsucht- 44 Reisen in den Mediterranraum mit Schwerpunkt Ägäis. Berichte der Botanisch-Zoologischen Gesellschaft Liechtenstein-Sarganserland-Werdenberg, 40: 97–200.
Broggi M.F. 2019) Herpetologial notes on Mauremys, Pelophylax and Stellagama from the Cyclades island of Tinos (Greece), Herpetozoa 31: 225–229.
Broggi M.F. (2019) ein botanischer Pilgerort – Kefalonia und seine Naturphänomene, Nationalpark, Oekom Verlag, München, 2: 40–43.

Broggi M.F. (2021) The decline of the herpetofauna population related to open water resources on the Aegean islands using the example of Kythnos. Biodiv. Journal 4: 825–831.

Broggi M.F. (2023) Occurence and status of the European Pond Turtle Emys orbicularis hellenica (Valenciennes 1833) on Aegean and Ionion Islands (Greece-Turkey). Herpetozoa 34: 249–257.

Broggi M.F. 2022) Occurence and tentative population status of the Balkan Terrapin (*Mauremys rivulata*, Valenciennes 1833) on Greek Islands, Herpetozoa 30: 233–247.

Broggi M.F. (2023) Status of the green toad *(Bufotes viridis)* and Marsh Frog *(Pelophylax kurtmuelleri)* on Ios (Cyclades, Greece). The Captive & Field Herpetology Journal, 6: 18–25.

Stadler, G. & Broggi M.F. (2024) Zur Orchideenflora der Insel Fournoi (Ostägäis, Griechenland). Eur. J. Orch. 56, 1: 3–12.

Broggi M.F. (2024) Update on the herpetofauna of Syros (Cyclades, Greece) and current land-use and climate threats. Vienna, Herpetozoa 37: 339–346.

Thema «Sibirische Schwertlilie und Sumpfgladiole» (Kap. 5.2)

Broggi M.F. (1996) Gesamtwürdigung der herrschenden Naturwerte in den Naturschutzgebieten Bangser Ried und Matschels und Naturschutzforderungen für die Zukunft. Vorarlberger Naturschau, Dornbirn, 2: 287–295.

Broggi M.F.; Waldburger E., Staub R. (2006) Rote Liste der gefährdeten und seltenen Gefässpflanzen des Fürstentums Liechtenstein. Naturkundliche Forschung im Fürstentum Liechtenstein, Regierung des Fürstentums Liechtenstein, 24: 40 S.

Broggi M.F. (2009) Verbreitung und Vorkommen der Sumpfgladiole (*Gladiolus palustris* GAUDIN) im Alpenrheintal, einst und jetzt. Berichte der Botanisch-Zoologischen Gesellschaft Liechtenstein-Sarganserland-Werdenberg, 34: 119–130.

Broggi M.F. (2010) Verbreitung und Vorkommen der Sibirischen Schwertlilien (*Iris sibirica* L.) in Liechtenstein-Sargans-Werdenberg – einst und jetzt. Berichte der Botanisch-Zoologischen Gesellschaft Liechtenstein-Sarganserland-Werdenberg, 35: 5–20.

Broggi M.F. (2019) Spezial Carte des innern Theil des Reichs Fürstenthums Lichtenstein. 300 Jahre Liechtenstein, 1719–2019. Liechtensteiner Landesmuseum, S. 189–198.

Broggi M.F. (2025) Die Vorkommen der Sibirischen Schwertlilie (*Iris sibirica* L.) und der Sumpfgladiole (*Gladiolus palustris* GAUDIN) in Liechtenstein – ihre Bestände, Entwicklungstendenzen und Schutzerfordernisse, berichte der Botanisch-Zoologischen Gesellschaft Liechtenstein-Sarganserland-Werdenberg, 43: 145–156.

Thema Wolf (Kap. 5.3)

Broggi M.F. (2004) Wolfsabschüsse im Wallis: ein Ordnungsruf aus der Wissenschaft. KORA-Info 3/00, S. 10.

Broggi M.F. (2009) Living with large carnivors and wild ungulates in a changing ecological, economical, socio-cultural environment. Platform «Large Carnivors and wild Ungulates» Alpine Convention. www.alineconv.org/theconvention/conv06_WG_en.html

Broggi M.F. (2011) Wolf. In: Broggi M.F., Camenisch D., Fasel M., Güttinger R., Hoch S., Müller J-P., Niederklopfer P., Staub R. (2011) Die Säugetiere des Fürstentums Liechtenstein (Mammalia). Naturkundliche Forschung im Fürstentum Liechtenstein, Regierung des Fürstentums Liechtenstein. 28: 158–159.

Thema Matilaberg (Kap. 5.4)

Broggi M.F.; Kaufmann W., Staub R. (2013) Der Gladiolen-Standort am Matilaberg (Triesen FL). Berichte der Botanisch-Zoologischen Gesellschaft Liechtenstein-Sarganserland-Werdenberg, 37: 159–174.

Thema Fokswinkel (Kap. 5.5)

Broggi M.F., Kaufmann W., Staub R. (2017) Orchideenreiche Magerwiesen «Senne-Zepfel-Fokswinkel-Wesa» (Balzers-Triesen). Balzner Neujahrsblätter S. 34–51.

Porträt des Autors

Mario F. Broggi

Am 15. März 1945 in Sierre (VS) geboren, schweizerisch-italienischer Staatsbürger, aufgewachsen in Basel und Allschwil (BL). Studium der Forstwissenschaften an der ETH Zürich (1964–69), seit 1969 in Liechtenstein wohnhaft. Inhaber von Ökobüros in Vaduz-Schaan (Liechtenstein) (bis 1997), Mäder (Vorarlberg), Zürich und Wien. Doktorat an der Universität für Bodenkultur in Wien (1986) und Habilitation an der Universität Wien (1999). Universitätsdozent an den Universitäten Basel und Wien für Landnutzung und Naturschutz. 1997 Berufung als Direktor der Eidg. Forschungsanstalt für Wald, Schnee und Landschaft (WSL) (bis 2004).

Präsidium der Internationalen Alpenschutzkommission CIPRA (1983–1992), Experte für Naturschutz im Europarat (1969–1997), Mitglied Leitungsausschuss «International Union of Forest Research Organisations» (IUFRO) (2000–2007), Präsident Botanisch-Zoologische Gesellschaft Liechtenstein-Sargans-Werdenberg (1970–1989), Geschäftsführer Liechtensteinische Gesellschaft für Umweltschutz (LGU) (1973–1986), Mitglied Eidg. Natur- und Heimatschutzkommission (ENHK) (2000–2007), Vorsitzender des Naturschutzrates der Vorarlberger Landesregierung (1998–2001). Universitätsrat Liechtenstein (2007–2014), Wissenschaftsrat des Liechtenstein-Institutes (2008–2016), Stiftungsrat Liechtensteiner Landesmuseum (2006–2013), in mehreren gemeinnützigen Stiftungen für Naturschutz tätig, so u.a. für die MAVA-Stiftung (2001–2009), Bristol-Stiftung in Zürich mit Herausgabe von 62 Bänden der Schriftenreihe im Haupt Verlag (1986–2019) und Fortsetzung in der Schriftenreihe der Paul Schiller Stiftung. Kuratorium Binding-Preis für Natur- und Heimatschutz (1983–2015), Stiftungsrat der Samina-Stiftung (ab 2023) für die Etablierung des Wildnisgebietes Samina-Galinatal (Liechtenstein-Vorarlberg). Weitere Informationen: *www.mariobroggi.li*

Foto: Christian Göldi

Verzeichnis der Bristol-Schriftenreihe

Band 1 bis 7 siehe https://paul-schiller-schriftenreihe.ch/bristol-schriftenreihe/

Band 8: Stremlow, M.; Sidler, C., 2002: Schreibzüge durch die Wildnis. Wildnisvorstellungen in Literatur und Printmedien der Schweiz. Zürich, Bristol-Stiftung; Birmensdorf, Eidgenössische Forschungsanstalt WSL; Bern, Stuttgart, Wien, Haupt. 192 S.

Band 9: Bräunicke, M.; Trautner, J., 2002: Die Laufkäfer der Bodenseeufer. Indikatoren für naturschutzfachliche Bedeutung und Entwicklungsziele. Zürich, Bristol-Stiftung; Bern, Stuttgart, Wien, Haupt. 116 S.

Band 10: Mathis, P.; Siegrist, D.; Kessler, R., 2003: Neue Skigebiete in der Schweiz? Planungsstand und Finanzierung von touristischen Neuerschliessungen unter besonderer Berücksichtigung der Kantone. Zürich, Bristol-Stiftung; Bern, Stuttgart, Wien, Haupt. 83 S.

Band 11: Monitoring Institute for Rare Breeds and Seeds in Europe, 2003: Agricultural Genetic Resources in the Alps, Landwirtschaftliche Genressourcen der Alpen, Ressources génétiques agricoles des Alpes, Risorse genetiche agricole delle Alpi, Kmetijski genetski viri v Alpah. Zürich, Bristol-Stiftung; Bern, Stuttgart, Wien, Haupt. 178 S. + CD-ROM.

Band 12: Perrenoud, A.; Känzig-Schoch, U.; Schneider, O.; Wettstein, J.-B., 2003: Exploitation durable des pâturages boisés. Un exemple appliqué du Jura suisse. Nachhaltige Bewirtschaftung von Wytweiden. Ein Fallbeispiel aus dem Schweizer Jura. Zürich, Bristol-Stiftung; Bern, Stuttgart, Wien, Haupt. 235 S.

Band 13: Borgmann, P., 2004: Magerwiesen in Liechtenstein. Vegetation – Diasporenbanken und Restitutionspotentiale. Zürich, Bristol-Stiftung; Bern, Stuttgart, Wien, Haupt. 121 S.

Band 14: Höchtl, F.; Lehringer, S.; Konold, W., 2005: Kulturlandschaft oder Wildnis in den Alpen? Fallstudien im Val Grande-Nationalpark und im Stronatal (Piemont/Italien). Zürich, Bristol-Stiftung; Bern, Stuttgart, Wien, Haupt. 629 S.

Band 15: Bauer, N., 2005: Für und wider Wildnis – Soziale Dimensionen einer aktuellen gesellschaftlichen Debatte. Zürich, Bristol-Stiftung; Bern, Stuttgart, Wien, Haupt. 185 S.

Band 16: Rust-Dubié, C.; Schneider, K.; Walter, T., 2006: Fauna der Schweizer Auen – Eine Datenbank für Praxis und Wissenschaft. Zürich, Bristol-Stiftung; Bern, Stuttgart, Wien, Haupt. 214 S.

Band 17: Safi, K., 2006: Die Zweifarbfledermaus in der Schweiz. Status und Grundlagen für den Schutz. Zürich, Bristol-Stiftung; Bern, Stuttgart, Wien, Haupt. 100 S.

Band 18: Urmi, E.; Schubiger-Bossard, C.; Schnyder, N.; Müller, N.; Küchler, M.; Hofmann, H.; Bisang, I., 2007: Zwei Jahrhunderte Bestandesentwicklung von Moosen in der Schweiz: Retrospektives Monitoring für den Naturschutz. Zürich, Bristol-Stiftung; Bern, Stuttgart, Wien, Haupt. 139 S.

Band 19: Seiler, A.; Zucchi, H., 2007: Kinder begegnen der Natur: Ein Projekt in der Stadt Osnabrück mit Anregungen für die Kindergartenpraxis. Zürich, Bristol-Stiftung; Bern, Stuttgart, Wien, Haupt. 126 S.

Band 20: Sauberer, N.; Moser, D.; Grabherr, G. (Red.) 2008: Biodiversität in Österreich. Räumliche Muster und Indikatoren der Arten- und Lebensraumvielfalt. Zürich, Bristol-Stiftung; Bern, Stuttgart, Wien, Haupt. 313 S.

Band 21: Di Giulio, M.; Holderegger, R.; Bernhardt, M.; Tobias, S., 2008: Zerschneidung der Landschaft in dicht besiedelten Gebieten. Eine Literaturstudie zu den Wirkungen auf Natur und Mensch und Lösungsansätze für die Praxis. Zürich, Bristol-Stiftung; Bern, Stuttgart, Wien, Haupt. 90 S.

Band 22: Spillmann, J.H.; Holderegger, R., 2008: Die Alpenpflanzen des Tössberglandes. Einhundert Jahre nach Gustav Hegi. Zürich, Bristol-Stiftung; Bern, Stuttgart, Wien, Haupt. 220 S.

Band 23: Stegmann, P.; Zucchi, H. (Red.) 2009: Dynamik-Inseln in der Kulturlandschaft. Ein Projekt im Raum Osnabrück. Zürich, Bristol-Stiftung; Bern, Stuttgart, Wien, Haupt. 109 S.

Band 24: Boschi, C.; Baur, B., 2009: Die Schneckenfauna der Schweizer Juraweiden – Auswirkungen unterschiedlicher Bewirtschaftungsformen sowie der Bewirtschaftungsgeschichte auf die Trockenweiden-Schneckengesellschaft. Zürich, Bristol-Stiftung; Bern, Stuttgart, Wien, Haupt. 128 S.

Band 25: Lachat, T.; Pauli, D.; Gonseth, Y.; Klaus, G.; Scheidegger, C.; Vittoz, P.; Walter, T. (Red.) 2010: Wandel der Biodiversität in der Schweiz seit 1900. Ist die Talsohle erreicht? Zürich, Bristol-Stiftung; Bern, Stuttgart, Wien, Haupt. 435 S.

Band 26: Schwick, C.; Jaeger, J.; Bertiller, R.; Kienast, F., 2010: Zersiedelung der Schweiz – unaufhaltsam? Quantitative Analyse 1935 bis 2002 und Folgerungen für die Raumplanung. Zürich, Bristol-Stiftung; Bern, Stuttgart, Wien, Haupt. 114 S. und 4 Karten.

Band 27: Meier, C.; Bucher, A., 2010: Die zukünftige Landschaft erinnern. Eine Fallstudie zu Landschaft, Landschaftsbewusstsein und landschaftlicher Identität in Glarus Süd. Zürich, Bristol-Stiftung; Bern, Stuttgart, Wien, Haupt. 186 S.

Band 28: Kilzer, R.; Willi, G., 2011: Avifaunistische Literatur und Landschaftswandel. Beispiel Vorarlberg. Zürich, Bristol-Stiftung; Bern, Stuttgart, Wien, Haupt. 304 S.

Band 29: Lachat, T.; Pauli, D.; Gonseth, Y.; Klaus, G.; Scheidegger, C.; Vittoz, P.; Walter, T. (Réd.) 2011: Evolution de la biodiversité en Suisse depuis 1900. Avons-nous touché le fond? Zürich, Bristol-Stiftung; Bern, Stuttgart, Wien, Haupt. 435 S.

Band 30: Stuber, M.; Bürgi, M., 2012: Hüeterbueb und Heitisträhl. Traditionelle Formen der Waldnutzung in der Schweiz 1800 bis 2000. 2. Aufl. Zürich, Bristol-Stiftung; Bern, Stuttgart, Wien, Haupt. 302 S. + DVD.

Band 31: Hegg, O.; Schaffner, U. (Red.) 2012: 80 Jahre experimentelle Ökosystemforschung auf der Schynigen Platte im Berner Oberland. Zürich, Bristol-Stiftung; Bern, Stuttgart, Wien, Haupt. 108 S.

Band 32: Schwick, C.; Jaeger, J.A.G.; Bertiller, R.; Kienast, F., 2012: L'étalement urbain en Suisse – Impossible à freiner? Analyse quantitative de 1935 à 2002 et conséquences pour l'aménagement du territoire. Urban Sprawl in Switzerland – Unstoppable? Quantitative Analysis 1935 to 2002 and Implications for Regional Planning. Zurich, Bristol-Stiftung; Berne, Stuttgart, Vienna, Haupt. 216 p. 4 maps.

Band 33: Zurbuchen, A.; Müller, A. 2012: Wildbienenschutz – von der Wissenschaft zur Praxis. Zürich, Bristol-Stiftung; Bern, Stuttgart, Wien, Haupt. 162 S.

Band 34: Herold, B., 2012: Neues Leben in alten Mooren – Brutvögel wiedervernässter Flusstalmoore. Zürich, Bristol-Stiftung; Bern, Stuttgart, Wien, Haupt. 200 S.

Band 35: Schwab, S.; Zecca, M.; Konold, W., 2012: Das Paradies auf Erden? Der soziale und kulturelle Wert von alpinen Wildnisgebieten am Beispiel des Val Grande-Nationalparks im Piemont. Zürich, Bristol-Stiftung; Bern, Stuttgart, Wien, Haupt. 147 S.

Band 36: Konold, W.; Petit, C. (Red.) 2013: Historische Terrassenweinberge. Baugeschichte, Wahrnehmung, Erhaltung. Zürich, Bristol-Stiftung; Bern, Stuttgart, Wien, Haupt. 333 S.

Band 37: Meister, B.; Baur, B., 2013: Die Ringelnatter im Schweizer Landwirtschaftsgebiet. Einfluss unterschiedlich genutzter Landschaften auf die genetische Populationsstruktur. Zürich, Bristol-Stiftung; Bern, Haupt. 112 S.

Band 38: Rehnus, M., 2013: Der Schneehase in den Alpen. Ein Überlebenskünstler mit ungewisser Zukunft. Zürich, Bristol-Stiftung; Bern, Haupt. 93 S.

Band 39: Klarer, F.; Stöger, E.; Meier, B., 2013: Jenzerwurz und Chäslichrut. Pflanzliche Hausmittel für Rinder, Schafe, Ziegen, Schweine und Pferde. Zürich, Bristol-Stiftung; Bern, Haupt. 223 S.

Band 40: Held, T.; Minsch, J., 2013: Schweizgespräch. Von der Lust und Freude am Politischen. Eine Denk-Allmend für den Flugplatz Dübendorf. Zürich, Bristol-Stiftung; Bern, Haupt. 145 S.

Band 41: Seijmonsbergen, A.C.; De Jong, M.G.G.; de Graaff, L.W.S.; Anders, N.S., 2014: Geodiversität von Vorarlberg und Liechtenstein. Geodiversity of Vorarlberg and Liechtenstein. Zürich, Bristol-Stiftung; Bern, Haupt. 304 S. 5 maps.

Band 42: Senn, J.; Kuehn, R., 2014: Habitatfragmentierung, kleine Populationen und das Überleben von Wildtieren. Populationsbiologische Überlegungen und genetische Hintergründe untersucht am Beispiel des Rehes. Zürich, Bristol-Stiftung; Bern, Haupt. 77 S.

Band 43: Schuler, J., 2015: Baumbewohnende Ameisen mitteleuropäischer Auenwälder. Artenspektrum und Ökologie arborikoler Ameisen in naturnahen Hartholzauen an Rhein, Elbe und Donau. Zürich, Bristol-Stiftung; Bern, Haupt. 131 S.

Band 44: Siegrist, D.; Gessner, S.; Ketterer Bonnelame, L., 2015: Naturnaher Tourismus. Qualitätsstandards für sanftes Reisen in den Alpen. Zürich, Bristol-Stiftung; Bern, Haupt. 309 S.

Band 45: Luka, H; Daniel, C.; Barloggio, G.; Pfiffner, L., 2015: Biodiversität fördern und nutzen – Schädlingsbekämpfung in Kohlgewächsen. Zürich, Bristol-Stiftung; Bern, Haupt. 92 S.

Band 46: Pichler-Koban, C.; Jungmeier, M., 2015: Naturschutz, Werte, Wandel. Die Geschichte ausgewählter Schutzgebiete in Deutschland, Österreich und der Schweiz. Zürich, Bristol-Stiftung; Bern, Haupt. 297 S.

Band 47: Rodewald, R.; Baur, B. (Red.) 2015: Wasserfälle – Ökologische und sozio-kulturelle Leistungen eines bedrohten Naturmonumentes. Zürich, Bristol-Stiftung; Bern, Haupt. 246 S.

Band 48: Müri, H., 2015: Die kleine Wildnis. Einblicke in die Lebensgemeinschaft der kleinen Raubsäuger und ihrer Beutetiere in Mitteleuropa. Zürich, Bristol-Stiftung; Bern, Haupt. 225 S.

Band 49: Di Giulio, M., 2016: Förderung der Biodiversität im Siedlungsgebiet. Gute Beispiele und Erfolgsfaktoren. Zürich, Bristol-Stiftung; Bern, Haupt. 125 S.

Band 50: Bosshard, A., 2016: Das Naturwiesland der Schweiz und Mitteleuropas. Mit besonderer Berücksichtigung der Fromentalwiesen und des standortgemässen Futterbaus. Zürich, Bristol-Stiftung; Bern, Haupt. 265 S.

Band 51: Keller, R., 2017: Ökosystemleistungen in der Schweiz. Chancen, Risiken und Nebenwirkungen bei der praktischen Anwendung Zürich, Bristol-Stiftung; Bern, Haupt. 149 S.

Band 52: Kornmilch, J.C., 2017: Einblicke in das Leben der Europäischen Hornisse. Zürich, Bristol-Stiftung; Bern, Haupt. 85 S.

Band 53: Weber, D., 2017: Feldhasen fördern funktioniert! Schlussfolgerungen aus dem Projekt HOPP HASE in der Nordwestschweiz. Zürich, Bristol-Stiftung; Bern, Haupt. 119 S.

Band 54: Kiebacher, T.; Bergamini, A.; Scheidegger, C.; Bürgi, M., 2018: Bergahornweiden im Alpenraum. Kulturgeschichte, Biodiversität und Rudolphis Trompetenmoos. Zürich, Bristol-Stiftung; Bern, Haupt. 235 S.

Band 55: Küchler, M.; Küchler, H.; Bergamini, A.; Bedolla, A.; Ecker, K.; Feldmeyer-Christe, E.; Graf, U.; Holderegger, R., 2018: Moore der Schweiz: Zustand, Entwicklung, Regeneration. Zürich, Bristol-Stiftung; Bern, Haupt. 258 S.

Band 56: Caviola, H.; Kläy, A.; Weiss, H., 2018: Sprachkompass Landschaft und Umwelt. Wie Sprache unseren Umgang mit der Natur prägt. Zürich, Bristol-Stiftung; Bern, Haupt. 181 S.

Band 57: Schwick, C.; Jaeger, J.; Hersperger, A.; Cathomas, G.; Muggli, R., 2018: Zersiedelung messen und begrenzen – Massnahmen und Zielvorgaben für die Schweiz, ihre Kantone und Gemeinden. Zürich, Bristol-Stiftung; Bern, Haupt. 238 S.

Band 58: Stolze, M.; Weisshaidinger, R.; Bartel, A.; Schwank, M.; Müller, A.; Biedermann, R., (Red.) 2018: Chancen der Landwirtschaft in den Alpenländern. Wege zu einer raufutterbasierten Milch- und Fleischproduktion in Österreich und der Schweiz. Zürich, Bristol-Stiftung; Bern, Haupt. 173 S.

Band 59: Stuber, M.; Bürgi, M., 2018: Vom «eroberten Land» zum Renaturierungsprojekt. Geschichte der Feuchtgebiete in der Schweiz seit 1700. Zürich, Bristol-Stiftung; Bern, Haupt. 261 S.

Band 60: Moos, S.; Radford, S.; von Atzigen, A.; Bauer, N.; Senn, J.; Kienast, F.; Kern, M.; Conradin, K., 2019: Das Potenzial von Wildnis in der Schweiz. Zürich, Bristol-Stiftung; Bern, Haupt. 142 S.

Band 61: Carraro G., Gianoni P., Kemper A., 2020: La vegetazione forestale della Valle Onsernone e le sue tendenze evolutive. Con carta della vegetazione 1: 25 000 / Die Waldvegetation des Onsernonetals und ihre Entwicklungstendenzen. Mit Waldvegetationskarte 1: 25 000. Zürich, Bristol-Stiftung; Bern, Haupt, 337 S.

Band 62: Ewald, K.C., 2019: Weisheiten aus meinem nicht digitalen Garten. Zürich, Bristol-Stiftung; Bern, Haupt. 187 S.

Verzeichnis der Paul-Schiller-Schriftenreihe

Band 63: Wydler, H., 2021: Mehr als Landwirtschaft. Soziale Dienstleistungen in landwirtschaftlichen Betrieben. Zürich, Paul Schiller Stiftung; Bern, Haupt. 263 S.

Band 64: Maurer, R.; Broggi, M.F., 2022: Erich Kessler – Frank Klötzli – Bernhard Nievergelt. Ein Dreigestirn mit nachhaltiger Wirkung für den Naturschutz in der Schweiz. Zürich, Paul Schiller Stiftung; Bern, Haupt. 175 S.

Band 65: Von Lindern, E., 2024: Wildnis erleben – Eine umweltpsychologische Perspektive. Zürich, Paul Schiller Stiftung; Bern, Haupt, 139 S.

Band 66: Tester, U., 2025: Welche Schutzgebiete braucht die Schweiz? Zürich, Paul Schiller Stiftung; Bern, Haupt, 159 S.

Band 67: Tester, U., 2025: Quelles aires protégées pour la Suisse? Zurich, Fondation Paul Schiller; Berne, Haupt, 160 p.